3D 打印技术应用专业系列规划教材
工学结合、校企合作系列教材

3D 打印后处理技术

3D Dayin Houchuli Jishu

蔡启茂　王　东　主编

高等教育出版社·北京

内容简介

本书是 3D 打印技术应用专业系列规划教材的核心教材之一，详细介绍 SLA、FDM、SLS、DMLS 等 3D 打印技术后处理的工艺原理、工艺过程和相应的设备、工具、材料等内容，并按项目教学的内容体系进行编写，将理论和实践紧密结合，突出对读者综合能力的培养，可操作性强。

本书可作为应用型本科院校、高职院校 3D 打印技术应用相关专业的教材，也可供相关工程技术人员参考使用。

图书在版编目（CIP）数据

3D 打印后处理技术 / 蔡启茂，王东主编 . -- 北京：高等教育出版社，2019.3（2024.11重印）

ISBN 978-7-04-051222-9

Ⅰ. ①3… Ⅱ. ①蔡…②王… Ⅲ. ①立体印刷 - 印刷术 - 教材 Ⅳ. ① TS853

中国版本图书馆 CIP 数据核字（2019）第 009432 号

策划编辑	吴睿韬	责任编辑	张值胜	封面设计	王 鹏	版式设计	于 婕
插图绘制	于 博	责任校对	吕红颖	责任印制	刁 毅		

出版发行	高等教育出版社
社　　址	北京市西城区德外大街 4 号
邮政编码	100120
印　　刷	涿州市京南印刷厂
开　　本	787mm×1092mm 1/16
印　　张	13.75
字　　数	330 千字
购书热线	010-58581118
咨询电话	400-810-0598
网　　址	http://www.hep.edu.cn
	http://www.hep.com.cn
网上订购	http://www.hepmall.com.cn
	http://www.hepmall.com
	http://www.hepmall.cn
版　　次	2019 年 3 月第 1 版
印　　次	2024 年 11 月第 2 次印刷
定　　价	38.80 元

本书如有缺页、倒页、脱页等质量问题，请到所购图书销售部门联系调换
版权所有　侵权必究
物 料 号　51222-00

3D 打印技术应用专业教材编委会

主　　任：汪春慧
副 主 任：徐　明　王宏宇　王永信　田秀萍
委　　员：张颖超　肖　文　张建军　崔秋立　顾强生
　　　　　刘海光　谢少华　张　冲　王社宁　程　元
　　　　　肖军田　钱永明　刘巧霞　霍蛟飞　姜　通
　　　　　王录军　庞恩泉　耿国华　周明全　王英博
技术支持：国家增材制造创新中心
编写组织：中国成人教育协会

建设知识型、技能型、创新型劳动者大军

习近平总书记在党的十九大报告中指出:"创新是引领发展的第一动力,是建设现代化经济体系的战略支撑""加快建设制造强国,加快发展先进制造业,推动互联网、大数据、人工智能和实体经济深度融合,在中高端消费、创新引领、绿色低碳、共享经济、现代供应链、人力资本服务等领域培育新增长点、形成新动能。支持传统产业优化升级,加快发展现代服务业,瞄准国际标准提高水平。促进我国产业迈向全球价值链中高端,培育若干世界级先进制造业集群""激发和保护企业家精神,鼓励更多社会主体投身创新创业。建设知识型、技能型、创新型劳动者大军,弘扬劳模精神和工匠精神,营造劳动光荣的社会风尚和精益求精的敬业风气。"

增材制造(3D 打印)产业作为国家战略新兴产业的重要组成部分,将对传统的工艺流程、生产线、工厂模式、产业链组合产生深刻影响,增材制造(3D 打印)技术或将成为下一个制造业颠覆性技术。而解决企业转型升级过程中对掌握增材制造(3D 打印)新技能人才的需求问题迫在眉睫。只有企业中有人手,会用、能用增材制造(3D 打印)技术解决生产中的实际问题、难点问题,这个技术才能得到应用和发展。

新技术往往要提出新的知识要求和技能要求。增材制造(3D 打印)技术的整个产业链,涉及创新设计、逆向工程、三维检测、数据处理、设备操作、产品后处理及产业化应用等多个体系,同时也对应着相应的岗位和人才需求。

要将"3D 打印技术应用"这个新专业做好,要准备配套教材,在教学实践中,还要推进产业中有代表性的机构与院校协同合作育才,扩大增材制造(3D 打印)相关专业人才培养规模,加强配套支撑的课程设计、教材开发、师资队伍、专门实验室等方面的建设,

建成一批人才培养示范基地。

国家制造业创新中心是抢占制造领域国际制高点的重要战略需要。"国家增材制造创新中心"是我国首批第二个国家级创新中心，汇聚了国内增材制造（3D打印）行业的大量顶尖人才、科研院所、高校和企业。

"国家增材制造创新中心"的"3D打印人才培训基地"紧紧围绕行业企业对新兴人才和新兴技术的迫切需求，协同全国十余所职业院校、技师学院对相应知识点整理和对接，共同完成了"3D打印技术应用"专业8门核心教材的研发工作，内容涉及上述几方面技术体系，为增材制造（3D打印）产业发展所需的高技能人才培养打下了坚实的基础。

制造业的前景可能是：一半以上的制造为个性化定制，一半以上的价值由创新设计体现，一半以上的企业业务由众包完成，一半以上的创新研发为极客创客实现。增材制造（3D打印）无所不能的未来，将是创意者发光发热的时代。新的产业、新的业态、新的岗位需要你们，希望你们通过不断学习和自我提高，成为支撑中国制造的栋梁！

2018.5.20

序

3D 打印技术作为新世纪智能制造的重要组成部分，其应用在社会上已经越来越广泛，3D 打印技术将会成为推动智能制造的主线，为我国社会主义经济建设和产业转型升级带来巨大变化。对于培养技术应用型人才的高等职业院校和技工院校来说，如何面对新技术、新产业和新业态的发展及其对于创新人才的迫切需求，在专业建设上提前布局，是摆在面前迫切需要解决的问题。

为支持高等职业院校、技工院校及高技能人才培训基地"3D 打印技术应用"专业建设和应用型人才培养，中国成人教育协会联合西安交通大学快速制造国家工程研究中心、渭南鼎信创新智造科技有限公司合作组织了"3D 打印技术应用"专业系列教材的开发，具体编写工作由中国成人教育协会现代技工教育培训联盟组织实施，联盟成员单位的领导和专家从 2016 年 8 月开始，先后用了一年半的时间编写完成。本套系列教材的特点是对 3D 打印技术应用做了系统性、完整性、实用性的表述，编写形式新颖，采取了项目引领、任务驱动的一体化教学模式。教材全面介绍现代制造技术概论、3D 打印技术基础、逆向工程与三维检测技术、3D 打印数据处理技术、3D 打印工艺规划与设备操作、快速模具技术、3D 打印后处理技术以及数字化创意设计的有关内容。应该说，这套教材是一套 3D 打印技术应用专业教育、技能实操、技术培训的系列丛书。

本套教材的编写，得到了西安交通大学及快速制造国家工程研究中心的全力支持，中国工程院院士、西安交通大学机械工程学院院长、国家增材制造创新中心主任、我国 3D 打印学科带头人卢秉恒教授，对组织教材编写工作给予了高度的重视和充分的肯定，并亲自给予了指导；西安交通大学快速制造国家工程研究中心副主任王永信教授，全程参与了教材的编写指导工作；国家增材制造创新中心 3D 打印人才培训基地总工程师张冲同志，对教材的编写专门整理了编写大纲，针对技术要点及难点对参编教师进行了系统讲解。联盟成员包括唐山工业职业技术学院、山东劳动职业技术学院、山东工程技师学院、扬州技师学院、江西技师学院、东莞技师学院、江苏盐城技师学院、广州白云工商技师学院和陕西渭南鼎信创新智造科技有限公司等单位。

中国成人教育协会高度重视教材的编写工作，专门成立了编委会，汪春慧副会长亲自担任编委会主任，对整个教材的编写工作给予了精心的指导。在教材编写过程中，高等教育出版社全程跟踪，悉心指导，使整个教材的编写工作规范有序进行。唐山工业职业技术学院常务副院长张建军博士，河北省院士工作站主任、学院 3D 打印工程中心主任王建新博士等专家在教材的编写过程中，担负联盟整个教材编写的技术指导和推动工作，帮助编写学校的相关老师完成教材的编写和整理工作，在此一并表示衷心感谢。

这部教材的问世，填补了我国职业教育领域 3D 打印技术应用专业系列教材的空白，不仅非常适合高等职业院校、技工院校 3D 打印技术应用专业的学生使用，同时也可以作为社会各界 3D 打印领域从业人员岗位培训或自我学习的辅助教材。随着 3D 打印技术的不断发展，其应用范围也会越来越广，相信这套教材会对所有需要的朋友带来帮助。

由于时间紧促，加之对 3D 打印技术应用的认识还有许多局限之处，书中难免出现一些不足之处，还望大家给予谅解。相信随着时间的推移和教材的使用，我们的认知水平也会不断提升，对本套教材还可以作进一步的修改和完善，对 3D 打印技术的推广和应用做出积极的贡献。

中国成协现代技工教育培训联盟

2018 年 5 月 29 日

前言

3D 打印技术作为世界制造技术领域的一项重大创新技术，近年来在我国得到快速发展。3D 打印技术解决了国防、航空航天、机械制造、生物医学、建筑、教育和消费等领域的诸多难题，也给人们的生产和生活带来诸多变化。清华大学、北京航空航天大学、华中科技大学、西安交通大学、西北工业大学等研究团队在技术革新、设备研发等方面进行了大量的研究，大大促进了 3D 打印技术在我国的推广和应用。

目前我国 3D 打印技术人才紧缺，特别是 3D 打印产品后处理人才，介绍后处理工艺的专业教材亟待开发。本书的编写人员多次参加 3D 打印技术的专业培训和教学实践，广泛阅读、系统梳理了相关文献及技术资料，并在中国现代技工教育培训联盟主席徐明、西安交通大学快速制造国家工程研究中心副主任王永信、江西省人力资源和社会保障厅副巡视员肖文、陕西渭南鼎信创新智造科技有限公司总工张冲、江西省科学院金属 3D 打印工程技术中心谢玉江博士、南昌市三滴派科技有限公司总经理孙庆辉等人的大力支持下编写了本书。

本书由江西技师学院蔡启茂教授、江西技师学院省级 3D 打印大师工作室负责人王东担任主编，江西技师学院高级技师朱朝光担任副主编，江西技师学院高级讲师曹素芝编写项目一，高级技师朱朝光编写项目二，高级技师王东编写项目三，江西技师学院高级讲师沈斌、高级技师王谷平共同编写项目四。

本书编写时参考了诸多专家、学者的研究成果，有些资料来源于网络，部分已经无法查明原出处，在此编者要向原作者表示衷心感谢。

由于 3D 打印技术发展日新月异，编者水平有限，书中难免存在疏漏和不妥之处，敬请读者批评指正，以便将本书不断完善。

编　者

2018 年 11 月

目录

▶ **项目一　3D 打印后处理工艺基础**　　001

任务一　3D 打印台阶效应　　002
　　1.1.1　认识 3D 打印技术　　002
　　1.1.2　3D 打印的台阶效应　　003
　　1.1.3　3D 打印模型的"切片"原理　　005
任务二　常见 3D 打印技术及其成型材料　　005
　　1.2.1　SLA 技术及其成型材料　　006
　　1.2.2　FDM 技术及其成型材料　　008
　　1.2.3　3DP 技术及其成型材料　　011
　　1.2.4　SLS 技术及其成型材料　　014
　　1.2.5　DMLS 技术及其成型材料　　016
任务三　3D 打印后处理工艺流程　　020
　　1.3.1　SLA 成型件后处理流程　　022
　　1.3.2　FDM 成型件后处理流程　　023
　　1.3.3　3DP 成型件后处理流程　　024
　　1.3.4　SLS 成型件后处理流程　　026
　　1.3.5　DMLS 成型件后处理流程　　028

▶ **项目二　典型 SLA 成型件工艺后处理**　　030

任务一　传动机构的后处理　　031

	2.1.1 取件、清洗、去支撑	032
	2.1.2 后固化、测量	037
	2.1.3 支撑面处理	042
	2.1.4 喷砂处理	049
任务二	手机套的后处理	055
	2.2.1 取件、清洗、去支撑	056
	2.2.2 后固化、测量	056
	2.2.3 支撑面处理	058
	2.2.4 打磨、抛光	059
	2.2.5 镀膜	067
任务三	海豚模型的后处理	073
	2.3.1 取件、清洗、去支撑	074
	2.3.2 后固化、测量	074
	2.3.3 支撑面处理	075
	2.3.4 拼接	077
	2.3.5 涂覆	081
	2.3.6 喷漆	086
	2.3.7 包装运输	095

▶ 项目三　FDM 成型件后处理　　　　　　　　102

任务一	微型台虎钳模型的后处理	103
	3.1.1 取件	104
	3.1.2 去支撑	106
	3.1.3 预组装与测量	114
	3.1.4 打磨	118
	3.1.5 自喷漆上色	124
	3.1.6 组装	131
任务二	鲨鱼模型的后处理	133
	3.2.1 取件、去支撑和预拼接	134
	3.2.2 打磨	136
	3.2.3 化学抛光	137
	3.2.4 黏结	144
	3.2.5 补土	148
	3.2.6 丙烯颜料上色	152
	3.2.7 包装与发货	158

项目四　SLS 与 DMLS 成型件后处理　　164

任务一　SLS 支撑座成型件的后处理　　165
- 4.1.1　高温烧结　　166
- 4.1.2　支撑座模型定位孔的加工　　167
- 4.1.3　电火花线切割　　178
- 4.1.4　打磨、物理抛光　　185

任务二　DMLS 成型件后处理　　193
- 4.2.1　DMLS 成型件后处理工艺　　194
- 4.2.2　去底板　　197
- 4.2.3　热处理　　198

参考文献　　201

项目一

3D 打印后处理工艺基础

项目知识目标：
1. 掌握 3D 打印台阶效应的形成机理，为制定后处理工艺提供依据。
2. 了解 3D 打印工件的制作工艺。
3. 掌握根据样件的材质和质量要求选择合适制作工艺的方法。
4. 掌握根据不同的工艺和材质制定合理后处理工艺流程的方法。

知识导图：

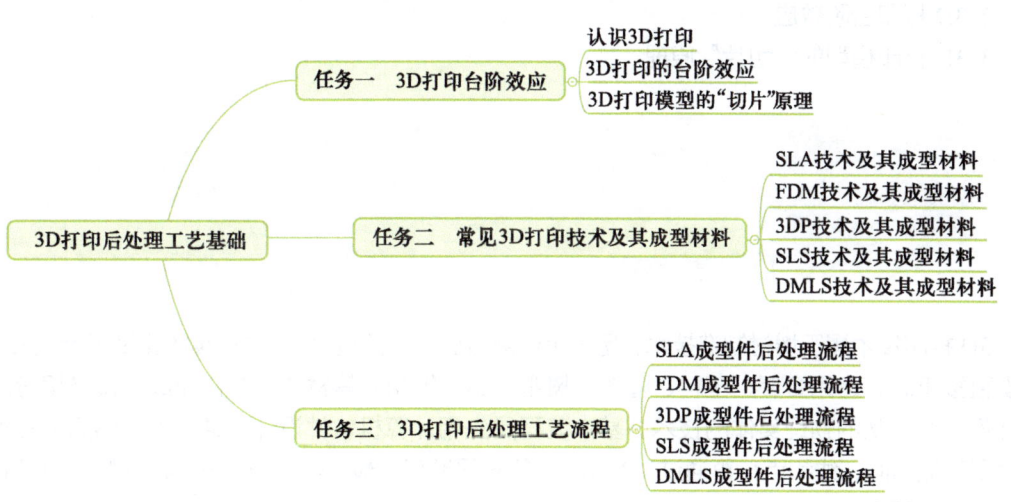

任务一 3D 打印台阶效应

能力目标

1. 能正确叙述 3D 打印的工作原理。
2. 能根据产品选择合适的 3D 打印工艺。
3. 能正确分析形成 3D 打印台阶效应的原因。

知识点

1. 3D 打印原理。
2. 3D 打印台阶效应。
3. 3D 打印模型的"切片"原理。

任务实施

1.1.1 认识 3D 打印技术

3D 打印技术属于增材制造技术,是一个由离散到堆积的过程,是由计算机辅助设计(CAD)模型直接驱动,运用金属、塑料、陶瓷、树脂、蜡、纸和砂等材料,在快速成型设备里分层制造任何复杂形状的物理实体的技术。基本流程是先用计算机软件设计三维模型;然后把三维数字模型离散为面、线和点;再通过 3D 打印设备分层堆积;最后形成一个三维的实物。其工作原理如图 1-1 所示。

零件CAD模型 → Z向切片 → 层片信息处理 → 层片加工 → 层片堆积 → 后处理 → 成型零件

图 1-1
3D 打印工作原理

3D 打印并不是一种单一的技术,而是几种不同技术的统称。3D 打印不像普通的打印机只需点击"打印"按钮那么简单,而是一个复杂的生态系统,这个系统包括了各种各样的软件、硬件和材料。3D 打印技术的分类见表 1-1，这八种不同的技术都有各自的优点和缺点，打印机的构建尺寸和使用的材料也各不相同。这意味着我们必须根据自己的终端产品进行考虑，首先确定完成项目的材料、性能和质量要求；其次确定最佳的 3D 打印技术；最后选择合适的 3D 打印机。

表 1-1 3D 打印技术分类

类型名称（ASTM F2792 标准）	其他名称
光聚合（VAT Photopolymerization）	SLA（光固化成型），DLP（数字光处理），3SP（扫描、旋转、选择性光固化），CLIP（连续液界面生产）
粉末床融化（Power Bed Fusion, PBF）	SLS（选择性激光烧结），DMLS（直接金属激光烧结），SLM（选择性激光融化），EBM（电子束激光融化），SHS（选择性热烧结），MJF（多喷头融化）
黏结剂喷射（Binder Jetting）	3DP（3D 打印名称的由来）
材料喷射（Material Jetting）	Polyjet（聚合物喷射），SCP（平滑的曲率打印），MJM（多喷头成型）
层压（Sheet Lamination）	LOM（分层实体制造），SDL（选择性沉积层压），UAM（超声增材制造）
材料挤出（Material Extrusion）	FFF（电容制丝），FDM（熔融沉积成型）
直接能量沉积（Directed Energy Deposition，DED）	LMD（激光金属沉积），LENS（激光净型制造），DMD（直接金属沉积，DM3D）
混合材料制造（Hybrid）	AMBIT（该名称由 Hybrid Manufacturing Technologies 公司提供）

1.1.2　3D 打印的台阶效应

由于增材制造技术的成型原理是叠加成型，在 3D 打印设备分层堆积的过程中，每层都有一定的厚度，而且相邻层片间的外轮廓也不可能完全相同，这使得加工出零件的表面只是原 CAD 模型表面的一个呈阶梯状近似（除水平和垂直面外），因此成型后的实体表面会产生台阶现象，即 3D 打印的台阶效应，如图 1-2 所示。当零件表面为斜面或曲面时，倾斜角 α 越小，台阶效应的影响越明显。这种台阶限制了制件的尺寸精度和表面质量，且对曲面的影响更为严重。

图 1-2
3D 打印的台阶效应

可以通过减小分层层厚和优化成型方向等方法来提高成型制件的表面精度，如图1-3所示，采用FDM技术打印不同层厚的产品，层厚越小表面越光滑，但成型加工时间越长。目前正在研究的自适应切片分层法可以较明显地提高成型制件的表面精度，并解决因分层数量较多而导致的低效率问题。自适应切片分层方法就是根据零件本身的几何特征来决定分层层厚，在轮廓曲率较大的部分采用较小层厚，在轮廓曲率较小的部分采用较大层厚，从而尽量减少分层方向的尺寸误差和台阶效应，并使需要处理的数据量减少。

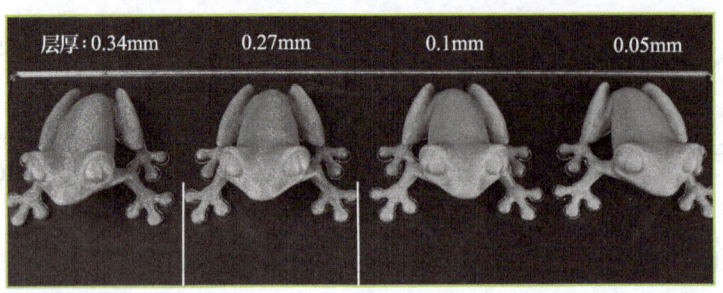

图1-3
不同层厚对表面质量的影响

优化改善成型方向实际上就是减小模型表面与加工成型方向的夹角，从而减小体积误差。通过选择合理的成型方向，使表面质量要求高的成型面法向与分层方向水平、垂直或一致，如图1-4所示。

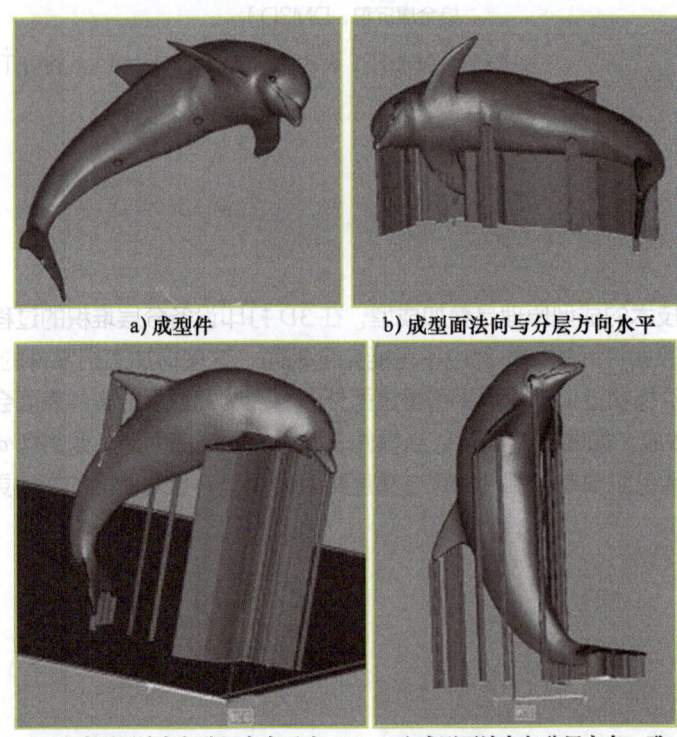

a) 成型件　　b) 成型面法向与分层方向水平
c) 成型面法向与分层方向垂直　　d) 成型面法向与分层方向一致

图1-4
海豚模型成型方向的选择

1.1.3 3D 打印模型的"切片"原理

切片软件可以将数字 3D 模型转换为 3D 打印机可识别的代码,指导打印机逐层打印,最终打印出设计者想要的实体模型。

以 FDM 打印为例,具体工作过程是:先通过计算机建模软件建模,将数字模型文件载入切片软件,对切片软件进行参数设置实现分层。分层本质上就是一个把 3D 模型转化为一系列 2D 平面的过程。经过分层之后,得到一叠 2D 平面图形。接下来需对每一层的平面图形进行划分组件,标记出外墙、内墙、填充、上下表面、支撑等。其中组件和支撑是整个切片过程的核心。之后生成打印路径,即规划喷头在不同的组件中如何运动。设置轮廓、填充类型、填充率、打印顺序等,最后生成 G-Code 代码,并发到用户的 3D 打印机中,打印机通过读取文件中的截面信息,将这些截面逐层打印出来,再将各层截面黏结起来从而制造出实体。

任务二 常见 3D 打印技术及其成型材料

能力目标

1. 能正确叙述常见的几种 3D 打印技术原理。
2. 能正确叙述常见的几种 3D 打印技术的优、缺点。
3. 能根据材料来选择合适的 3D 打印技术。

知识点

1. 常见的几种 3D 打印技术原理。
2. 光固化成型(SLA)技术及其材料。
3. 熔融沉积成型(FDM)技术及其材料。
4. 三维打印成型(3DP)技术及其材料。
5. 选择性激光烧结成型(SLS)技术及其材料。
6. 直接金属激光烧结成型(DMLS)技术及其材料。

任务引导

常见的 3D 打印技术有光固化立体成型(Stereo Lithography Apparatus,SLA)技术、熔融沉积成型(Fused Deposition Modeling,FDM)技术、三维打印成型(Three-Dimensional Printing,3DP)技术、选择性激光烧结成型(Selective Laser Sintering,SLS)技术、直接金属

激光烧结成型（Direct Metal Laser Sintering，DMLS）技术。这些技术的成型原理、成型材料与成型工件有其各自的特点及用途。

在零件使用过程中通常会有以下几个方面的考虑：成本、外观、细节表现力、力学性能、化学稳固性和温度适应范围等因素。

零件模型有很多分类方法，根据零件模型的制作目的大致可分为两类：外观验证模型和结构验证模型。

外观验证模型：由工程师设计制作用于验证产品外观的模型或直接使用且对外观要求高的模型。外观验证模型是可视的、可触摸的，它可以很直观的以实物形式把设计师的创意展现出来，避免了"画出来好看而做出来不好看"的弊端。外观验证模型制作在新品研发，产品外形推敲的过程中是必不可少的。

基于外观验证模型的需求，建议选用光敏树脂类 3D 打印材料（包括高韧性 ABS 和透明 PC 材料）。

结构验证模型：在产品设计过程中从设计方案到量产，一般需要制作模具。模具制造的费用很高，比较大的模具价值几十万乃至几百万元人民币，如果在开模的过程中发现结构不合理或其他问题，其损失可想而知。而使用 3D 打印制作结构验证模型能避免这种损失，降低开模风险。

基于结构验证模型的需求，对精度和表面质量要求不高的零件模型，建议选择机械性能较好、价格低廉的 3D 打印材料，比如 PLA、ABS 等材料。如果对外观和结构强度要求都比较高，建议使用尼龙作为 3D 打印材料。

任务实施

1.2.1　SLA 技术及其成型材料

1. 认识 SLA 技术

光固化成型（Stereo Lithography Apparatus，SLA），又称立体光刻成型，是以光敏树脂作为材料，在计算机的控制下，用紫外激光束对液态的光敏树脂进行扫描从而让其逐层凝固成型。SLA 技术能以简洁且全自动的方式制造出精度极高的几何立体模型。如图 1-5 所示为 SLA 技术的基本原理。

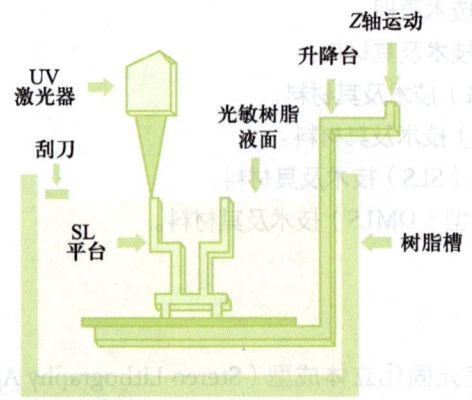

图 1-5
SLA 技术的基本原理

液槽中盛满液态的光敏树脂，氦－镉激光器或氩离子激光器发射出的紫外激光束在计算机的控制下按工件的分层截面数据在液态的光敏树脂表面进行扫描，这使扫描区域的树脂薄层产生聚合反应固化从而形成工件的一个薄层。

当一层树脂固化完毕后，工作台将下移一个层厚的距离，使原先固化好的树脂表面上再覆盖一层新的液态树脂，刮刀将黏度较大的树脂液面刮平后再进行下一层的激光扫描固化。因为液态树脂具有高黏性而流动性较差，在每层固化之后液面很难在短时间内迅速抚平，这样会影响到实体的成型精度。采用刮刀刮平后液态树脂会均匀地涂在上一叠层上，这样经过激光固化可以得到较好的精度，也能使成型工件的表面更加光滑平整。

新固化的一层会牢固地黏结在前一层上，如此重复直至整个工件层叠完毕，最后就能得到一个完整的立体模型。

当工件完全成型后，首先需要把工件取出，并把多余的树脂清理干净，接着需要把支撑结构清除，最后需要把工件放到紫外灯下进行二次固化。

SLA 分为两种类型，第一种如上所述，是利用激光作为光源来扫描切片层的截面使其固化（3D 打印物品之前，先要将物品模型进行切片，然后一层一层的打印）。第二种类型是采用 DLP（Digital Light Processing 数字光处理）投影仪作为光源。DLP 投影仪可以将整个切片层的影像投影到液态树脂表面，使其一次性固化。可以想象，采用投影仪 3D 打印比采用激光头扫描打印速度快得多。

SLA 技术优点：成型效率高，生产周期短；系统运行相对稳定；成型精度高（在 0.1mm 左右），表面质量好。适合制作结构异常复杂的模型，如空心零件、首饰和工艺品，能够直接制作面向熔模精密铸造的中间模。

SLA 技术缺点：SLA 系统造价高，材料昂贵，使用和维护成本高；工作环境要求苛刻，耗材为液态光敏树脂，具有气味和毒性，需密闭和避光保护；成型件为树脂类零件，强度和耐热性有限，不利于长时间保存；后处理相对繁琐，使用 SLA 成型的模型还需要进行二次固化。

2. SLA 成型材料

SLA 成型材料为光敏树脂，类似于工程塑料 ABS，是具有一定黏性的透明或米黄色液体，做出的工件为半透明或米黄色，强度较好，可装配、攻螺纹、喷漆和丝印。

目前，SLA 技术应用比较成熟的材料主要有以下 4 个系列：

Ciba（瑞士）公司生产的 Cibatoolsl 系列。

Dupont（美国）公司生产的 SOMOS 系列。

Zeneca（英国）公司生产的 Stereocol 系列。

RPC（瑞士）公司生产的 RPCure 系列。

如图 1-6 ~ 图 1-13 所示为采用 SLA 成型技术打印的产品。

图 1-6
建筑模型

图 1-7
高跟鞋

图 1-8
国际象棋

图 1-9
九尾狐

图 1-10
戒指

图 1-11
生物模型

图 1-12
埃菲尔铁塔

图 1-13
叶轮模型

1.2.2 FDM 技术及其成型材料

1. 认识 FDM 技术

熔融沉积成型（Fused Deposition Modeling，FDM）技术是利用挤压头挤出原材料，通过挤压头或工作台的移动进行截面堆积的成型技术。其成型原理如图 1-14 所示。

热熔性丝材先被缠绕在丝盘上，由步进电机驱动丝盘旋转，丝材在摩擦力作用下由挤出机给丝头（喷头）送出。喷头上方有电阻丝式加热器，在加热器的作用下，丝材被加热到熔融状态，然后通过挤出机把材料挤压到工作台上，随即和前一层材料黏结在一起，材料冷却后便形成了工件的截面轮廓。每当一层材料沉积后工作台将按预定的增量下降一个厚度，然后重复以上步骤直到工件完全成型。

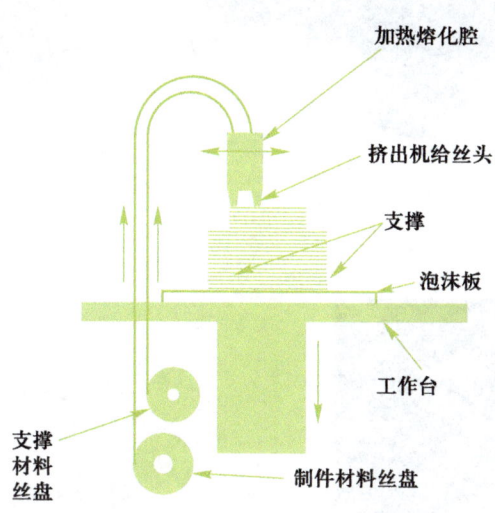

图 1-14 熔融沉积成型原理

整个成型过程需要在恒温环境下实现，熔融状态的丝挤出成型后如果骤然冷却，容易造成翘曲和开裂，适当的环境温度可最大限度地减小这种造型缺陷，提高成型质量和精度。FDM 技术具有不用激光，使用、维护简单，成本较低，同时兼具成型材料种类多，成型件强度高、精度较高的特点，该成型技术可以直接制造功能性工件。

2. FDM 成型材料

目前，FDM 技术可以打印的材料包括 ABS、聚碳酸酯、PLA、聚苯砜等。与其他的 3D 打印技术相比，FDM 是唯一使用工业级热塑材料作为成型材料的层积制造方法，打印出的工件具有耐高温、耐腐蚀、抗菌和抗较大的机械应力等特性，被用于制造概念模型、功能模型，甚至直接制造零部件和生产工具。

FDM 常用成型材料，见表 1-2。

表 1-2 FDM 常用成型材料

名称	ABS	PLA	PC	蜡丝	PP
成型温度 /℃	200～240	170～230	230～320	120～150	220～275
材料耐热温度 /℃	70～110	70～90	130 左右	70 左右	100 左右
收缩率 /%	0.4～0.7	0.3	0.5～0.8	0.3	1～2.5
外观	浅象牙白	较好的光泽性和透明度	多为白色	多为白色	乳白色
性能	强度高、韧性好、抗冲击性高、耐热性适中	可降解，具有良好的抗拉强度和延展性，耐热性不好	高强度、耐高温、抗冲击性高、耐水解稳定性	无毒害、表面粗糙度低、质感较好、成型精度高、耐热性较好	具有良好的介电性能和高频绝缘性且不受湿度影响，但低温时变脆，不耐磨、易老化

图 1-15 ~图 1-24 所示为采用 FDM 技术打印的样件。

图 1-15
用 ABS 打印的工业部件

图 1-16
用 ABS 制作的游戏手柄外壳

图 1-17
用 PLA 打印的各色制品

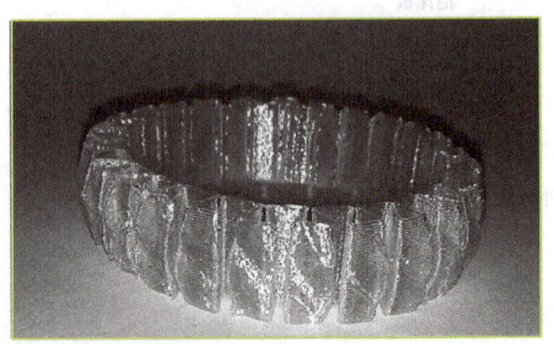

图 1-18
用 PC 打印的工业部件

图 1-19
用 PC 打印的成品

图 1-20
用聚丙烯（PP）打印的模型

图 1-21
用 PPSF 打印的制品

图 1-22
用聚醚酰亚胺（Polyetherimide，PEI）打印的叶轮

图 1-23
采用 FDM 技术打印的 Strati 汽车

图 1-24
采用 FDM 技术打印的机器人

1.2.3　3DP 技术及其成型材料

1. 认识 3DP 技术

三维打印成型（Three-Dimensional Printing，3DP）技术是由美国麻省理工大学的 Emanual Sachs 教授于 1993 年发明的。3DP 的工作原理类似于喷墨打印机，是形式上最为贴合"3D 打印"概念的成型技术。3DP 技术与 SLS 技术有着类似的地方，采用的都是粉末状的材料，如陶瓷、金属、塑料、粉末等，但与其不同的是 3DP 成型使用的粉末并不是通过激光烧结黏结在一起的，而是通过喷头喷射黏结剂将工件的截面"打印"出来并一层层堆积成型的，如图 1-25 所示为 3DP 的技术原理。

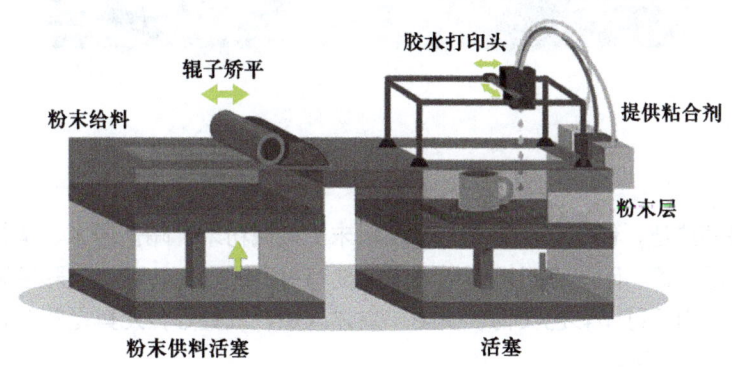

图 1-25
3DP 原理图

在 3DP 设备控制系统的控制下，成型缸下降一个距离，供粉缸上升一高度，推出若干粉末，并被铺粉辊推到成型缸，铺平并被压实。胶水打印头负责 X 轴和 Y 轴的运动，按照模型切片得到的截面数据进行运动，有选择地进行黏结剂喷射，最终构成平面图案。在完成单个截面图案之后，打印台下降一个层厚单位的高度，同时铺粉辊进行铺粉操作，接着再次进行下一次截面的打印操作。如此周而复始地送粉、铺粉和喷射黏结剂，最终完成三维成型件。

图 1-26 所示为 Z Corp 公司的一款产品，其以淀粉掺蜡或环氧树脂为粉末原料打印而成，图 1-27 所示为 3DP 打印机的内部构造图。

图 1-26
Z Corp 公司的以淀粉掺蜡或环氧树脂为粉末原料打印而成的产品

图 1-27
3DP 机的内部构造

2. 3DP 成型材料

3DP 材料来源广泛，包括尼龙粉末、ABS 粉末、金属粉末、陶瓷粉末、塑料粉末和干细胞溶液等，也可以是石膏、砂子等无机材料。黏结剂有单色和彩色，可以像彩色喷墨打印机打印出全彩色产品。可用于打印彩色实物、模型、立体人像、玩具等，尤其是塑料粉末打印物品具有良好的力学性能和外观。

3. 3DP 技术的应用

① 全彩色外观样件、装配原型。

② 某些条件下可生产毛坯零件，借助后期加工得到工业产品。如黏结金属粉末后期烧结并渗入金属液得到可使用零件。

③ 铸造模样打印，可用于制作母模、直接制模和间接制模。

④ 直接打印砂型、砂芯。

⑤ 可以进行假体与移植物的制作，利用模型预制个性化移植物（假体），提高精确性，缩短

手术时间，减少病人的痛苦。

美国 Extrude Hone 公司采用金属和树脂黏结剂粉末材料，逐层喷射光敏树脂黏结剂，并通过紫外光照射进行固化，成型制件经二次烧结和渗铜，最后形成 60% 钢和 40% 铜的金属制件。其金属粉末材料的范围包括低碳钢、不锈钢、碳化钨，以及上述材料的混合物等。美国 Prometal 公司通过喷射液滴逐层黏结覆膜金属合金粉末，成型后再进行烧结，直接生产金属零件。美国 AutomatedDynamics 公司则生产喷射铝液滴的快速成型设备，每小时可以喷射 1kg 的铝滴。

缓释药物可以使药物维持在希望的治疗浓度，减少副作用，优化治疗。提高病人的舒适度，是目前研究的热点。缓释药物具有复杂的内部孔穴和薄壁部分，麻省理工学院采用多喷嘴三维打印快速成型，用 PMMA 材料制备了支架结构，将几种用量相当精确的药物打印入生物相融的、可水解的聚合物基层中，实现可控释放药物的制作。美国 Therics 公司使用三维打印快速成型生产这种可控释放药物，其药剂偏差量小于 1%，而当前制药方法的药剂含量偏差约为 15%。

部分产品如图 1-28 ~ 图 1-34 所示。

图 1-28
利用 3DP 技术打印的彩色花球

图 1-29
利用 3DP 技术打印的全彩汽车组件

图 1-30
利用 3D Systems 的全彩打印技术制成的模型

图 1-31
利用 3DP 技术制造的金属零件

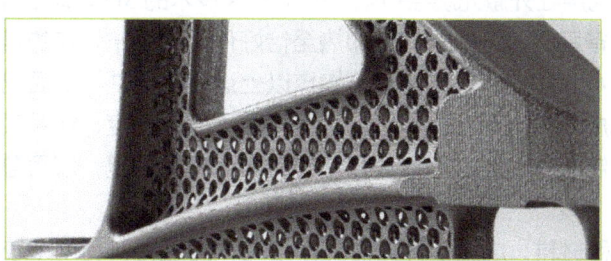

图 1-32
利用 3DP 技术制造的金属零件

图 1-33
利用石膏材料 3D 打印的建筑模型

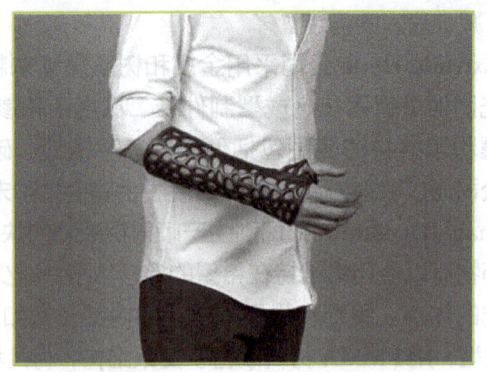
图 1-34
利用石膏材料 3D 打印的修复支架

1.2.4　SLS 技术及其成型材料

1. 认识 SLS 技术

选择性激光烧结成型（Selective Laser Sintering，SLS）技术又称为粉末烧结成型技术，其使用的材料是粉末状的，激光器在计算机的操控下对粉末进行扫描照射而实现材料的烧结黏合，使材料层层堆积实现成型，图 1-35 所示为 SLS 的成型原理。

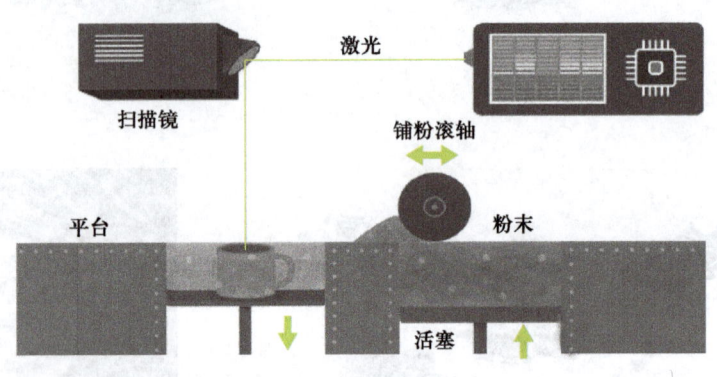
图 1-35
SLS 成型原理

　　SLS 的工作过程与 3DP 相似，都是基于粉末床进行的，区别在于 3DP 是通过喷射黏结剂来黏结粉末，而 SLS 是利用红外激光烧结粉末。基于 SLS 技术的 3D 打印机先用铺粉滚轴铺一层粉末材料，通过打印设备里的恒温设施将其加热至恰好低于该粉末熔点的某一温度，接着用激光束在粉层上照射，使被照射的粉末温度升至熔点以上进行烧结并与下面已制作成型的部分实现黏结。当一个层面完成烧结之后，打印平台下降一个层厚的高度，铺粉系统为打印平台铺上新的粉末材料，然后控制激光束再次照射进行烧结，如此循环往复，层层叠加，直至完成整个三维物体的打印工作。

　　SLS 技术支持多种材料，成型工件无需支撑结构，而且材料利用率较高。但是 SLS 成型设备和材料价格十分昂贵，烧结前材料需要预热，烧结过程中材料会挥发出异味，设备工作环境要求相对苛刻。

2. SLS 成型材料

SLS 技术目前常用的成型材料主要有金属粉末、陶瓷粉末、高分子粉末及它们的复合材料等。

（1）金属粉末材料

用于 SLS 成型的金属粉末主要有三种：单一金属粉末、金属混合粉末和金属加有机物粉末，其成型产品如图 1-36～图 1-41 所示。

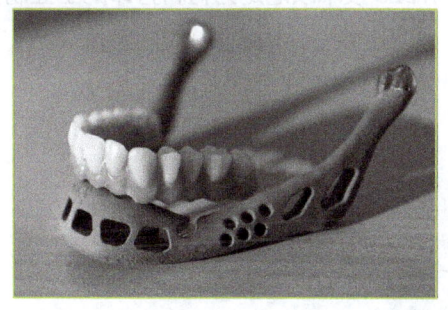

图 1-36
采用 SLS 技术制作的钛合金下颌骨

图 1-37
采用 SLS 技术制作的手表

图 1-38
采用 SLS 技术制作的钛合金首饰

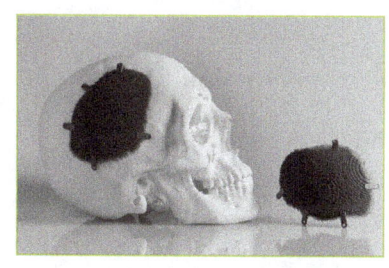

图 1-39
采用 SLS 技术以钛合金为原料制作的医疗植入物

图 1-40
利用 SLS 技术打印的金属产品

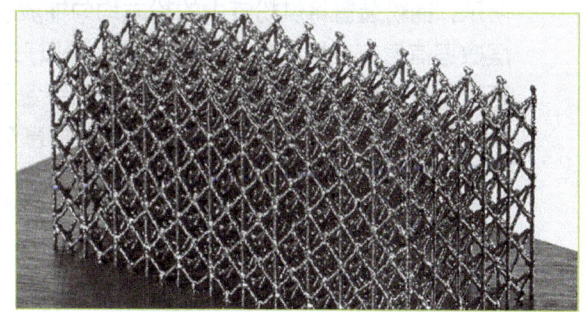

图 1-41
利用 SLS 技术制作的金属艺术品

（2）陶瓷粉末材料

与金属合成材料相比，陶瓷粉末材料具有更高的硬度和更高的工作温度，可用于制作高温模具。

（3）高分子材料

经常使用的高分子材料包括聚碳酸酯（PC）、聚苯乙烯粉（PS）、ABS、尼龙（PA）、尼龙与玻璃纤维的混合物、蜡等。高分子材料具有较低的成型温度，烧结所需的激光功率小，熔融黏度较高，没有金属粉末烧结时较难克服的"球化"效应，因此，高分子粉末是目前应用最多也是应用最成功的 SLS 成型材料。

尼龙材料强度高、耐磨性好、易于加工的优点使其在 SLS 成型领域得到了广泛应用。当在尼龙材料中加入玻璃微珠、碳纤维等材料时，会提高尼龙的机械加工性、耐磨性、尺寸稳定性和抗热变形性。图 1-42 所示为 DTM 公司采用 SLS 技术以尼龙为材料打印的工业制件。

图 1-42
DTM 公司采用 SLS 技术以尼龙为材料打印的工业制件

1.2.5　DMLS 技术及其成型材料

1. 认识 DMLS 技术

直接金属激光烧结成型（Direct Metal Laser Sintering，DMLS）技术的工作原理如图 1-43 所示，铺粉装置将供粉缸中的粉末均匀铺放于成型缸基板上，激光束根据零件 CAD 模型的第一层数据信息有选择地烧结粉层某一区域以形成零件的一个水平二维截面，成型缸活塞下降一定距离，供粉缸活塞上升相同距离，铺粉装置再次将粉末铺平，激光束开始依照零件 CAD 模型的第二层数据信息扫描粉层，如此逐层叠加直至三维零件实体制作完毕。

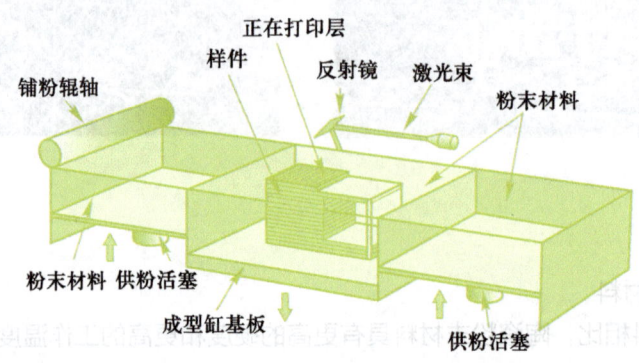

图 1-43
直接金属激光烧结（DMLS）成型原理图

2. DMLS 成型材料

DMLS 技术可以烧结的材料有：聚合物、金属、陶瓷、复合材料（composite）；纯金属粉末（pure metal powder）、预合金粉末（pre-alloyed powder）、混合粉末（mix metal powder）、覆膜金属粉末（coated metal powder）等。

通过选用不同的烧结材料和调节工艺参数，可以生成性能差异很大的零件：从具有多孔性的透气钢，到耐腐蚀的不锈钢再到组织致密的模具钢。采用 DMLS 技术甚至能够直接制造出结构非常复杂的零件，从而避免了铣削和电火花加工，为设计者提供了更宽的自由空间。

目前国际上主要利用 DMLS 技术制造受外力较大的构件及传统工艺无法加工的复杂构件、不规则构件，它能达到同牌号金属最高强度的 90% 至 95%，具有精度高、成型限制极少的特点，被广泛应用于高端精密零部件制造等领域，如航空航天、汽车、医学个性化件制造、小型注塑模具及镶件等，此外还可以应用该技术针对小批量、个性化的一些复杂件进行加工。

如图 1-44 所示为采用 DMLS 成型技术制造的可植入钛钉，它具有封闭粗糙的表面，可用于接骨。采用 DMLS 成型技术制作的产品如图 1-45 ~ 图 1-52 所示。

图 1-44
采用 DMLS 技术制造的可植入钛钉

图 1-45
采用 DMLS 技术制造的注塑模具样件

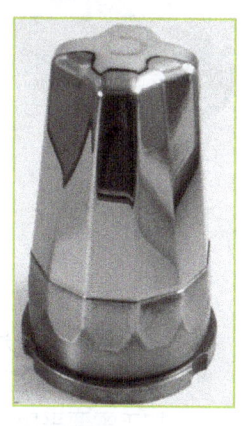

图 1-46
采用 DMLS 技术制造的机械零件

图 1-47
中船重工第七〇五研究所采用 DMLS 技术试制完成的金属样件

图 1-48
采用 DMLS 技术制造的注塑模具样件

图 1-49
德国 EOS 公司采用 DMLS 技术制造的 titanium-64（钛合金）

图 1-50
采用 DMLS 技术制造的铝件

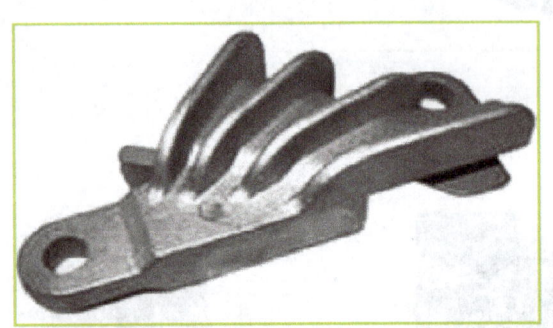

图 1-51
采用 DMLS 技术制造的不锈钢件

图 1-52
采用 DMLS 技术制造的合金钢件

3. DMLS 技术应用

模具行业是 DMLS 技术的主要应用领域，原因有二。其一是复杂结构的模具都需要 CNC 和 EDM 组合加工，而 DMLS 技术可以在各种状况下替代 CNC 和 EDM 组合加工。其二是传统水路加工需要采用钻孔或线切割工序，且为保证不与型腔和顶针干涉，一般用深孔钻加工，这就限制了水路必须是直筒型的组合。而采用 DMLS 技术可以加工出与模具形状相适应的任意形状水路，即"随形冷却"，保证了模温均匀和冷却效果。

图 1-53 所示为采用 DMLS 技术制作成的模仁，材料为青铜，模座采用 CNC 加工，模具开

发时间缩短至 5 天，量产数可达 25 000 件。

图 1-53
采用 DMLS 技术制造成的模仁

图 1-54 所示公母模（core & cavity）同时采用异型冷却水路的方式，随后采用 DMLS 技术直接烧结 4 套模具。此作法可大幅缩短开模、备模、修模的时间。图 1-55 为采用 DMLS 技术制作的异型水路模具。

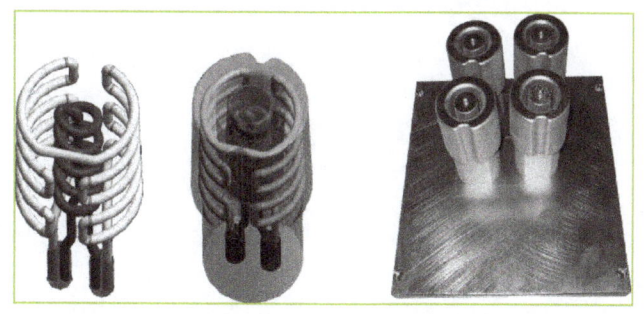

图 1-54
采用 DMLS 技术直接烧结的异型冷却水路模具

图 1-55
采用 DMLS 技术制造的异型水路模具

图 1-56 所示是一款 PC 的 LED 灯柱，图 1-56 a 所示为快速模具模仁，图 1-56 b 所示为注塑模具整体结构，图 1-56 c 所示为成型的产品。这是一副比较简单的多腔模具，然而用传统制造方式加工仍然需要 EDM 加工，但用 DMLS 技术来制作前后模仁总共需要 5h 40min，且不需要太多的后加工和钳工修配，只要喷砂和轻微的手工修磨。前后模在架上注塑机后就能直接开机生产。这样从项目启动到可以连续生产只要 6 天时间。

a) 快速模具模仁

b) 注塑模具整体结构

c) 成型的产品

图 1-56
PC 的 LED 灯柱模具及产品

任务三 3D 打印后处理工艺流程

能力目标

1. 认识不同的 3D 打印技术、不同的打印材料和常用的后处理工艺。
2. 能够根据常规样件的技术要求制定合理的后处理工艺。

知识点

1. SLA 成型件后处理流程。
2. FDM 成型件后处理流程。
3. 3DP 成型件后处理流程。
4. SLS 成型件后处理流程。
5. DMLS 成型件后处理流程。

任务引导

后处理是整个零件成型完成后进行的辅助处理工艺，包括零件的清洗、去除支撑、打磨、表面涂覆以及后固化等。

3D 打印零部件的表面质量受到打印机类型、打印技术和材料粒度等多种因素的影响。后处理技术需要与打印材料、打印技术和零件几何形状相匹配，有时多种不同技术可以用于一种零件的后处理。

对于粉末床工艺打印的尼龙零件，在打印后通过水射流工艺可以清除多余的打印粉末，降低表面粗糙度，如图 1-57 ~ 图 1-59 所示。

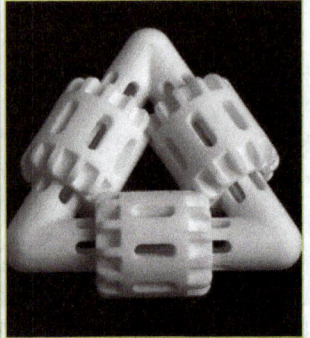

图 1-57
尼龙零件去除打印粉末前后对比

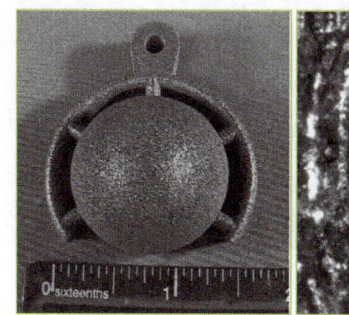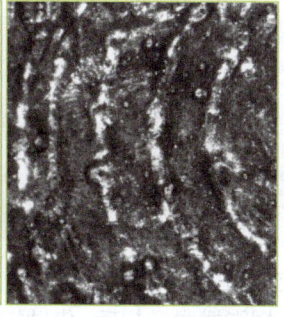

图 1-58
后处理前的 3D 打印零件，右图为 200 倍放大图像

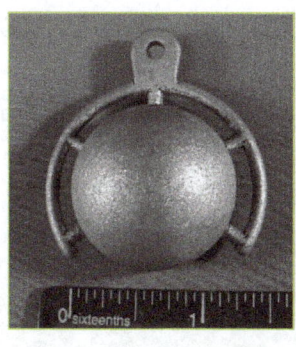

图 1-59
后处理后的 3D 打印零件，右图为 200 倍放大图像

3D 打印成型件后处理的结果及数据，还可用于下一轮的设计优化。在对初次打印的零件进行后处理之后，评估其尺寸公差、表面粗糙度以及在后处理中损失的几何形状，将这些信息反馈给设计团队。设计团队在进行设计优化时，会考虑是否需要增加加工余量或者是否需要将零件拆分为多个组件等。

如图 1-60 所示为空气压缩机叶片处理前后对比图，其中图 1-60 a 所示为初次 3D 打印未经过后处理的空气压缩机叶片；图 1-60 b 所示为经过抛光处理的打印叶片，侧面前缘有缺损；图 1-60 c 所示为参考了初次打印和后处理结果后，在打印时对叶片进行了重新定位的结果。

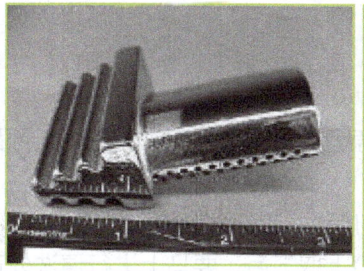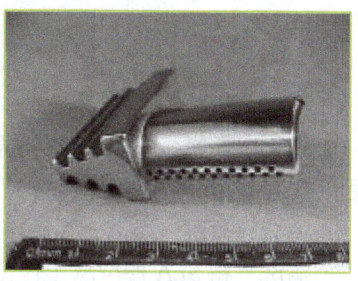

a)　　　　　　　　b)　　　　　　　　c)

图 1-60
空气压缩机叶片处理前后对比图

任务实施

1.3.1 SLA 成型件后处理流程

1. SLA 成型件后处理过程

SLA 成型件后处理过程主要包括以下步骤：

取出样件：待制件从树脂槽中升起后，借助铲刀从工作台上取下样件并放置在漏斗或托盘内，排出样件里的液态树脂。

去除支撑：用铲刀和镊子等工具去除支撑结构。

清洗样件：将去除支撑后的样件用酒精清洗，注意清除微细孔和槽内的树脂。

干燥与后固化样件：可用吹风机吹干样件表面，但要注意温度影响以防样件变形。较软的制件还需放到光固化箱中进行后固化处理。

打磨、修整样件：用砂纸和锉刀打磨样件表面；用 AB 胶、补土或腻子等修补样件表面。

2. SLA 成型件后处理分类

根据 SLA 成型件的结构将后处理分为去除后处理和涂覆后处理两种。

SLA 成型件的去除后处理主要流程如图 1-61 所示。

成型件清洗 → 去支撑 → 表面处理打磨 → 喷砂 → 喷漆 → 补缺 → 打磨 → 质量检验 → 完成

图 1-61
SLA 去除后处理主要过程

SLA 成型件的涂覆后处理主要流程如图 1-62 所示。

图 1-62
SLA 涂覆主要后处理

3. SLA 成型件后处理实例

下面以聚氨酯（PU）材料原型为例，来说明一般的材料原型（非透明）的后处理过程，其后处理流程如下：

清洗→打磨→清洁→喷塑料底漆→喷面漆→打蜡抛光。

清洗：将 SLA 模型从工作台上取下后，要马上进行清洗处理，一般用酒精或其他有机溶剂彻底清洗，不要有树脂残留。

打磨：SLA 成型件经过自然光或紫光箱固化后，可以进行打磨喷砂。打磨和喷砂要同时进行，注意不要打磨过度。

清洁：水洗后晾干。选专用清洁液 1 份，按规定比例兑水，配丝瓜布彻底打磨 SLA 成型件工作表面，重复进行 3～4 次，可有效清除工件表面杂质，增强油漆的附着力。

喷塑料底漆：先用除静电清洁液湿擦工件表面，随后干擦，然后直接喷塑料底漆，喷涂两层，在 20℃环境温度下干燥 15～20min，中小工件可使用喷笔。

喷面漆：使用纯色漆（按规定配稀释剂）喷两层，配合不同的温度和适当的稀释剂效果更佳，在 60℃环境温度下烤干 35min 或在 20℃环境温度下风干 16h。若效果不显著，则在冷却后重新喷漆。根据需要也可以喷单工序金属漆，颜色可任意选择，添加减光剂可产生全亚光、半亚光效果。

打蜡抛光：喷面漆隔夜干固后用蜡进行抛光，用干净的棉布配合蜡均匀打磨，直至出现光泽，最后打上油蜡。

特殊工艺流程（适用于后期制作透明聚氨酯（PU）材料成型件）：

透明制件要求工件的内外两面都要非常光滑，所以其工艺流程更复杂。其基本工序和标准工序相同，不同之处是打磨后要补原子灰。先用细粒原子灰或原子喷灰填补不滑及微凹的 SLA 成型件表面；然后用 400 目或 800 目砂纸打磨，随后用白色填眼灰来填补细砂纸纹、针眼、轻微划痕等，打磨、清洁、除油、除尘后待用；最后再进行喷塑料底漆、面漆、打蜡抛光等工序。

1.3.2　FDM 成型件后处理流程

对于采用 FDM 技术打印的一般成型件后处理流程如下：

取件→去支撑→表面处理（砂纸打磨、抛光处理、整齐平滑等）。

对于采用 FDM 技术打印的拼装成型件，后处理流程如图 1-63 所示。

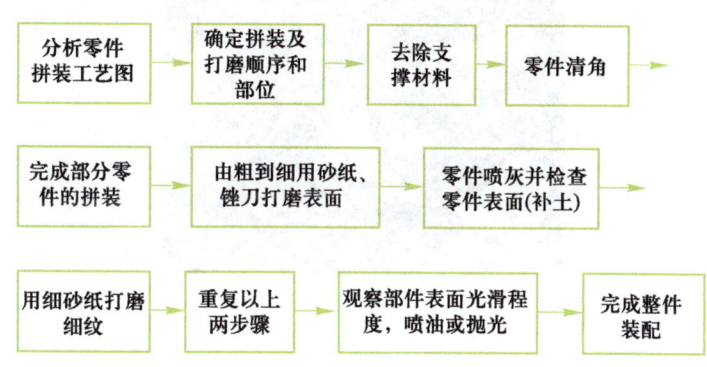

图 1-63
FDM 成型件后处理的工艺流程

下面简单介绍几种表面处理技术。

打磨：目的是去除零件毛坯上的各种毛刺、加工纹路，并且在必要时对机加工时遗漏或无法加工的细节做修补。常使用的工具是锉刀和砂纸，一般手工完成。某些情况下也需要使用打磨机、砂轮机、喷砂机等设备，例如处理大型零件时，使用机器可大大节省时间。

抛光：目的是在打磨工序后进一步加工，使零件表面更加光亮平整，产生近似于镜面的效果。目前常用的抛光方法有：机械抛光、化学抛光、电解抛光、流体抛光、超声波抛光、磁研磨抛光。常用工具是砂纸、纱绸布、打磨膏，也可使用抛光机配合帆布轮、羊绒轮等设备进行抛光。通常需要抛光的情况有透明件的表面、需要电镀的表面、需要镜面或光泽效果的表面等。

1.3.3　3DP 成型件后处理流程

在 3DP 成型件中，打印完成后的成型件完全埋在成型槽的粉末材料中，如图 1-64 所示，待成型件保温一段时间后取件，用毛刷或气枪清理表面。由于 3DP 成型法采用粉末堆积、黏结剂黏结的成型方式，得到的成型件坯体内部会有较大的空隙，因此打印完成后，其坯件还需要经过合理的后处理工序来达到所需的致密度、强度和精度。目前，常采用低温固化、等静压、烧结、熔渗等方法来保证打印件的致密度和强度，常采用去粉、打磨、抛光等方式来提高精度。

1. 3DP 成型件后处理过程

3DP 成型件后处理流程如下：烧结→等静压→熔渗→去粉→打磨抛光。

烧结：陶瓷、金属和复合材料打印坯一般需要进行烧结处理，针对不同的材料可采用不同的烧结方式，如气氛烧结、热静压烧结、微波烧结等。氮化物陶瓷类宜采用氮气气氛烧结，硬质合金类宜采用微波烧结。

等静压：为了提高制件整体的致密性，可在烧结前对打印坯进行等静压处理。

熔渗：打印坯烧结后可进行熔渗处理，即将熔点较低的金属填充到坯体内部空隙中，以提高制件的致密度，熔渗的金属还可能与陶瓷等基体材料发生反应形成新相，以提高材料的性能。Nan B Y 等人将采用 3DP 成型法打印好的混合粉末（TiC、TiO_2、糊精粉）初坯在惰性气体中烧结得到预制体，再将定量的铝锭放在其表面，在 1 300～1 500℃下保温 70～100min，进行反应熔渗，制备出 Ti_3ALC_2 增韧 $TiAL_3-AL_2O_3$ 复合材料。

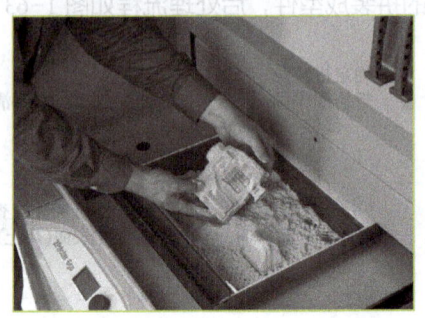

图 1-64
3DP 打印模型

去粉：如果打印坯强度较高，则可以直接从粉末中取出，然后用刷子将周围大部分粉末扫去，剩余较少的粉末或内部孔道无黏结剂黏结的粉末可通过加压空气吹散、机械振动、超声振动等方法去除，也可采用浸入特制溶剂中去除的方法。如果打印坯强度很低，则可以用压缩空气法将干粉吹散，然后对打印坯喷固化剂进行保形。

打磨抛光：可采用磨床、抛光机或手工打磨的方式来获得最终需要的表面质量，也可采用化学抛光、表面喷砂等方法。

2. 3DP 成型件后处理实例

哈尔滨理工大学的研究者通过 3DP 打印技术制作的硬质合金球头铣刀，其后处理工艺为：首先将硬质合金刀具放入氢气环境下进行脱脂处理，除去黏结剂；然后再采用真空烧结工艺对硬质合金球头铣刀坯体进行烧结处理，烧结温度为 1 400～1 420℃，烧结过程持续时间为 3～6h；最终使具有细微组织结构的硬质合金球头铣刀达到完全实心和足够的强度。

下面以图1-65所示Z-Corp公司的Zprinter450打印机为例来介绍样件打印及后处理过程。

图1-65
Zprinter450打印机

首先做开机前准备，其次开机操作与数据准备，然后样件制作。

样件制作与后处理的步骤如下：

① 单击菜单"file"→"3D print"或3D图标，弹出"Printing Option"对话框，进行分层选择样件打印，打印机默认状态为全部打印，单击"OK"按钮。

② 打印完毕，打印机显示"样件制作完成"信息窗口。

③ 自动除粉。勾选"Printer Status"对话框中的"Print Job Options"复选框，Z450打印机自动进入恒温（380℃）烘焙阶段，烘焙结束后打印机进入自动除粉处理功能。自动除粉后的样件如图1-66所示。

图1-66
ZPrinter450打印机自动除粉后样件

④ 取出样件。自动除粉过程结束后，LCD液晶显示板显示"FINISHING"，随后显示"ON LINE"状态，便可将零件从工作室取出，进行表面清理。

⑤ 样件后处理。将清理好的样件快速浸入Z-BondTM渗透剂、滴上Z-Bond或用刷子轻轻地刷涂Z-Max-TM进行增强与表面光洁处理，最后得到样件，如图1-67～图1-70所示。

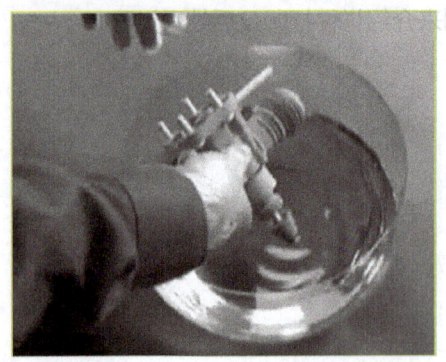

图 1-67
将样件快速浸入 Z-BondTM 渗透剂

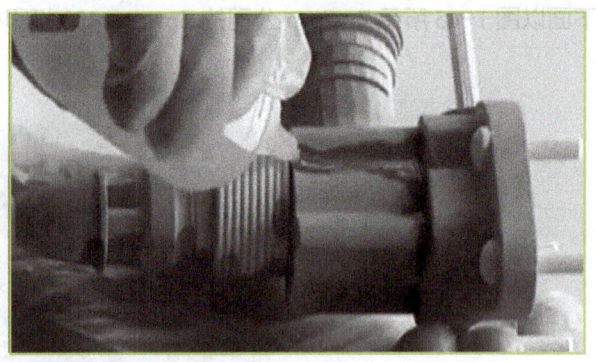

图 1-68
在样件上滴 Z-Bond

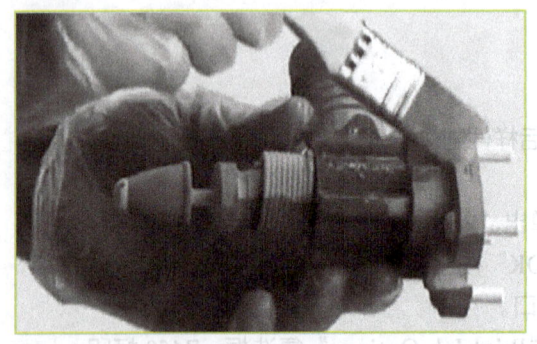

图 1-69
用刷子轻轻地刷涂 Z-Max-TM

图 1-70
处理好的样件

1.3.4　SLS 成型件后处理流程

由于 SLS 成型过程及材质本身等因素，成型件易存在裂纹、致密度低、变形、表面粗糙及强度差等缺陷。为此需要对 SLS 成型件进行后处理，改善材料的表面性能与理化性质，逐步提高 SLS 成型件的硬度和致密化程度。

1. SLS 成型件常用后处理流程

最常用的 SLS 成型件后处理方式包括热等静压、高温烧结等，可分为四个阶段：清粉处理、脱脂降解、烧结成型和浸渗工艺。

清粉处理：主要是采用外力（如粉刷、吹风机等）去除 SLS 成型件表面及工作平台上的残余原料粉末，避免表面粉末结块，降低 SLS 成型件表面的粗糙度。

脱脂降解：主要是为了去除环氧树脂黏结剂，一般采用热脱脂技术进行处理，便于后续的高温烧结处理。

烧结成型：是在助烧剂的协助下提高烧结件的强度和硬度，该环节对材料性能的影响最大。

浸渗工艺：是通过向 SLS 成型件浸渗树脂来固化增强并提高 SLS 成型件的各项性能。

2. 高分子粉末材料成型与后处理过程

SLS 成型材料不同，具体的烧结工艺也有所不同。高分子粉末材料烧结工艺包括前处理、粉层激光烧结叠加及后处理阶段。

在粉层激光烧结叠加阶段，设备根据原型的结构特点，在设定的成型参数下，自动完成原型的逐层粉末烧结叠加过程。当所有叠层自动烧结叠加完成后，需要将原型在成型缸中缓慢冷却至40℃以下，取出原型并进行后处理。

在后处理阶段，激光烧结后的 PS 原型件强度很低，需要根据使用要求进行渗蜡或渗树脂等补强处理。用于熔模铸造的原型件经渗蜡后的铸件原型如图 1-71 所示。

高分子粉末烧结件的后处理工艺主要有渗树脂和渗蜡两种，当原型件主要用于熔模铸造的消失型时，需要进行渗蜡处理。当原型件是为了提高强度、硬性指标时，需要进行渗树脂处理。

图 1-71
经渗蜡后的铸件原型

3. 金属零件间接烧结工艺及其后处理

金属零件间接烧结工艺过程分为三个阶段：SLS 原型件（绿件）制作、粉末烧结件（褐件）制作，金属熔渗后处理，如图 1-72 所示。

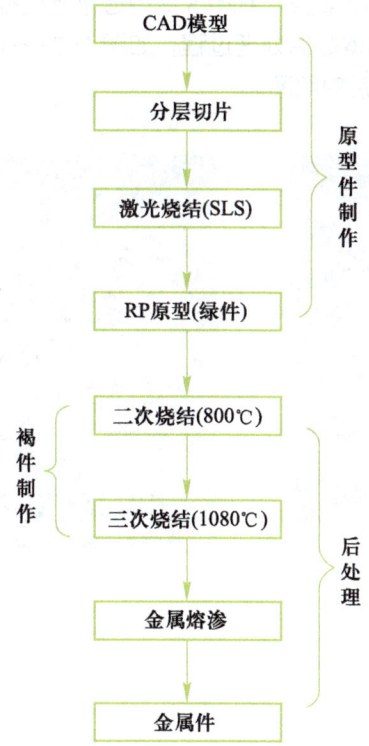

图 1-72
基于 SLS 成型的金属零件间接烧结工艺过程

"绿件"制作的关键在于如何选用合理的粉末配比和加工工艺参数，来实现原型件的制作。"褐件"制作过程为二次烧结（800℃）→三次烧结（1 080℃），此阶段的关键在于，二次烧结有机杂质，以获得具有相对准确形状和强度的金属结构体。金属熔渗过程为二次烧结（800℃）→三次烧结（1 080℃）→金属熔渗→金属件，此阶段的关键在于，选用合适的熔渗材料及工艺，以获得较致密的金属零件。

选择钼粉材料及有机包覆材料，通过包覆工艺获得包覆膜均匀、厚度适宜、激光烧结性能良好的覆膜金属粉末材料，采用 SLS 成型技术制备金属制件。根据制件的性能选择后处理工艺方案，先在真空炉中对激光烧结件进行脱脂预烧处理，然后对其进行高温烧结后处理，最后进行渗铜处理，经过渗铜处理后的注塑模具和零件能够满足使用要求。

不锈钢金属粉选择性激光烧结成型坯件必须进行后处理才能成为致密的金属功能件。后处理一般有三步：降解聚合物→二次烧结→渗金属。

采用覆膜砂作为烧结材料，采用 SLS 成型技术直接形成铸造用型芯，开创了不用模型、不用芯盒直接制造型芯的先河。全部烧结完成后，要做一些后处理工作，如去掉多余的粉末，再进行打磨、烘干、加热等处理以便获得原型或零件。以塑料为原材料制成的原型件一般用来作为功能性零件或样品试件，其机械性能如强度等要求不是很高，因此只需对其外观进行一些简单处理，如打磨、有机物微溶、去除零件表面的层面痕迹等。

1.3.5　DMLS 成型件后处理流程

DMLS 成型件后处理流程为：从 DMLS 成型设备底座上取下产品→热处理（高温硬化以提高产品强度）→机械加工（含去除支撑）→表面处理。

为得到最佳尺寸精度和表面粗糙度，DMLS 成型通常需要经过 CNC 加工→EDM 加工→化学腐蚀→湿磨→滚磨→抛光→包覆等后处理过程，如图 1-73 ～图 1-76 所示是对 DMLS 打印出的不锈钢零件进行表面处理的前后对照图。

图 1-73
表面处理前不锈钢零件

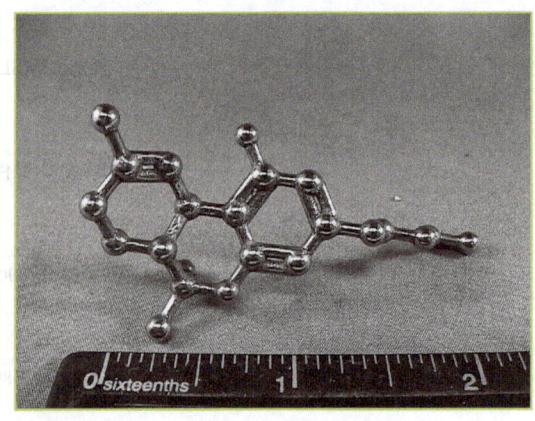

图 1-74
表面处理后不锈钢零件

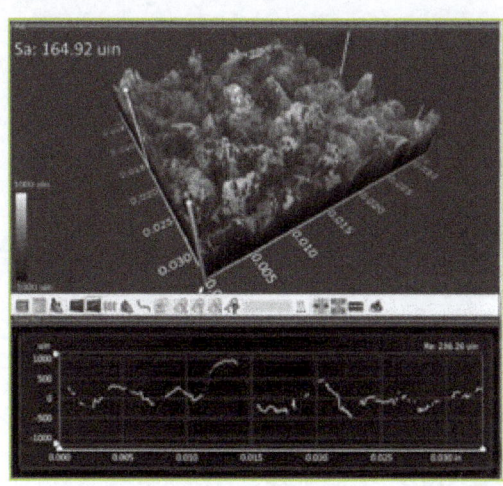 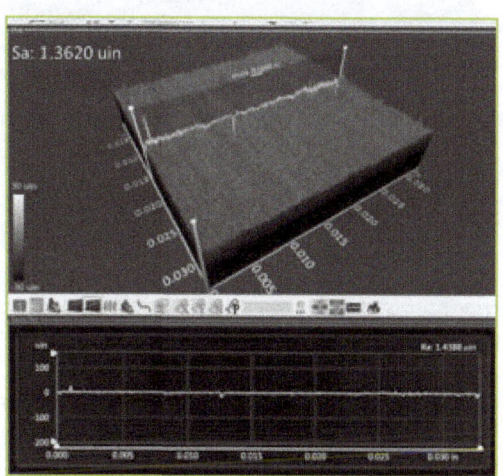

图 1-75　　　　　　　　　　　　　　　　　　　　　　　图 1-76
表面处理前表面微观图　　　　　　　　　　　　　　　　表面处理后表面微观图

项目二

典型 SLA 成型件工艺后处理

项目知识目标：

1. 熟悉取件的工具、步骤及要求。
2. 熟悉产品清洗的要求及方法。
3. 掌握支撑的去除方法。
4. 了解后固化变形的特点。
5. 掌握后固化的操作要点，了解产品需要后固化的条件。
6. 掌握产品常见缺陷的处理方法。
7. 掌握后处理测量所用的工量具的名称及用法。
8. 了解支撑的类型及处理方法。
9. 了解支撑面处理刀具的类型。
10. 掌握刀具使用要点和刀具的使用方法。
11. 掌握产品喷砂、喷漆的操作方法。

项目技能目标：

1. 会按步骤及要求完成取件、清洗、去支撑的过程。
2. 会使用正确的工具及方法去除支撑。
3. 会正确操作后固化箱。
4. 会对产品的缺陷进行合理的处理。
5. 会正确使用工量具对产品进行测量。
6. 会使用合适的刀具对支撑面进行处理。
7. 会正确使用设备对产品进行喷砂、喷漆处理。

知识导图：

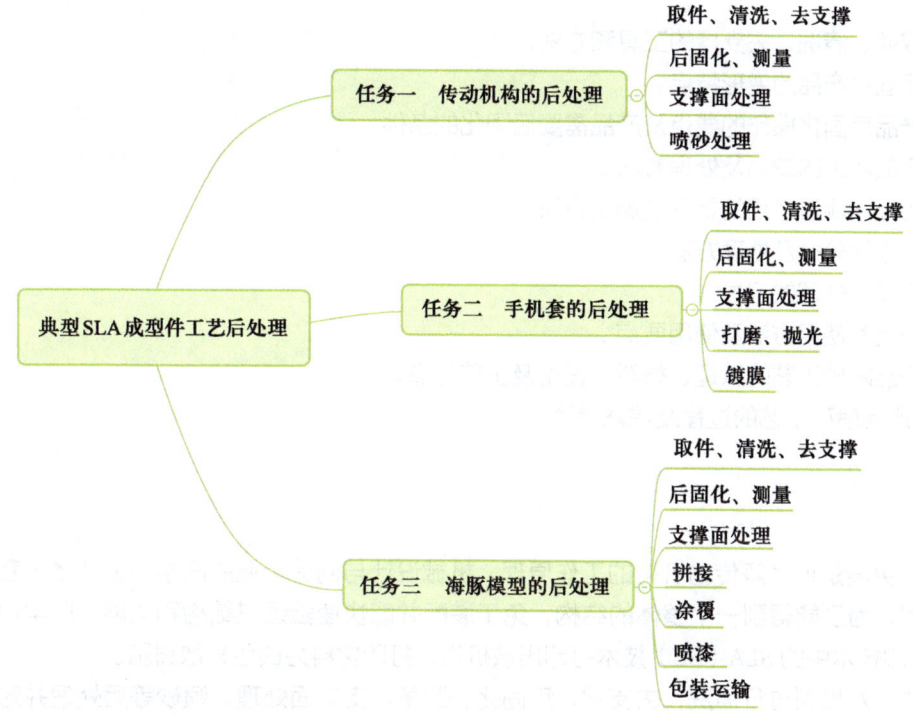

任务一
传动机构的后处理

能力目标

1. 能正确使用工具完成取件、产品去支撑、清洗的过程。
2. 能正确操作后固化箱，完成后固化处理。
3. 能正确分析产品的缺陷、产生原因及采用合适的方法处理。
4. 能识别常用的测量工具并正确测量相关尺寸。
5. 能正确区分支撑的类别并分析不同类型支撑的特点。
6. 能正确选择和使用支撑面处理的刀具，对模型表面进行处理。
7. 能正确完成产品的喷砂处理。

知识点

1. 取件、清洗、去支撑的工具和方法。
2. 后固化产品的变形特点。
3. 产品后固化操作的要点及产品需要后固化的条件。
4. 产品常见的缺陷及处理方法。
5. 后处理测量常用的量具及测量方法。
6. 支撑的分类及处理方法。
7. 支撑面处理的刀具。
8. 刀具的使用方法及使用要点。
9. 产品喷砂工艺的原理、材料、设备及工艺特点。
10. 产品喷砂工艺的过程及注意事项。

 任务引导

为了更清楚地了解传动机构的工作原理，机械设计与制造专业的同学们设计了一套传动机构的模型，为了能得到一个整体的结构，免于装配并能快速验证其结构和功能，同学们决定通过 3D 打印技术中的 SLA（SL）技术打印出该机构，打印材料为白色光敏树脂。

要求：对模型进行清洗、去支撑、后固化、测量、支撑面处理、喷砂等后处理并对其进行外观检测及功能验证。由于采用 SLA（SL）技术成型的模型精度相对较高，所以对配合间隙也有一定的要求。该模型也可以根据需要进行结构调整或缩放打印成为一件工艺品或玩具。

任务实施

2.1.1 取件、清洗、去支撑

1. 取件

使用铲刀等工具将产品的支撑与工作台分离，晾干产品表面的树脂并取出产品。

（1）取件的要求

① 产品光固化成型后，工作台面升出液面，停留 5～10min 以晾干多余的树脂。
② 铲刀等工具要紧贴工作台面，大型工件的分离要先沿四周铲松动后再铲中间。
③ 工作台表面的支撑碎片要清理干净。
④ 取件完成后，一般将工作台移动到液面下 10mm 处。
⑤ 操作过程要戴好乳胶手套，并注意安全。

（2）取件用的工具

取件时常用的工具有：铲刀、托盘、手套、镊子等，如图 2-1 所示。

（3）取件的步骤

准备工作→铲掉产品→清理工作台→下调液面。

步骤 1：准备工作

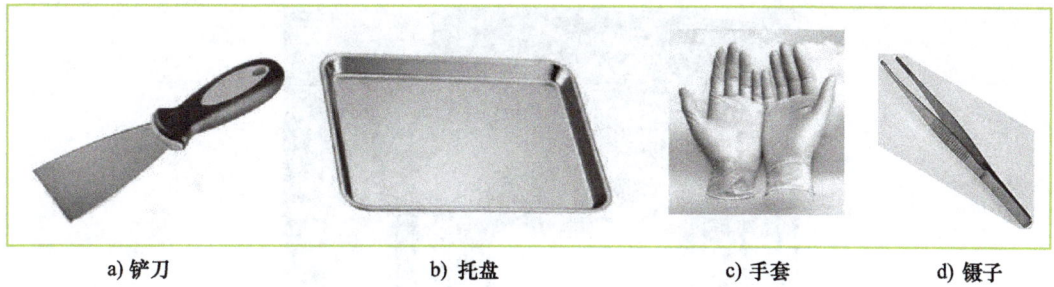

a) 铲刀　　　　b) 托盘　　　　c) 手套　　　　d) 镊子

图 2-1 取件工具

首先戴好手套，穿戴方法如图 2-2 所示。

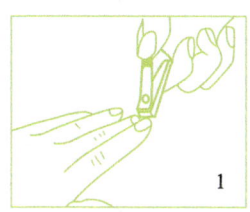 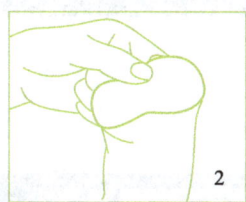 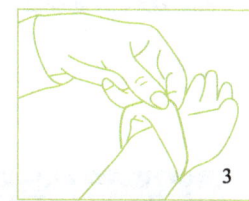 

图 2-2 手套穿戴方法

① 戴手套前，请修剪指甲，指甲太长或过尖容易导致手套破损。
② 用手指肚部位进行穿戴，避免手套划破。
③ 脱手套时，请将手腕处的手套翻起，向手指处脱卸。

然后准备好托盘及铲子。托盘一般选用不锈钢材料制成，铲子一般也选用不锈钢材质或经镀铬处理的，且适宜使用"油灰刀"。

注意事项：在穿戴手套时，要选用一次性的乳胶手套或医学手套，防止光敏树脂接触到手而导致皮肤伤害。如果意外沾染，应及时用酒精清洗并吹干。

步骤 2：铲下产品

铲小型产品和大型产品的方法不同，铲小型产品主要操作方法如下：

① 铲下产品前先清洗干净铲刀。
② 用铲刀沿工作台与支撑的接触面用力铲，可一次将产品铲下。
③ 将产品放入托盘内，为下一步的清洗作准备。

注意事项：用铲刀对准小型产品，紧贴工作台面铲下。铲刀倾斜角度一定要控制好，防止铲到产品，因为一般支撑的高度为 6～10mm，如图 2-3 所示。铲大型产品时应先沿产品四周铲，再铲中间，铲下产品过程中注意用力不能太大。

步骤 3：清理工作台

用铲子将支撑碎片铲到托盘内，黏附在工作台面上的支撑碎片用镊子夹取。尽量将工作台面上的支撑碎片清理干净，防止支撑黏附在工作台面上影响下次产品的成型。不能图方便，将支撑碎片铲到工作液（光敏树脂）中。

步骤 4：下调液面

如图 2-4 所示，用软件操作，将工作台面调至光敏树脂液面下 10mm 处。

图 2-3
铲掉产品

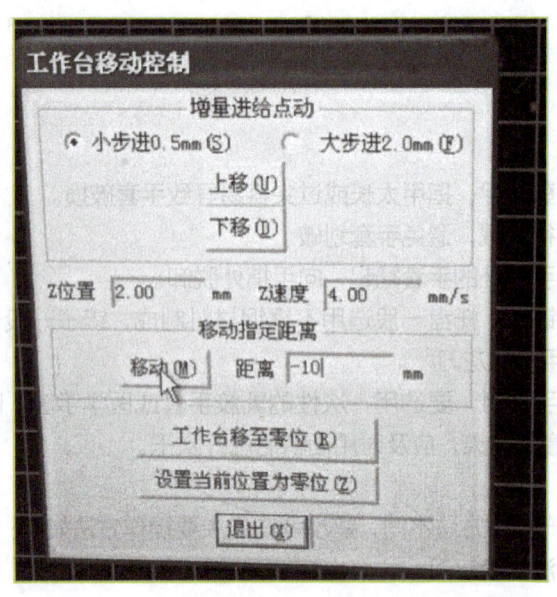

图 2-4
下调液面

说明：图示操作选用的设备是：西安交通大学 SPS600 光固化成型机，配套的软件是：快速成型工艺控制系统 V10.01（多媒体版本）。

2. 清洗、去支撑

产品从工作台上取下后，要立即进行清洗。用工业酒精或其他有机溶剂（不建议使用丙酮、异丙醇等有毒溶剂）对产品表面和内部型腔进行清洗，对于中空的产品需要排干树脂并清洗干净，不要有液态树脂残留。可使用针管吸入酒精，注射到要清洗的细节部位，如细管、深槽等狭窄、难以清洗到的部位进行清洗。

（1）清洗与去支撑的要求

① 用浓度为 90% 以上的工业酒精浸泡产品，时间不宜过长，一般控制在半分钟以内。

② 在清洗较软的产品及细微结构时需用毛刷。
③ 清洗同时去除支撑。
④ 产品一般需清洗两遍，清洗完后需吹干。
⑤ 清洗过程要戴好乳胶手套，并注意酒精不要弄到眼睛内。

（2）清洗与去支撑的过程

步骤1：清洗铲刀

铲刀将工件铲下后会黏附一些树脂及支撑碎片，需要清洗干净。清洗方法：用工业酒精浸泡，然后用毛刷反复刷洗铲刀2～3遍，清洗时铲刀也可以和工件一起浸泡1～2min，铲刀清洗后，用于去除支撑。

工业酒精直接购买来就可以使用，一般不需用水稀释，为了节约成本，酒精可以回收循环利用。

步骤2：去除支撑

大型产品底部支撑的去除一般采用铲除法，产品取出后放在工业酒精或其他有机溶剂（丙酮）中浸泡，并先将底部的平面支撑用铲子（扁平铲）铲除，铲除过程中需注意铲刀铲入的位置应紧贴产品底部与支撑的结合面，如图2-5所示。

图2-5 铲除支撑

小型产品的底部支撑一般可以采用刀具切除，去支撑时需注意使用合适的刀具，控制切入口的角度、切入力度及切入深度，如图2-6所示。

产品的内部支撑、成型结构支撑、细节部分支撑也可以采用手工去除，如图2-7所示。注意要对应设计图纸，不能随意掰断产品的特征结构。清洗过程中尽量去除所有支撑，不便于去除的等吹干后再去除。

步骤3：产品第一次清洗

第一次清洗产品，可以利用之前用过的酒精，所以去支撑和第一次清洗可以同时进行。清洗结构简单的产品时可以用毛刷，如图2-8所示，用力可以稍大一些，而清洗有精细结构的细小产品时不能用力过大，刷的时候也要缓慢。去除支撑的时候要仔细观察，不能将细小的结构去掉，或刷断。清洗中空产品时需将酒精装入产品的空腔中，晃动产品进行清洗。

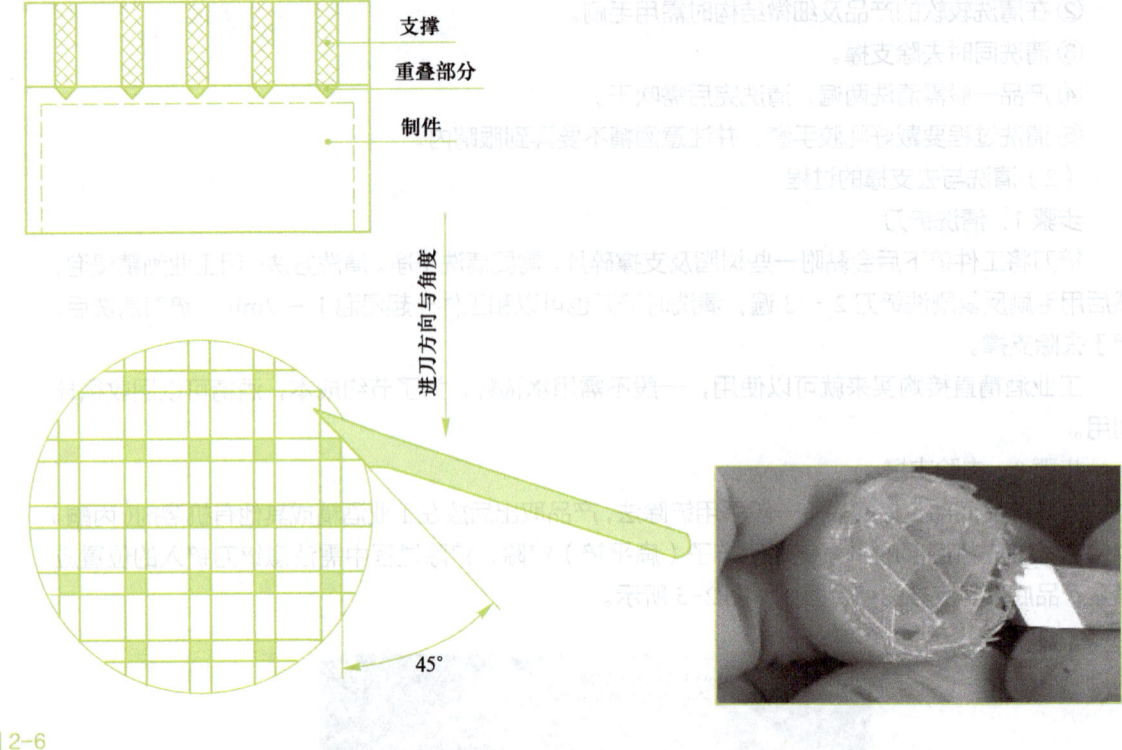

图 2-6
切除支撑

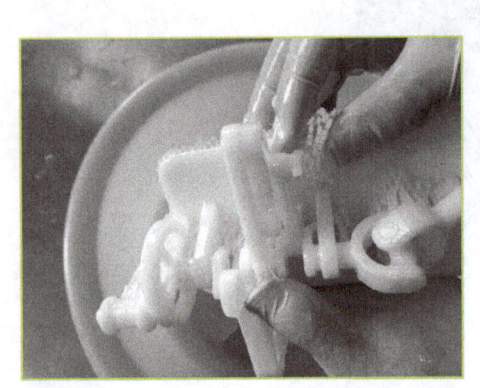

图 2-7
手工去除支撑

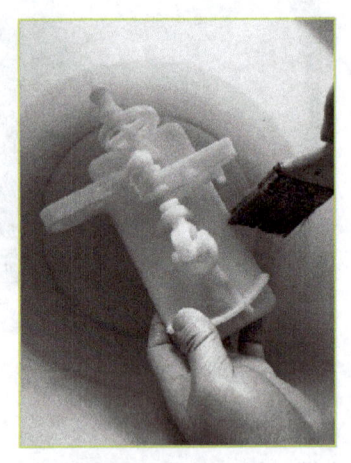

图 2-8
产品的清洗

步骤 4：产品第二次清洗

结构不复杂的产品一般清洗两遍即可，但是结构复杂、有腔体的产品需要清洗三次以上，例如密闭空腔件，开了直径较小的孔用于排出树脂，因为孔径小，腔体内残留的树脂较多，需要清洗多遍。第二次清洗时需用新的酒精，所用的酒精量可以比第一次少，清洗的方法同第一次一样。注意内外表面都要清洗到。

步骤 5：产品吹干以备后固化

一般使用喷枪对产品进行吹干，需设置空压机或空压站存储压缩空气，操作时要把零件内外表面都吹干,如图 2-9 所示。尤其要注意内部不能有酒精残留,否则在后处理喷砂环节会使产品内部黏附细砂而影响产品的透明效果。

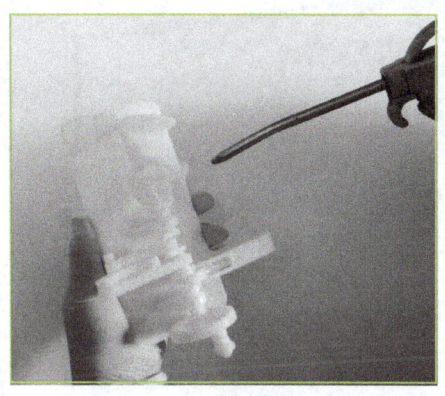

图 2-9
产品吹干

2.1.2 后固化、测量

1. 后固化

在很多情况下,树脂在激光扫描过程中只有部分完成聚合反应,产品中还有一部分液态的残余树脂未固化或未完全固化。当产品的强度和硬度不满足要求时,为提高产品的使用性能和尺寸稳定性,通常需要二次固化(俗称后固化)。

后固化时,零件内未固化树脂发生聚合反应,体积收缩会引起形变。

(1)后固化的变形特点

① 后固化收缩非常不均匀,这种情况会随扫描长度增加而加剧,其原因是随着扫描长度的增加,其内部包含的未固化树脂量增加。

② 后固化收缩随扫描路径的不同而有极大差异,其差异主要取决于未固化树脂在零件中存在的数量和方式,当然与树脂本身的收缩特性也有很大关系。所以零件成型时扫描路径的选择是非常重要的。

③ 后固化收缩量占总收缩的 25% ~ 40%,所以为保持成型零件最终尺寸的稳定性,后固化是十分必要的。

(2)后固化的操作要点

① 后固化一般需在图 2-10 所示的专用的固化箱中进行,一般后固化时间控制在 30min 左右。如果产品后固化一次后仍较软,可以再后固化 1 ~ 2 次。

② 后固化一般采用全功率进行,在第二次后固化时可采用半功率进行。

③ 如果后固化的产品表面呈现淡黄色,表示产品已经过固化。

④ 工作台的旋转速度不宜太快,应控制在 50% 以内。

由于固化部分对未固化部分的后固化会产生约束,后固化将会加大产品的残余变形,使工件产生形状、尺寸误差。

一般采用紫外灯照射的方式进行后固化。建议使用能透射到产品内部的长波光源,且使用照明度较弱的光源进行照射,以避免由急剧反应引起产品内部温度上升的情况。但要注意的是:

固化过程产生内应力以及温度上升引起的软化会使产品出现裂纹或发生变形。

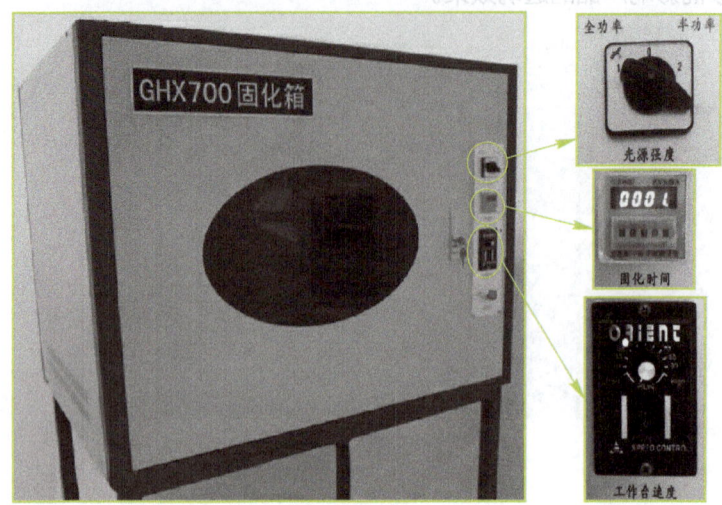

图 2-10
固化箱

过固化的程度越深，颜色越深，产品也变得越硬、越脆。这会影响产品的外观及性能，甚至会导致产品报废。如果产品留有后处理的余量，则可以通过适当的打磨处理来还原其外观，并保证产品的尺寸精度。

（3）需要后固化的条件

因为光固化快速成型过程是一个"点→线→面→体"的材料累积过程，激光在扫描时，工艺参数（激光功率、扫描速度、扫描间距等）产生的误差会对扫描过程及扫描出的产品产生影响。

光固化成型设备主要采用的是单线扫描和平面扫描，单线扫描也是平面扫描的基础，经测试，表面激光光束能量径向分布为高斯分布。扫描固化线条的轮廓线为抛物线，如图 2-11 所示。

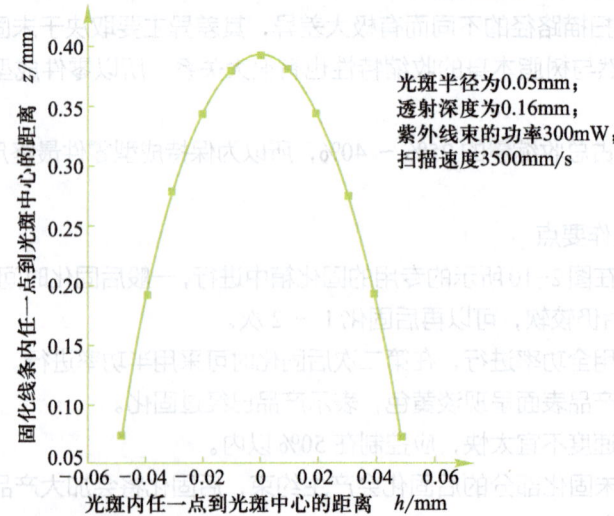

光斑半径为0.05mm；
透射深度为0.16mm；
紫外线束的功率300mW；
扫描速度3500mm/s

图 2-11
扫描固化线条轮廓形状图

平面扫描时用多条扫描线对一个截面进行扫描固化，当扫描的间距小于一定的数值时，各扫描线之间就会有能量的叠加，这种能量的叠加遵从曝光等效原理。平面扫描固化深度与扫描速度、激光功率及扫描间距有关。

对于能量分布为高斯分布的光束，当扫描线之间的距离小于 4.3 倍光斑半径时，扫描线相互之间有能量的叠加，但仅有这样的能量叠加是不够的，因为各条扫描线之间还有许多树脂没有固化，从而造成同一个固化层的固化厚度不均匀，如图 2-12 所示，这是由于垂直于扫描线方向的能量分布不均。减小层厚有助于减小未固化区域的面积，但是减小层厚会大大延长产品制作的时间。当产品存在未固化区域时需对产品进行后固化处理。

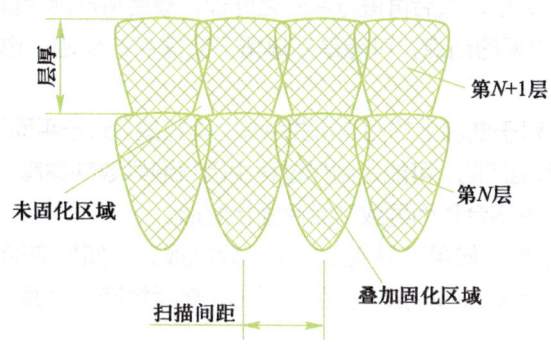

图 2-12 平面扫描固化示意图

（4）产品的缺陷及处理方法

产品在后固化后，会存在一些常见的缺陷，比如台阶痕、花斑、刮痕、凸点、凹陷等，如图 2-13 所示。

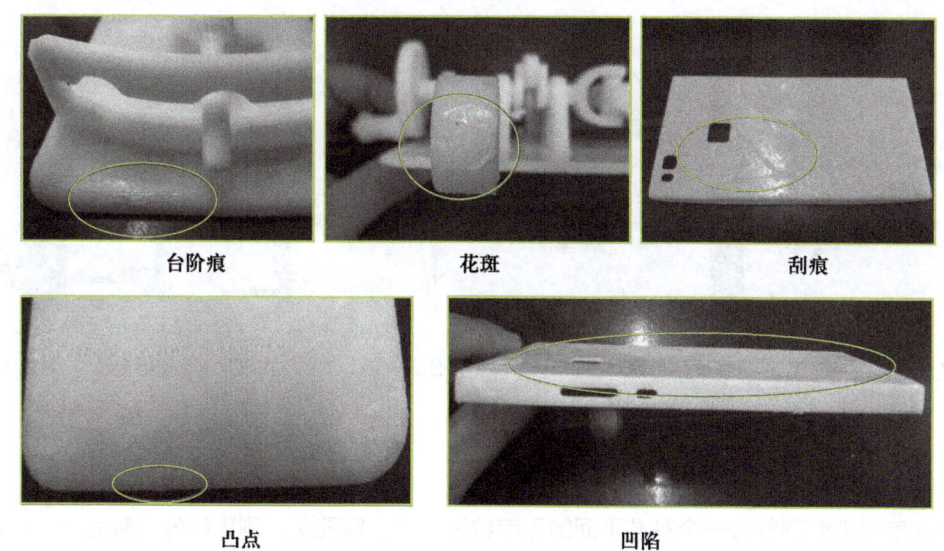

图 2-13 SLA 产品常见缺陷

① 台阶痕。由于 SLA 采用分层固化叠加的制造工艺，产品的表面一般都会出现台阶痕。这种台阶痕在产品的曲面、过渡面上更为清晰。

台阶痕的处理方法是：先刮削，再打磨、抛光。在不影响精度的前提下还可以采用喷漆、电镀等方法。

② 花斑。产品表面出现花斑的原因，可能是产品表面清洗不干净，也可能是产品成型参数的设置不合理而导致树脂黏附于产品表面，或是表面部分树脂固化不完全。

花斑的处理方法是：可以先用刀具刮削表面，再打磨。如果黏附的树脂较多也可以先在酒精中浸泡一下，从而易于刮削。

③ 刮痕。产品表面出现刮痕，主要是在铲刮支撑时，铲刀没有和产品表面贴平，或是铲削时，用力过大。因此在铲刮支撑时需用力均匀，且不能用力下压。

刮痕的处理方法是：一般采用湿砂纸打磨，需注意打磨量不能超出公差范围。如果刮痕不深，也可以先在产品表面刷涂树脂，然后再进行后固化处理，最后将产品表面打磨平整。

④ 凸点。产品表面出现的凸点，可能是支撑留下支撑点的痕迹，也可能是后固化时由于内应力导致的变形。

凸点的处理方法是：对于曲面上的凸点可先刮削，再打磨，对于平面上的凸点可以直接打磨。

⑤ 凹陷。产品表面出现凹陷，可能是制作过程中因气泡导致缺树脂，未固化而产生了间隙，也可能是制作时因参数设置不合理而导致产品后固化变形。

产品变形的处理方法是：如果产品变形严重则只能报废，如果变形量不大则可以通过打磨处理修复，也可以先用树脂填充凹陷部位，再后固化，最后将产品表面打磨平整。

2. 测量

（1）后处理测量中用到的量具

量具主要在后处理阶段中起到辅助检测和监测的作用。根据产品不同的测量要求及产品外形特点选择合适的量具，常用的量具主要有深度尺、半径规、钢直尺、塞尺、百分表、高度尺、游标卡尺、划线平板等，如图 2-14 所示。

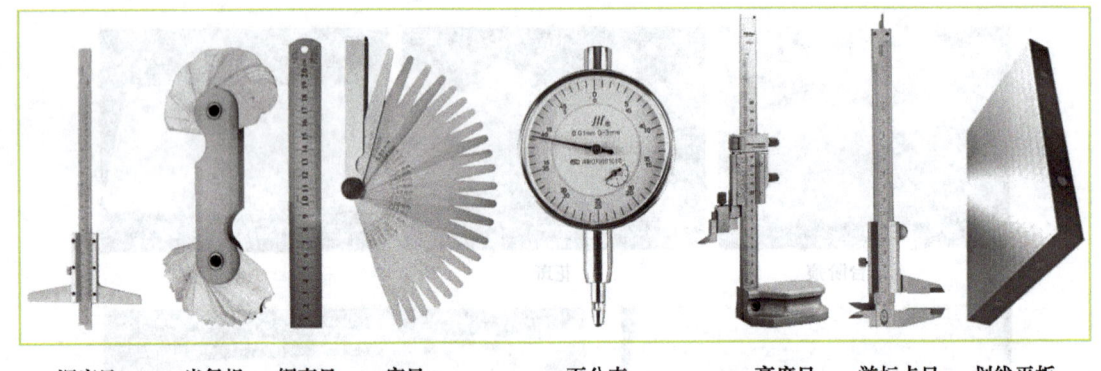

深度尺　半径规　钢直尺　塞尺　　百分表　　高度尺　游标卡尺　划线平板

图 2-14　常用量具

① 深度尺主要测量有一个基准平面的深度数据（如：盲孔），测量精度一般为 ±0.05mm。
② 半径规（R 规）主要测量内外圆直径、圆弧半径。
③ 钢直尺粗略测量直线长度和距离。
④ 塞尺主要测量零件间隙。
⑤ 百分表主要测量平面度、圆度误差，测量时一般和高度尺配合使用。
⑥ 高度尺测量高度、形状和位置公差尺寸。
⑦ 游标卡尺主要测量长度、内外径、深度。

⑧ 划线平板为检测零件的尺寸精度和形位偏差的基准平面。

（2）产品测量

SLA 成型件在进行表面处理时应对照设计图，先用游标卡尺对应检查各项尺寸，与设计图对比，找出不符之处做标记。

① 总体尺寸测量。图 2-15 所示为测量传动机构的总体尺寸。

图 2-15
传动机构总体尺寸测量

② 圆弧尺寸测量。图 2-16 所示为用半径规测量传动机构主要的圆弧尺寸。图 a 和 b 中测量值分别为 13.5mm、7.5mm。

 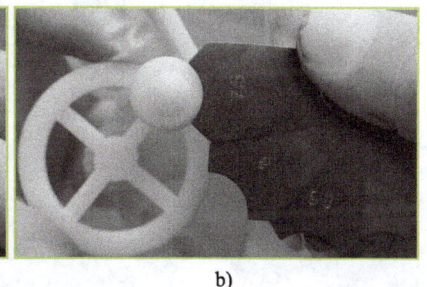

a) b)

图 2-16
圆弧尺寸测量

③ 零件间隙测量。图 2-17 所示为用塞尺测量传动机构的配合间隙。图 a 和 b 中测量值分别为 0.4mm、0.15mm。

a) b)

图 2-17
配合间隙测量

2.1.3 支撑面处理

1. 支撑的分类

支撑的作用：支撑产品和减少产品的翘曲变形。

目前，在 SLA 技术中经常使用的有以下几种形式的支撑。

（1）点支撑

如图 2-18 所示，点支撑结构主要为零件中的孤立轮廓（孤岛特征）或一些小的无支撑结构提供支撑，点支撑可为小的支撑面提供更加稳定的支撑形式。端点、尖点和悬吊点的结构经常使用这种支撑结构。

（2）线支撑

如图 2-19 所示，这种支撑结构主要是为长条形结构特征设计的，其主支撑柱沿着零件结构特征的中心线或主要的支撑线，为了加强支撑强度和稳定性有时也会增加次支撑柱，如图 2-19 b 和 c 所示，从而使线支撑底部的稳定性可以得到整体提高。

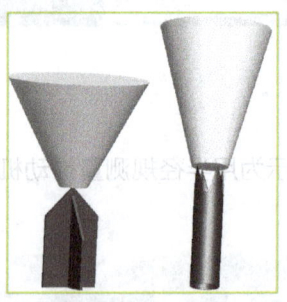

图 2-18
点支撑结构

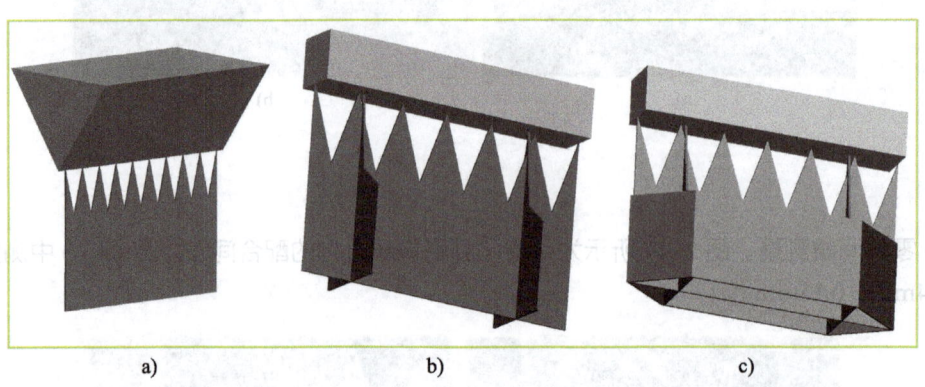

a) b) c)

图 2-19
线支撑结构

（3）面支撑

如图 2-20 所示，这种支撑主要为大的支撑区域提供支撑，支撑侧壁或悬臂上的肋状结构可以提供更加稳定的支撑。面支撑结构可以为底面、悬吊面、悬吊结构等提供良好的内、外部支撑。支撑的形式主要有网状、块状、轮廓、肋状、综合（为块状、线状、肋状等之间的两个及以上的组合形式）。网状支撑由线支撑构成，连接线支撑的肋连续排列成网状。支撑可以根据底面圆半径的大小来调整网状支撑大小，如图 2-20 a、b 所示。

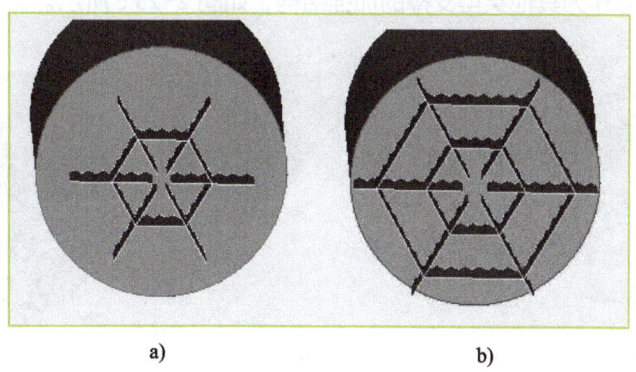

图 2-20
网状支撑结构

块状支撑也是由线支撑构成的，且线支撑按一定的间隔排列，如图 2-21 a、b 所示。创建块状支撑时可以选择在边界创建边框，为方便线支撑的移除，可以在其中间或交叉处切割开，如图 2-21 c 所示，为了减小支撑块的大小还可以使用肋板支撑形式，肋板外形如图 2-21 d 所示。

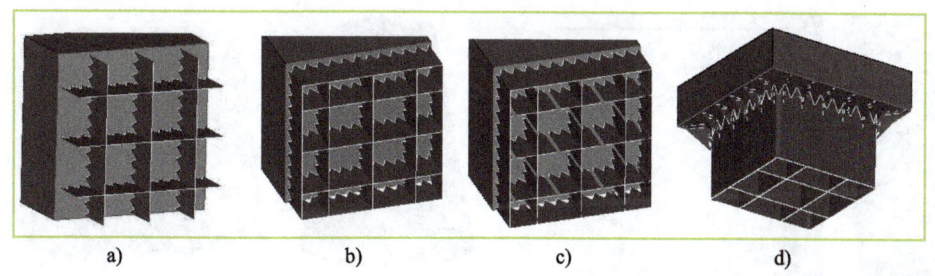

图 2-21
块状支撑

轮廓支撑也是由线支撑构成的，且线支撑一般沿轮廓的边缘创建，如图 2-22 a 所示。为了便于支撑移除，可以将线支撑按一定的间隔尺寸断开，如图 2-22 b 所示，为了加强轮廓的支撑强度可以选用多层轮廓支撑形式，如图 2-22 c 所示。

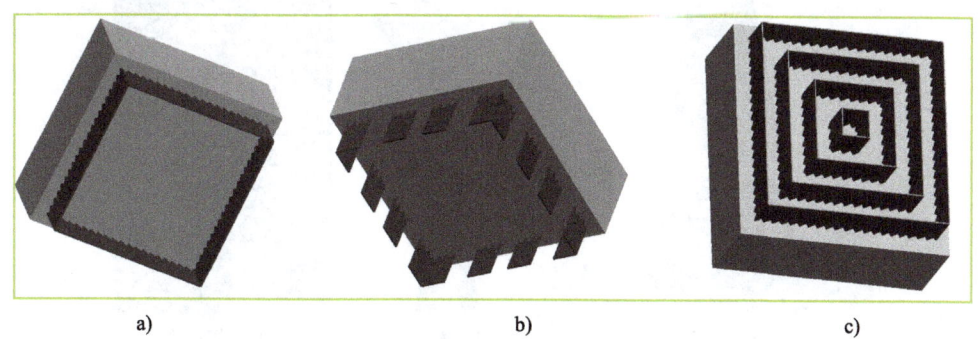

图 2-22
轮廓支撑

肋状支撑主要用来支撑悬臂结构部分，肋板的一边和直臂相连，另一边和悬臂相连，如图 2-23 a、b 所示，也可作为其他类型支撑的加强结构，如图 2-23 c 所示。

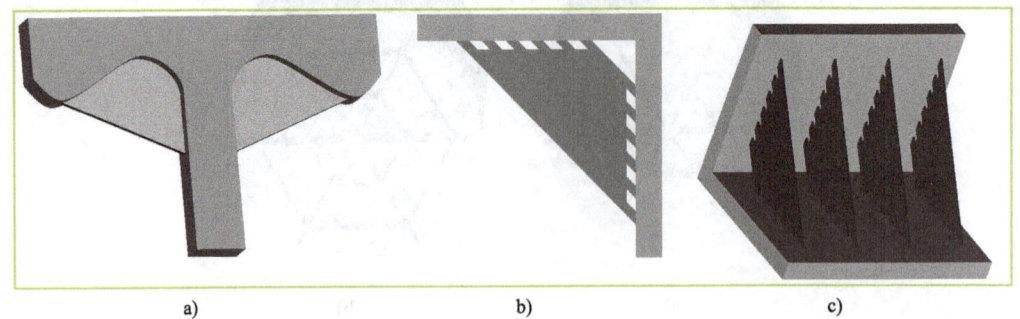

a)　　　　　　　　　　　b)　　　　　　　　　　　c)

图 2-23
肋状支撑

综合支撑主要针对产品的外形特点，多种支撑结构形式结合使用使得产品的支撑更加牢固。

（4）体支撑

体支撑主要有柱形、锥形、树形等结构形式，分别如图 2-24、图 2-25 和图 2-26 所示。

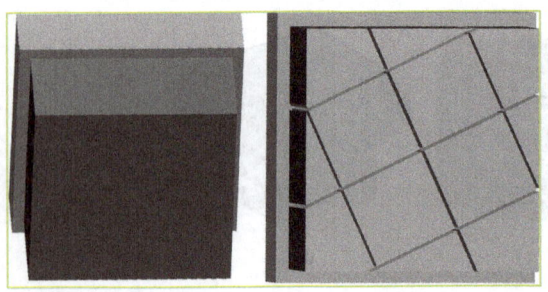

图 2-24
柱形支撑

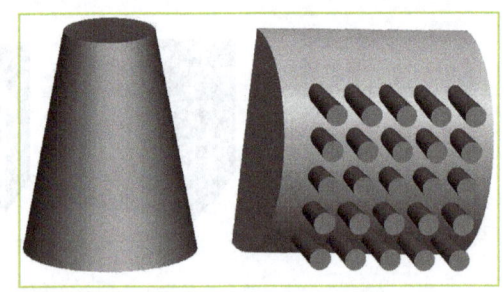

图 2-25
锥形支撑

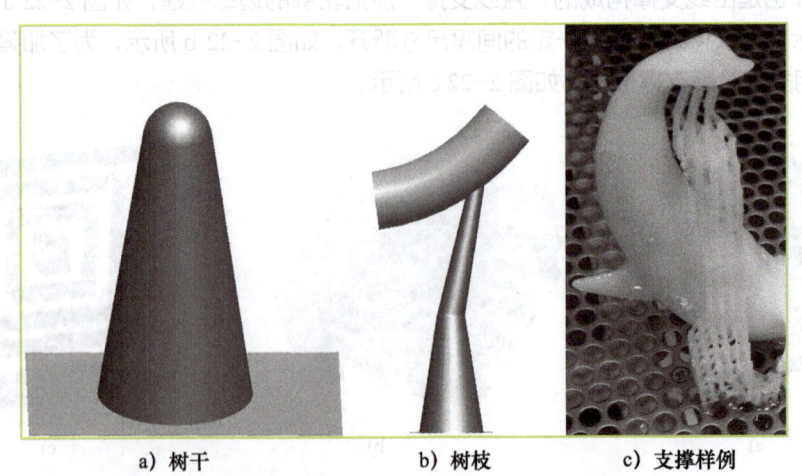

a）树干　　　　　　b）树枝　　　　　c）支撑样例

图 2-26
树形支撑

柱形支撑主要用来支撑产品某些结构的边或悬臂结构，采用柱形支撑主要是防止这些结构的变形，并增强支撑强度，为了节省材料可以将柱形支撑切割开，如图 2-24 b 所示；锥形支撑可以作为零件结构的内部支撑，也可以作为底面的支撑连接平台面；树形支撑主要用于产品悬臂面高且支撑点多的场合。支撑结构分树干和树枝两大部分，如图 2-26 a、b 所示，树干作为支撑主体，其树枝和支撑面连接。树干和树枝一般采用点支撑的结构形式，相互连接成中空网状。

2. 支撑面处理方法与工具

（1）支撑面的处理方法

在清洗过程中一般需用铲子或手工去除产品的支撑，产品上一些细小结构可采用手工去除，去除支撑后的表面一般需要用工具进行刮削以及打磨处理。

（2）支撑面处理的刀具

支撑面处理用到的工具一般为手工类用刀，可采用雕刻刀、美工刀、锉刀或自制刀具等。刀具在后处理过程中非常重要，好的刀具应具备锋利、随型、适手、耐用等特点。处理不同的零件结构应选用相适应的刀具类型及形状，为了省事在后处理过程中不换刀，结果往往会破坏产品的细小结构特征或碰伤光洁的表面，造成产品修补困难甚至报废。

雕刻刀或美工刀的外形是定制好的，对于一些外形结构较简单且体积较小的产品，可以直接使用，而一些具有复杂曲面的产品表面，需要用自制刀具对产品表面支撑进行处理。

锉刀一般选用整形锉，因为锉刀是利用表面的齿形来锉削的，因此整形锉主要用于支撑结构较牢固、支撑较厚的场合。锉刀在使用过程中需注意，不能锉到产品的表面，损伤产品，破坏产品的表面质量。

自制的后处理刀具称为型刀。型刀的种类可以根据刀口的外形特点分为斜口刀、直线刀、圆弧刀、曲线刀、曲面刀、平口刀、勾刀，其形状如图 2-27 所示。

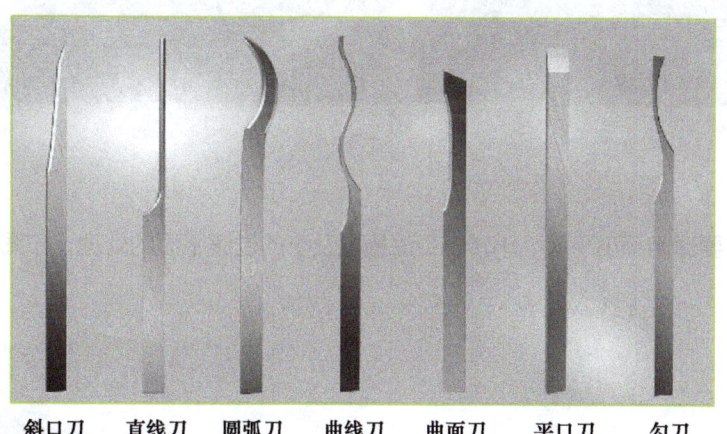

斜口刀　直线刀　圆弧刀　曲线刀　曲面刀　平口刀　勾刀

图 2-27
型刀的种类

制作刀具的材料必须有较高的硬度和耐磨性，还要有一定的抗弯强度、冲击韧性、良好的工艺性能（切削加工、热处理），且不易生锈、变形。

因高速钢具有很高的抗弯强度、冲击韧性及良好的加工性能，所以在自制刀具的时候可以选用高速钢作为刀具材料，也可以用手工锯条磨制，但是由于锯条的厚度较薄，宽度有限，一般用于一些小型产品，且支撑点较少的支撑面去除。

（3）刀具的使用

① 平口刀的使用。平口刀如图 2-28 a 所示，主要适用于直柱面、底面、台阶面支撑的去除处理，当进行大块支撑的铲除以及平面、内外直角处支撑点的刮削和清根切削时，用力可稍大些，平口刀的切削如图 2-28 b 所示。

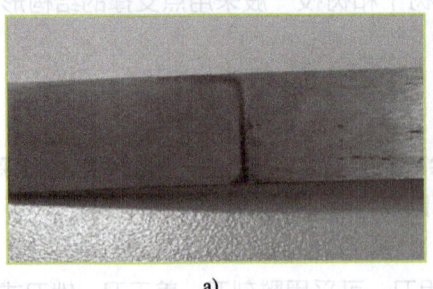
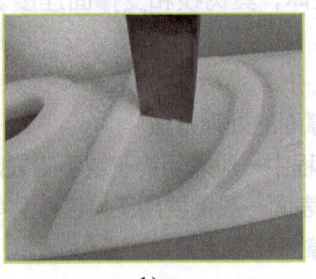

a)　　　　　　　　　　　　　　b)

图 2-28　平口刀的切削

② 斜口刀的使用。斜口刀主要适用于平面支撑、底部支撑和转角支撑的去除处理。操作时刀口应紧贴产品表面，用力均匀，斜口刀的切削如图 2-29 所示。

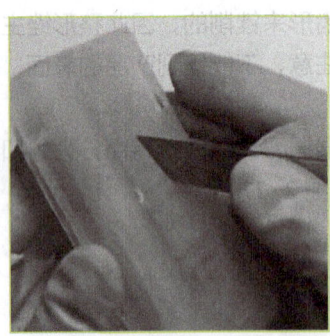
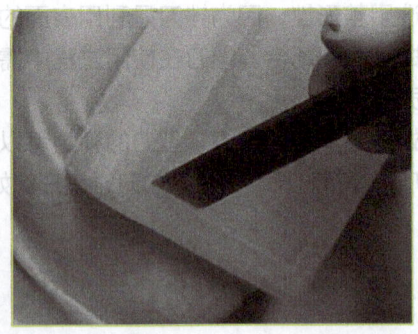

图 2-29　斜口刀的切削

小斜口刀主要适用于小平面、小转角、深槽以及小的过渡平面的处理，如图 2-30 和图 2-31 所示。

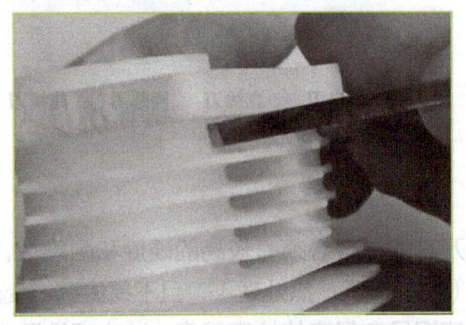

图 2-30　小斜口刀切削小平面　　　　图 2-31　小斜口刀切削深槽

③ 直线刀。直线刀用于深腔、深槽、缝隙、细小平面、转角面处支撑部位的处理。因刀具相对较细，操作时用力不可过大，且要防止切到手。

④ 曲线刀。曲线刀用于内外圆弧、复杂曲面以及过渡曲面的处理。操作时根据曲面外形，适时调整切削角度和方向。并注意观察，防止刀具划伤产品如图 2-32 所示。

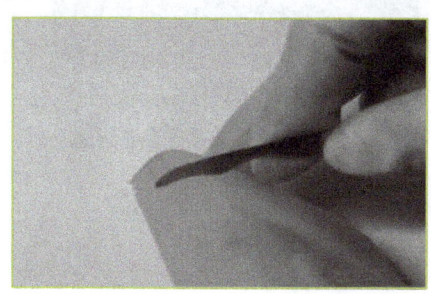 

图 2-32 圆弧刀切削

⑤ 勾刀。勾刀用于产品内部或外部凹陷部位的支撑处理。

（4）刀具使用要点

在运用刀具进行切削工作时要注意以下几点：

① 掌握用力方向、用力大小、用力的均匀性、平衡性和切削深度。
② 控制刀具切削的叠加性和去除的统一性。
③ 根据零件型面特点选择合适的型刀进行切、刮、削作业。
④ 注意安全，手握零件的部位应该避开刀具行走的路线，以免发生误伤。
⑤ 勤检查零件尺寸，以防修磨过度。

在运用刀具进行切削、修磨操作时，应该熟悉各种刀具的应用场合，灵活运用刀具组合并配合油石、水、砂纸等使用来达到要求。对产品表面进行处理时，要根据产品型面的实际情况调整后处理方案，最终使产品尺寸、形状达到设计要求。

处理前一定要对产品进行检查，确定产品的外形、特征、尺寸和公差等数据，并在细节、特征、薄弱处做出明显标记，有利于后期打磨过程中能够提前合理安排打磨工艺，防止尺寸超差而导致产品报废。

3. 传动机构支撑面的处理

（1）底面的处理

处理底面时先用平口刀将支撑点铲除，平口刀应沿刀口前进的方向铲削，不要来回铲刮，铲完一遍后，用水清洗，然后观察铲刮表面的情况，看是否有支撑点遗漏，并用手摸一下表面，看是否仍有不平之处。接下来再用斜口刀刮削，斜口刀刮削时用力应稍轻，直到整个表面刮削平整，用手摸感觉不到支撑点为止，同时需多次测量尺寸，防止刮削过度。平口刀、斜口刀的铲刮分别如图 2-33 a、b 所示。

（2）曲面的处理

对曲面进行刮削时，一般选用曲线刀，根据曲面外形及曲面圆弧的大小选好合适的刀面，重点对支撑部位进行刮削，刮削时刀具应紧贴产品表面，顺着一个方向刮削，为了更好地控制刮削的力度和方向，刮削时可用中指抵住产品，并注意随时用 R 规检测。刮削过程中应及时清洗曲面，并进行目测和用手指进行触摸，直到表面没有台阶痕，手感顺滑，再用 R 规检验，直到尺寸合格为止。曲面刮削处理方法如图 2-34 所示。

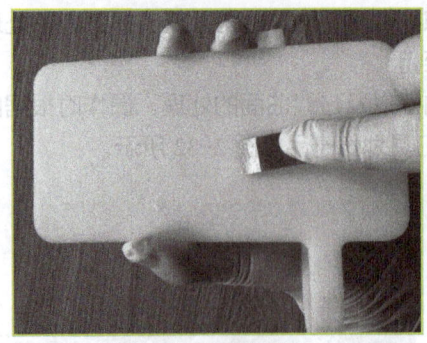

a) 平口刀铲刮　　　　　　　　　b) 斜口刀铲刮

图 2-33　底面的处理

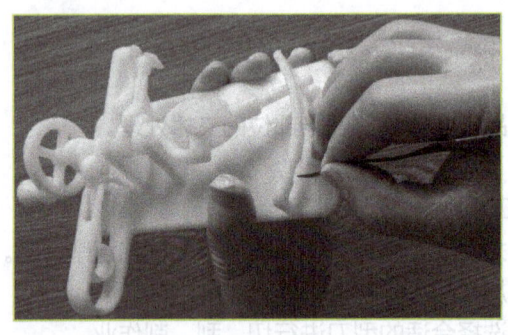

图 2-34　曲面的处理

（3）细节特征处理（一般选用平口刀、直线刀、勾刀）

细节特征的处理是最费时的，处理时对照设计图纸选用不同的刀具进行修整。分别对平面与夹角、平面与夹角、内曲面、外曲面、过渡曲面等进行处理，如图 2-35 所示。

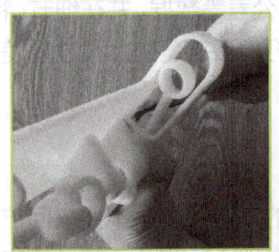
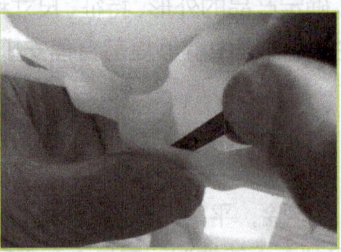

a) 平面与夹角　　　　　b) 平面与夹角　　　　　c) 内曲面

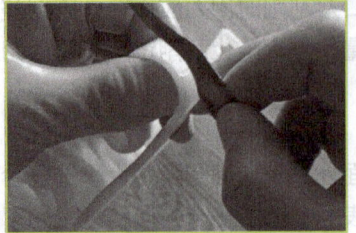

d) 外曲面　　　　　　　e) 过渡曲面

图 2-35　细节特征的处理

细节刮削处理完后，对支撑点及有缺陷部位进行打磨，需保证产品的尺寸精度和表面粗糙度，然后根据产品的需要再进行打磨、抛光、喷砂，有特殊需要的产品还需喷漆、镀膜、涂装等。完成后，产品经检验合格入库，尺寸检测如图2-36所示。已销售的还需包装后再发货。产品打磨如图2-37所示，具体工艺及操作方法可参考本项目任务二、任务三的相关内容。

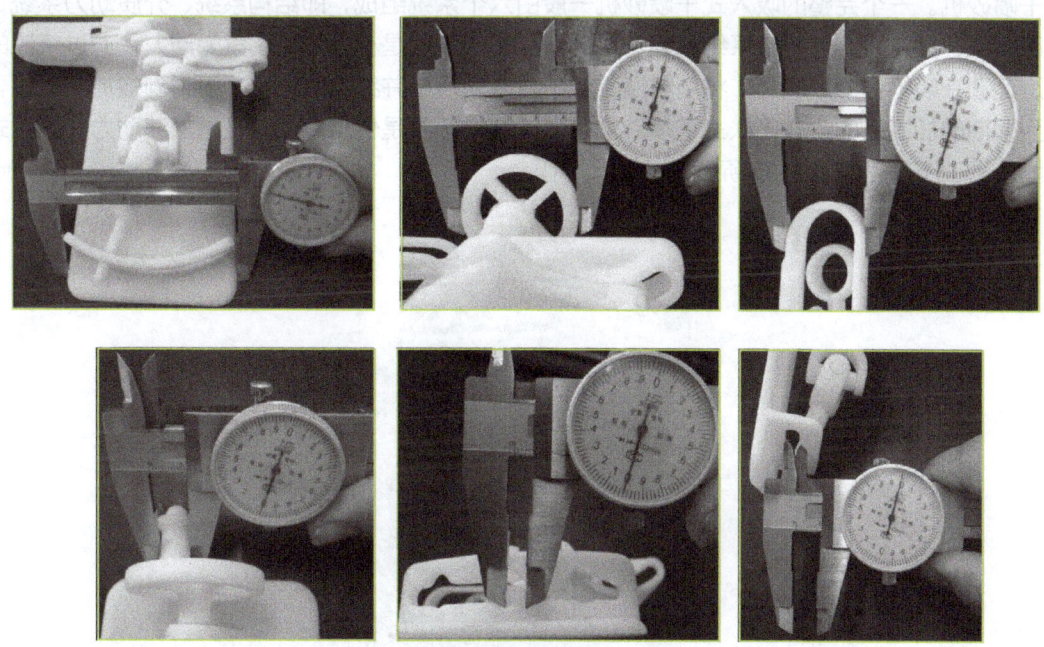

图 2-36
打磨后尺寸检测

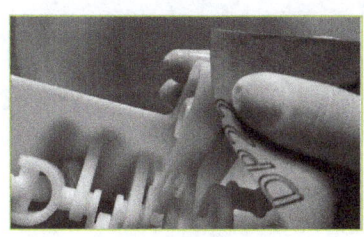 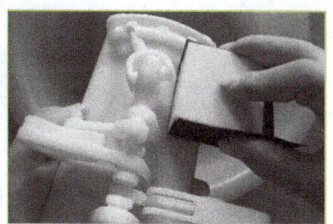

图 2-37
传动机构打磨

2.1.4 喷砂处理

1. 喷砂工艺原理

工件在喷涂、喷镀之前，一般会进行手工打磨、溶剂清理、酸洗、喷砂等处理。每种处理方式都有各自的适用范围，手工打磨速度相对较慢，溶剂清理、酸洗清理的表面过于光滑，不利于涂层的黏结；而喷砂使用最广泛，其处理速度快、表面处理最彻底，处理效果最好。

喷砂工艺是利用压缩空气作为动力，在空气进行高速喷射时，将磨削材料带出并高速喷射到被处理零件表面，由于磨料对零件表面的冲击和切削作用，使零件的表面获得统一的粗糙度，从而改善零件表面的质量。

2. 喷砂工艺设备

进行喷砂工艺时需要专业的喷砂设备，喷砂机一般分为干喷砂机和湿喷砂机两大类，干喷砂机又可分为吸入式和压入式两类。光固化产品后处理一般使用干喷砂机，图 2-38 所示为吸入式干喷砂机。一个完整的吸入式干喷砂机一般由六个系统组成，即结构系统、介质动力系统、管路系统、除尘系统、控制系统和辅助系统。其工作原理是：以压缩空气为动力，通过气流的高速运动在喷枪内形成负压，将磨料通过输砂管吸入喷枪并经喷嘴射出，喷射到被加工表面，达到预期的加工目的。在吸入式干喷砂机中，压缩空气既是供料动力，又是加速动力。吸入式干喷砂机工作原理如图 2-39 所示。

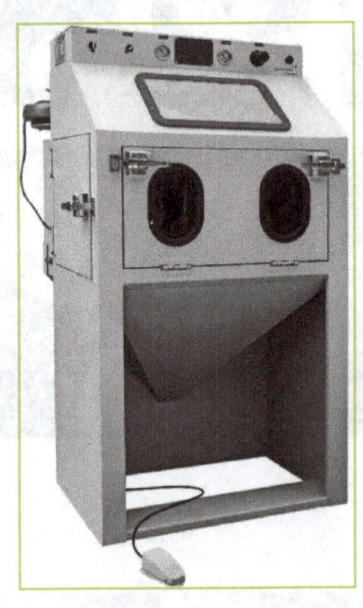

图 2-38
吸入式干喷砂机

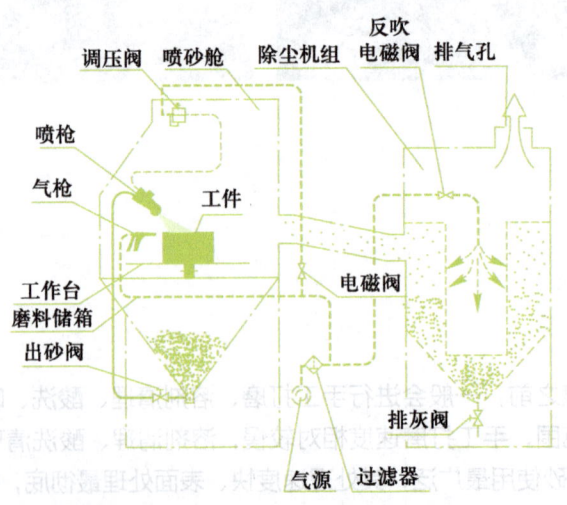

图 2-39
吸入式干喷砂机工作原理

3. 喷砂工艺使用的材料

喷砂工艺使用的材料通常称为磨料,有石英砂、刚玉砂、陶瓷砂、碳化硅、玻璃珠、塑料砂、钢丸、钢砂等,如图2-40所示。可供选取的种类和型号众多,比如刚玉砂又包括黑刚玉、白刚玉、棕刚玉,型号有10#、20#、30#、40#、50#、60#、80#、100#、120#、180#等,用户可根据自己的技术需求,采用不同大小的磨料,达到不同的表面粗糙度。SLA成型产品的喷砂常用石英砂。

图 2-40 磨料的种类

4. 喷砂工艺特点

根据技术要求,喷砂工艺处理前应选取合适的磨削材料,确定工艺路线、区间停留时间、喷嘴与零件之间的距离、喷嘴与零件之间的角度以及气源压力大小,还应保持喷砂干燥度。

(1) 喷砂工艺优点

① 工作强度低、效率高、可以清除死角。喷砂可以得到设计者希望的表面粗糙度,用来表现其物体的特殊性。

② 作为零件中间过渡工艺,可以为下一个工序提供可靠的过渡层。

③ 可以作为零件的最终技术指标,用喷砂工艺来达到美化装饰零件的作用。

④ 可以消除一部分因层叠机理带来的内应力。

⑤ 改变了零件表层的材质机理,相对地延长了零件使用寿命。

（2）喷砂工艺缺点

① 技术要求较高，需要一定的实际操作经验才能得到较好的表面质量。

② 对工件细节破坏比较大，容易去除特征。比如经过喷砂处理的工件，其棱、角、浮字等细节特征可能被破坏。

（3）喷砂注意事项

① 气源洁净。接入的气源不应含有水、油和沙粒等，喷砂机使用一段时间后，储气罐、压力表、安全阀要定期校验。油水分离器必须定期清理，且每次喷砂前要清理一次。

② 磨料选择。磨料型号可以在 80# ～ 240# 中间选择。以白刚玉、白色石英砂为主，其他颜色的石英砂可能会污损工件，喷砂过程中砂子应保持干燥。

③ 磨料更换。磨料在经过 4 ～ 12 次循环后，因切削力的降低，导致能效比降低，此时应及时更换磨料。如磨料在工作中被污物污染，应及时更换并清理喷砂箱。

④ 环境保护。工作前须开动并检查通风除尘设备，通风除尘设备失效时，禁止喷砂机工作。工作完后，通风除尘设备应继续运转五分钟再关闭，以排出室内灰尘，保持场地清洁。必要时喷砂机排气出口可加装二级过滤器以避免环境污染。

⑤ 个人安全。工作前必须穿戴好防护用品，检查手套是否完好。检查操作箱密封情况，如有漏气、密封缺损现象，请及时排除和维修。压缩空气阀要缓慢打开，气压不宜超过 0.8MPa。

5. 喷砂工艺流程

喷砂工艺流程如图 2-41 所示。

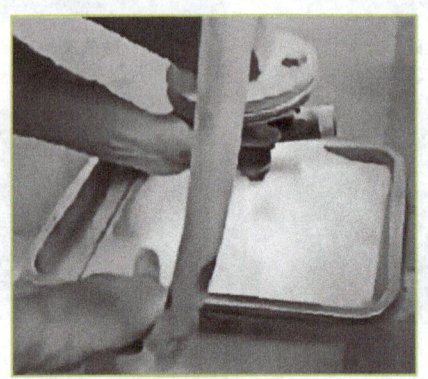
a）放出旧砂

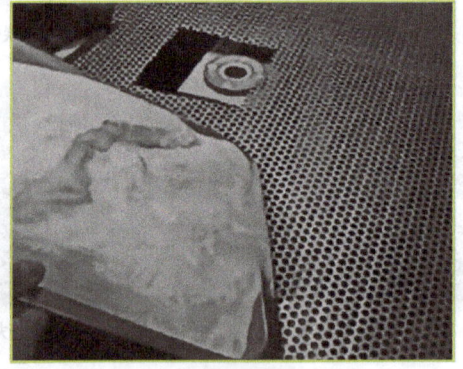
b）倒入新砂

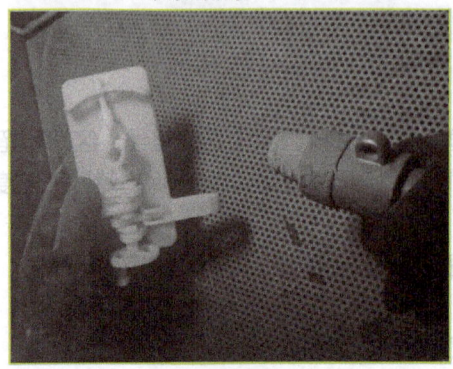
c）喷砂前准备

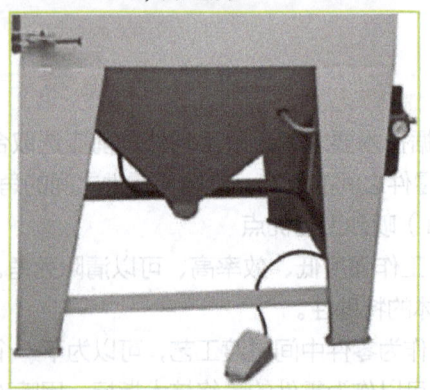
d）脚踏开关

图 2-41 喷砂工艺流程

① 按要求选择磨料的类型及颗粒大小。

② 拔出气管、旋下接头，放出喷砂机中的旧砂，如图 2-41 a 所示，如果旧砂能使用则无需更换。

③ 用气枪对准喷砂机内部吹气，将旧砂清理干净。

④ 将选好的新砂倒入喷砂机，如图 2-41 b 所示。需检查新砂是否受潮，有结块应将其揉碎；玻璃砂的吸湿性较强，放置太久，会影响产品的亮度。

⑤ 放入工件，关上喷砂机防护门并锁紧。

⑥ 检查电源、气源及气压。

⑦ 左手拿工件右手拿喷枪，喷枪离工件的距离应在 5～10cm 处，并准备喷砂，如图 2-41 c 所示。

⑧ 踩脚踏开关，开始喷砂，松开脚踏开关，喷砂停止。应注意控制喷枪的进砂量及喷枪移动的速度，脚踏开关如图 2-41 d 所示。

经过喷砂工艺后传动机构表面的反光度有所降低，呈现一种亚光状态，外观由乳白色转变为象牙白，喷砂前后对比如图 2-42 所示。传动机构完成喷砂后如果需要运输还要进行包装，包装的材料、内外包装如图 2-43 所示。

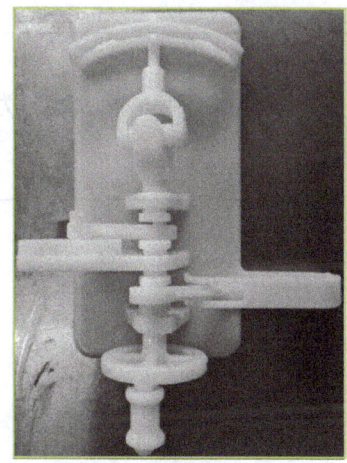
喷砂前

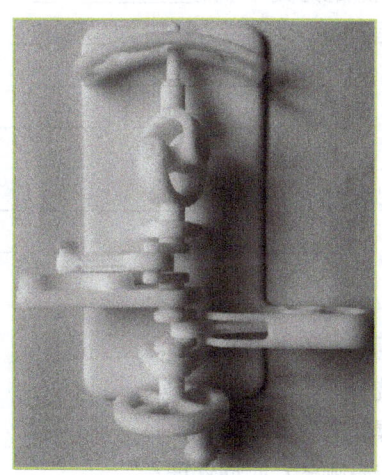
喷砂后

图 2-42　传动机构喷砂前后对比

a) 包装材料

b) 内包装

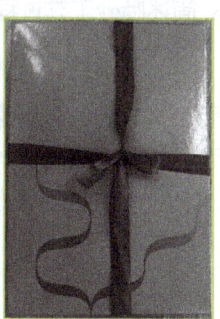
c) 外包装

图 2-43　传动机构包装

小结

传动机构后处理工艺流程包括：取件→清洗→去支撑→后固化→测量→支撑面处理→喷砂等。本任务涉及的知识和技能有支撑类型、后固化、产品的测量、支撑面的处理、刀具的使用、产品的喷砂等，涉及面较广，操作性强，既要有理论知识又要有操作技能，对学习者的要求较高。在产品制作过程中要求工艺合理、操作正确、注意检查，并要勤于思考和总结经验，以提高操作技能和水平。

习题

一、填空题

1. SLA 成型产品的清洗一般采用_____或_____。
2. 后处理测量中常用的工量具有_____、_____、_____、_____、_____、_____、_____。
3. 支撑面处理的刀具可采用_____、_____、_____、_____。
4. 型刀根据刀口的外形特点可分为_____、_____、_____、_____、_____。
5. 喷砂机一般分为_____和_____两大类，干喷砂机又可分为_____和_____两类。
6. 喷砂工艺常用的材料有_____、_____、_____、_____、_____、_____、_____。

二、简答题

1. 取件常用哪些工具？取件有哪些要求？
2. 产品清洗有哪些要求？
3. 后固化操作的要点有哪些？
4. 产品缺陷有哪些？如何处理？
5. 产品上的台阶痕如何处理？
6. 导致产品表面出现凹陷的原因是什么？
7. 后处理常用的刀具有哪些？使用要点有哪些？
8. 简述喷砂工艺过程，有哪些注意事项？

三、技能操作题

用 SLA 设备打印一套机构模型，例如齿轮机构、蜗轮蜗杆机构等，制定其后处理工艺流程，并应用相关知识和技能对模型进行后处理操作。模型后处理要求：模型结构完整、支撑面处理干净、表面光滑平整、模型细节清晰、表面经喷砂处理、模型棱角分明。

任务二 手机套的后处理

能力目标

1. 能较熟练地完成取件、去支撑、清洗、后固化的操作。
2. 能正确使用工具完成产品的测量。
3. 能正确去除产品表面支撑残余及树脂残余。
4. 能识别常用的打磨工具。
5. 掌握手工打磨的操作。
6. 掌握透明树脂的后处理方法。
7. 了解真空镀膜的原理及工艺,正确区分真空镀膜的类型。

知识点

1. 取件、去支撑的工具和方法。
2. 尺寸测量及导致尺寸偏差的主要原因。
3. 去除产品表面支撑残余及树脂残余的方法。
4. 常用的打磨材料和工具。
5. 产品打磨的工艺及抛光方法。
6. 手工打磨的操作要点。
7. 透明树脂的后处理步骤及方法。
8. 真空镀膜的原理、工艺及注意事项。

任务引导

随着智能手机的发展,几乎每个学生都拥有一部手机,为了更好地保护手机,手机套也就必不可少了。3D 打印技术与应用专业的学生设计了一个手机套,并打印出该工件,打印材料为白色光敏树脂。

要求:对成型件进行清洗、去支撑、后固化、测量、支撑面处理、打磨、抛光、真空镀膜等后处理,并对其进行外观检测及功能验证。手机套的尺寸、外形可以根据自己的手机型号、大小进行设计,并适当加入个性化元素。

任务实施

2.2.1 取件、清洗、去支撑

1. 取件

使用铲刀将支撑与工作台分离，铲刀紧贴工作台表面，如图2-44所示。

2. 清洗、去支撑

因产品在打印时倾斜放置，支撑相对较少，可先手工去除支撑，然后用铲子适当铲刮一下表面，还需用毛刷清洗产品，清洗两遍即可。去支撑、清洗分别如图2-45所示。

图2-44
取件

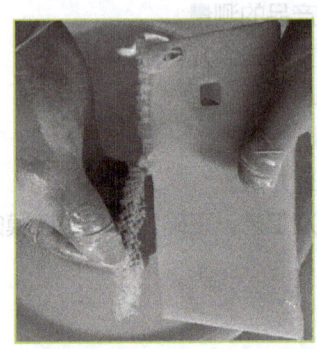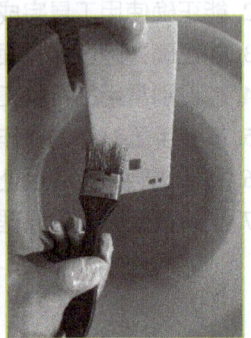

图2-45
去支撑、清洗

2.2.2 后固化、测量

1. 后固化

产品在清洗、吹干后放置在后固化箱中固化30min后，取出，如图2-46所示。

图2-46
后固化

2. 测量

准备好测量工具,根据设计尺寸测量,先检查总体尺寸,再测量细节特征尺寸。设计尺寸如图 2-47 所示。

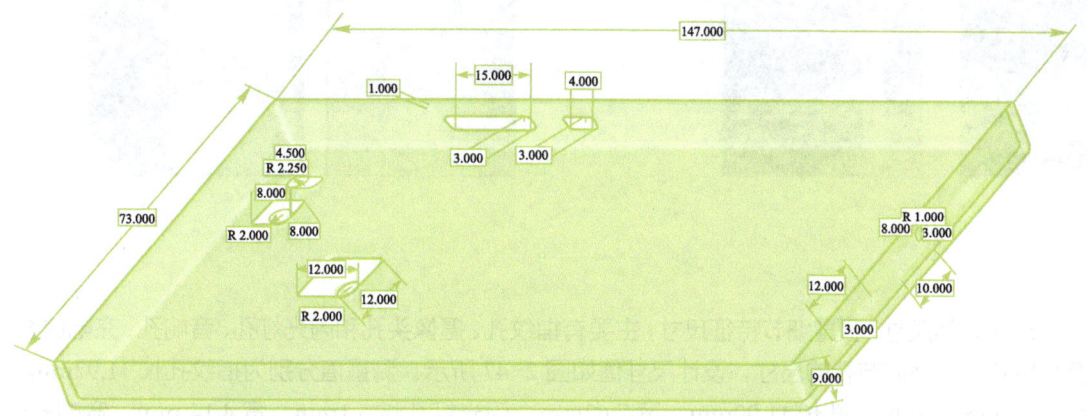

图 2-47
手机套设计尺寸

设计的总体尺寸大小为:长 147mm、宽 73mm、高 9mm、厚 1mm。

实际测量尺寸总长分别为:147.78mm,147.88mm,147.75mm(三个测量位置);总宽分别为:73.74mm,73.6mm,73.82mm(三个测量位置);总高分别为:9.08mm,9.14mm(两个测量位置);厚度分别为 1.10mm,1.40mm(两个测量位置)。分别如图 2-48 ~ 图 2-51 所示。

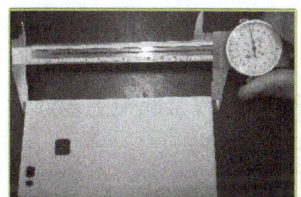  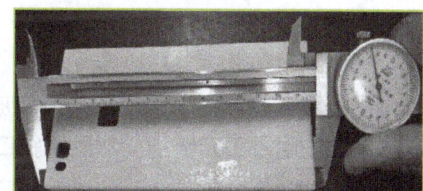

图 2-48
手机套总长测量

图 2-49
手机套总宽测量

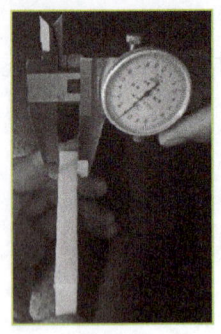
图 2-50
手机套总高测量

图 2-51
手机套厚度测量

　　测完总体尺寸，测量细节特征尺寸，主要有指纹孔、摄像头孔和闪光灯孔、音响孔、充电口孔、开关机孔、音量调节孔的尺寸，设计尺寸值如图 2-47 所示。测量值分别为指纹孔长 11.92mm，宽 11.68mm，摄像头孔长 11.90mm，宽 7.62mm，闪光灯孔长 5.1mm，宽 4.14 mm，音响孔长 11.70mm，宽 2.90mm，充电口孔长 9.88mm，宽 4.82mm。经测量发现外形尺寸偏大，内孔尺寸偏小。经观察及分析，主要有以下几个方面原因导致尺寸偏差：

　　① 产品表面有树脂及支撑残余，测量时增大了尺寸。
　　② SLA 成型过程中，光斑具有一定的直径，没有采用光斑补偿。
　　③ 产品后固化产生了一定的变形。

2.2.3　支撑面处理

1. 去除产品表面支撑残余

　　手机套在打印时，采用的是倾斜放置的方法，如图 2-52 所示，所以支撑残余部位主要处理方法是：先用平口刀铲刮，然后用斜口刀刮削，最后用砂纸打磨，如图 2-53 所示。

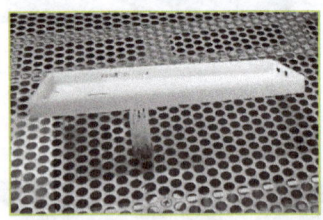

图 2-52
手机套支撑及残余

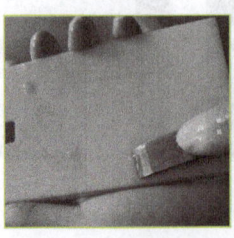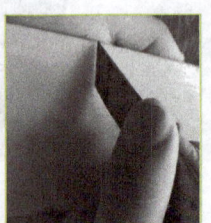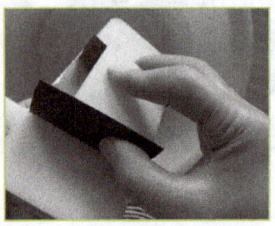

图 2-53
手机套支撑残余的处理方法

2. 去除产品表面树脂残余

手机套的音量孔和按键孔的孔径较小，且因打印时产品的放置方法及支撑的影响，如果清洗时没有注意到，容易在产品表面残余树脂，导致测量的厚度值偏大，如图 2-54 所示。处理时，先用斜口刀刮削，然后用曲线刀修孔，最后打磨孔表面，如图 2-55 所示。

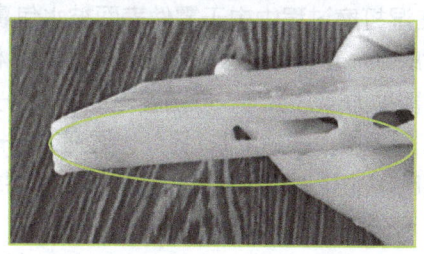

图 2-54
手机套表面树脂残余

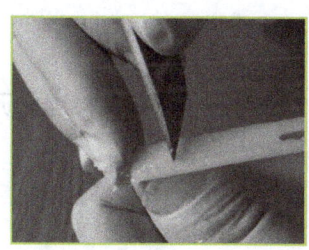 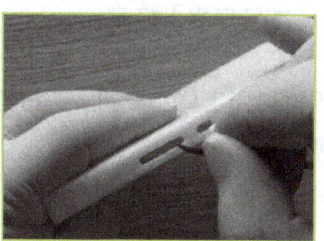

图 2-55
手机套表面树脂残余处理

2.2.4 打磨、抛光

为了消除产品表面的台阶痕、花斑、刮痕、凸起、凹陷等缺陷。要对产品进行表面打磨、整形，消除产品表面的加工痕迹、缺陷，从而提高产品表面的平面度，降低粗糙度，使产品表面平滑、光洁、凸显细节，从而达到设计时的技术指标。

1. 打磨的分类

目前 3D 打印产品的打磨后处理仍主要采用手工或借助简单的电动工具、刀具等。手工打磨就是利用相对锐利、坚硬的材料，磨削较软产品材料表面，使产品表面达到相应技术指标。手工打磨虽比较原始，但是能有效控制相关技术指标，其工艺编制相对简单，运用灵活，行之有效，可以在出现问题或者预见问题时调整工艺流程，使其适应新的要求。手工打磨的价值比和效率极高，打磨技术工人的收入也相对较高，当然，这需要操作者具有较强的理论知识和实践操作经验。

在 3D 打印行业里，能应用于打印的材料多种多样，根据产品的材料不同，打磨方法可以分为：干磨、水磨、油磨、抛光等。

（1）干磨

指用干砂纸或者工具直接打磨；抛光指利用抛光工具和磨料颗粒或其他抛光介质对产品表面进行修饰加工，以得到光滑表面或镜面光泽。

（2）湿打磨

水磨和油磨均为湿打磨。用水砂纸在水或油中打磨，水磨能减少磨痕，提高产品的平滑度，并且省力、省砂纸；湿打磨在工艺程序上与干打磨工艺基本一致，只是在磨削材料上使用耐水性材料，例如：水砂纸等。

与干打磨相比，湿打磨有以下几个优点：一是有效地控制了粉尘；二是提高了磨削效率，由于磨削液带走了物屑，使得磨削更加顺利；第三，节约打磨耗材。

湿打磨同样有其缺点，在湿打磨过程中由于零件表面被水包裹，水同时遮盖了零件表面粗糙程度大小的分布，所以在打磨到一定量的时候，需要吹干零件，检查工件的细节，功耗加大。而且湿打磨过程中，不能有电器助力部分参与，以防漏电危害人身安全。在执行湿打磨工艺时，一定要戴好胶皮手套、防尘镜，尽量减少裸露皮肤。另外也要适当准备一些紧急处理药品，如碘酒、药棉、纱布、眼药水，清洗眼睛用的盐水和水枪等，并根据实际需求及时配备和更新。

根据打磨的工艺，打磨又可分为粗磨、平磨、细磨、抛光。

粗磨一般是在前处理时用来去除产品支撑、毛边、伤痕、咬迹、层叠、脏污、浮泡；而平磨通常是包裹了小木块或硬橡皮的砂纸，用砂纸对大平面进行打磨，这样找平效果较好；细磨则一般用于刮腻子、上封闭漆、拼色和补色之后的各道工序处理中，细磨时要求仔细认真；抛光是用水砂纸蘸清水（或肥皂水）打磨。

2. 常用打磨材料和工具

手工干打磨使用材料和工具主要有：干砂纸，油石，粗、细什锦锉，研磨剂，抛光剂，研磨平台等，如图2-56所示。

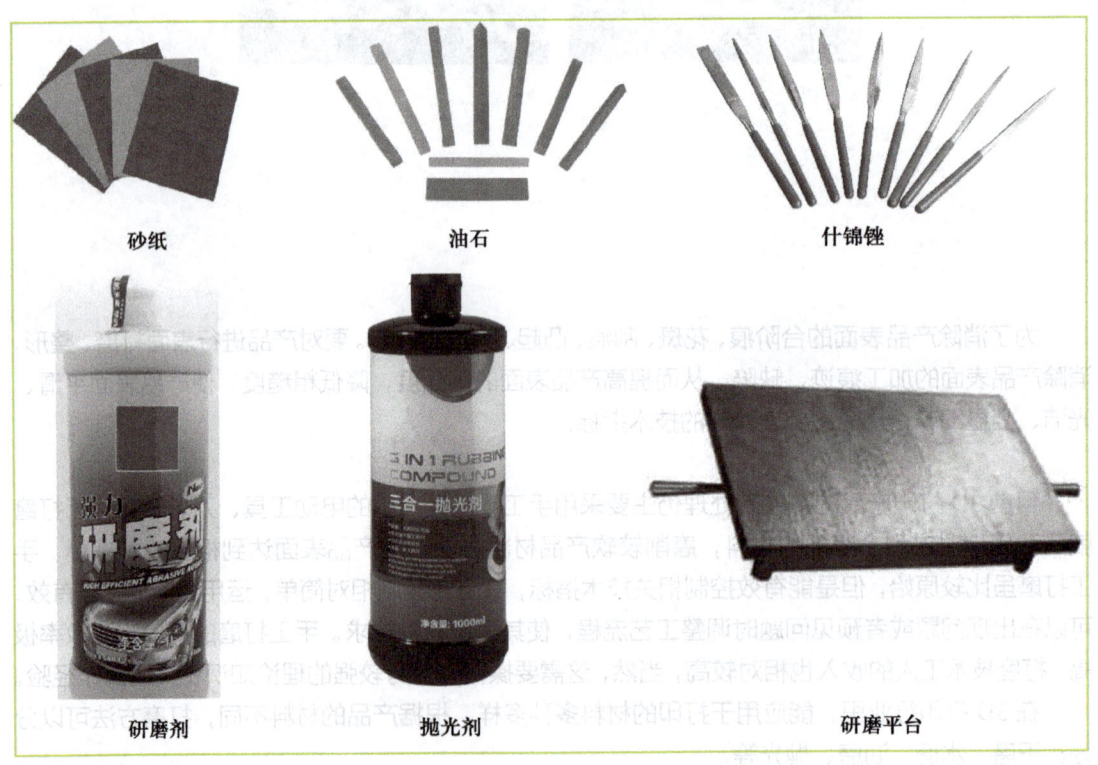

图2-56
常用打磨工具及材料

（1）砂纸

砂纸通常为在原纸上胶着各种研磨砂粒而成。原纸全部用未漂硫酸盐木浆抄成。纸质强韧，耐磨耐折，并有良好的耐水性。如将玻璃砂等研磨物质用树胶等胶黏剂黏着于原纸，经干燥而成。

根据不同的研磨物质，砂纸可分为金刚砂纸、人造金刚砂纸、玻璃砂纸和打磨用砂纸等多种。打磨用砂纸可分为水砂纸、木砂纸、砂布、金相砂纸和专业砂纸等，木砂纸（干磨砂纸）用于磨光木、竹器表面。水砂纸（耐水砂纸）用于在水中或油中磨光金属或非金属工件表面，如图2-57所示。

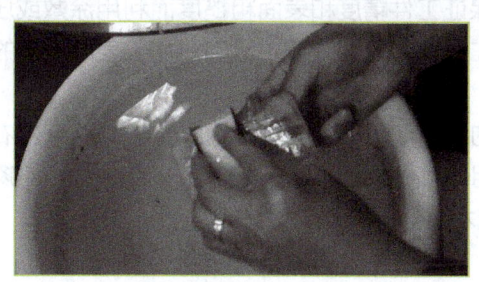

图2-57
水砂纸打磨

这里主要介绍水砂纸，简称砂纸。

砂纸分为不同型号，型号越大打磨得越细，型号越小打磨越粗，一般型号，60目（或号）、80目、120目、180目、240目等。目（或号）是指磨料的粗细及每平方英寸的磨料数量，目越高，磨料越细，数量越多。目（或号）的定义为：在1平方英寸的面积上筛网的孔数，每一个孔就叫一目。目是衡量颗粒大小的一个单位，也就是目数越高，筛孔越多，磨料就越细。使用规格为：粗磨60目、80目、120目；细磨240目、320目、400目；精磨600目、800目、1 000目、1 200目、1 500目；抛光2 000目、2 500目、3 000目、5 000目、7 000目等。

砂纸表面所覆盖的材料为磨料，一般分为天然磨料和人造磨料两大类。天然磨料是用天然矿石直接制粒的磨料，主要有：天然金刚石、天然刚玉、石英、石榴石、燧石、浮石、矽藻土、赤铁矿、珍珠岩、长石等。人造磨料是用工业方法炼制或合成的磨料，主要有：刚玉、碳化硅、人造金刚石和立方氮化硼等。磨料的硬度一般在莫氏5～10。

（2）油石

油石：是碳化硅、刚玉、人造金刚石等磨料由黏结剂固结而成中间有气孔的长条状珩磨工具。

油石的粒度和外形大小比较齐全，可供挑选使用的范围比较大。油石也根据磨料的粗细程度可分为：120目、240目、320目、400目、600目、800目、1 000目、1 500目、2 000目等。

（3）研磨剂

研磨剂是指用磨料、分散剂（又称研磨液）和辅助材料制成的混合剂，使用时磨粒呈自由状态，由于分散剂和辅助材料的成分和配合比例不同，研磨剂有液态、膏状和固体三种。研磨剂用于研磨和抛光。

分散剂使磨料均匀分散在研磨剂中，并起稀释、润滑和冷却等作用，常用的有煤油、机油、动物油、甘油、酒精和水等。辅助材料主要是混合脂，常由硬脂酸、脂肪酸、环氧乙烷、三乙醇胺、石蜡、油酸和鲸蜡醇等几种材料配成，在研磨过程中起乳化、润滑和吸附作用，并促使工件表面产生化学变化，生成易脱落的氧化膜或硫化膜，借以提高加工效率。此外，辅助材料中还有着色剂、防腐剂和芳香剂等。

（4）抛光剂

抛光剂（俗称：光亮剂、抛光液）：是一种不含任何硫、磷、氯添加剂的水溶性溶液，一般呈淡黄色或黄色的透明液体。抛光液按主要成分的不同分为以下几大类：金刚石抛光液、氧化硅抛光液、氧化铈抛光液、氧化铝抛光液和碳化硅抛光液等几类。抛光完成后用清水清洗一次并且烘干即可。

（5）研磨平台

研磨平台是为了能够保证工件精度和表面粗糙度而利用涂敷或压嵌在研磨平板上的磨料颗粒，通过研磨平板与工件在一定压力下的相对运动对加工表面进行的精整加工而衍生的一种铸铁平板。

研磨平台用于对平面的检验和研磨。一般可用厚度在12mm左右的浮法玻璃替代传统的检验平台，具有管理简单，费用低，适合粗放式管理等优点，其平面度足够满足产品行业的检测标准，并且可随时更新，以满足技术要求。

3. 打磨前的准备工作

在打磨过程中和打磨完成后都需要对产品进行检验，查看是否符合设计标准。测量有没有打磨的余量及余量大小，在打磨过程中也要勤于检验，这样能够有效地控制产品的报废率。

可以运用软件及运用各种量具测量，精度要求高的还可以采用三坐标测量。SLA成型产品一般都会用计算机3D软件进行设计，操作者需要细心认真，读懂设计图和技术要求，特别要注意区分细节，比如：支撑和产品特征的区分。

4. 打磨工艺

打磨工艺一般是由粗打磨→中间过渡打磨→精细打磨→抛光四大部分组成，每一个部分都有不同的工艺要求。打磨时选用的砂纸也是粗目→细目→极细目→抛光剂。打磨时用水砂纸沾水打磨，由粗目到细目，240目→320目（400目）→600目→800目→1 000目→1 500目→2 000目，用到2 000目后，需用2 500目的砂纸配合细目打磨膏（抛光剂）进行抛光。

（1）准备工作

操作者在上岗操作前，必须经过培训合格后，才能上岗操作。打磨前需要做好三部分的准备工作：工作场合的准备工作、产品的准备工作、操作者的准备工作。

① 工作场合的准备工作

打磨对工作场所的要求较高，首先需要良好的自然光照及正常的工作灯源，便于随时观察产品的色度及打磨情况；其次，场地需要有良好的通风设备，除尘设备正常，打磨特别是干打磨过程中会产生大量的粉尘，良好的通风设备能保证工作人员安全健康；第三，需配有良好、干净的工作台，保证打磨工作顺利；第四，保证使用的工具齐全，在开始打磨前需要操作者考虑可能遇到的情况及需要的工具，准备齐全再开始操作；第五，个人保护设施得当，需准备手套、口罩等防护工具及创可贴、酒精、棉签等简单处理伤口的药品。

② 产品的准备工作

产品的准备工作主要就是针对产品的缺陷或外形特点，制定产品后处理工艺。

产品缺陷常见的问题有：针孔、气孔、毛刺、飞边、磕碰、划伤、崩角、塌角、砂眼、裂纹、磨损、内陷、鼓包、制造错误、制造缺陷、连接缺陷等。

产品易产生缺陷的部位主要在：尖角、锐边、沟槽、侧壁、底部、深腔等处。

在本任务，要针对产品的缺陷进行先期处理，比如补点状洼陷、局部凹陷等，才能进行下一步的打磨后处理工艺。如图2-58所示，为用腻子填补缺陷的方式。

③ 操作者准备工作

操作者在经过实际操作培训后，应熟悉产品后处理中用到的所有设备结构、工作原理，并掌握一般的后处理工艺。在操作前认真熟悉技术要求，检查产品外表面是否有磕碰、麻点、凹坑，其缺陷深度是否能通过打磨的方法去除，发现问题及时记录，以便在编制打磨工艺时提醒加强处理，并制定相关的打磨工艺。工作前应保证打磨设备处于良好状态，周围无障碍物、易燃烧物，检查相关设备电源线无破损后再开机试运行。根据设计工艺，正确选择砂纸或油石，正确选取机用百叶片的种类和抛光轮的目数。按产品处理量，准备好足够砂纸和其他后处理所需的工具、耗材。在打磨过程中要轻拿、轻放，避免产品表面的划伤、磕碰、滑落。

a) 错误方式　　　　　　　　b) 正确方式

图 2-58
腻子施工方式

（2）粗打磨

打磨工艺一般遵循由粗到细的过程。在确定了产品硬度以后，选用相应型号的砂纸进行试打磨，如果初次试打磨痕迹深度超过 0.02mm，则换用更高标号砂纸进行打磨。如第一次用 240 目打磨超过深度要求时应选用 320 目砂纸，如图 2-59 a 所示，用 240 目的砂纸打磨传动机构的底面，有明显的痕迹。所以选用 320 目砂纸进行粗打磨。打磨平面时为了便于打磨，通常用平整的塑料块、木块等物品，将砂纸压平，如图 2-59 b 所示。

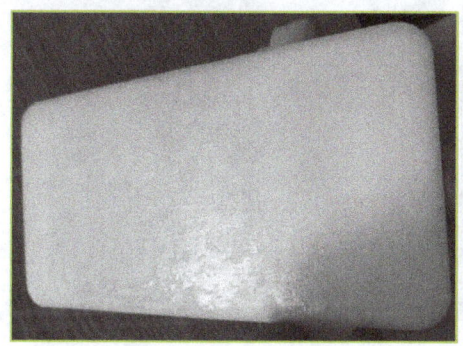
a) 用240目的砂纸打磨的效果

b) 用320目砂纸打磨并压平砂纸的效果

图 2-59
砂纸打磨痕迹及压平砂纸

选用砂纸时应注意：根据打磨的技术要求选择不同粒度的砂纸、磨料，应先大后小，先粗后细；产品材料软，选用型号大的砂纸；产品表面粗糙度大，选用型号小的砂纸；产品表面黏度大的，选用型号小的大粒砂纸，以便排削；产品硬度高，选用硬度高、型号小的砂纸；初始工作时可以使用锉刀、电动工具做大型局部修整；产品初始磨削的深度一般控制在 0.02mm 以内，以免由于过度磨削划伤产品，造成不可修复硬伤；当打磨的产品形状较为复杂时，应该灵活选用不同形状的磨具（油石）；不管是手持还是工具夹持，都要特别注意产品的变形量。

经测量，手机套的余量尺寸较大，可以先进行粗打磨。用 240 目的砂纸打磨，表面痕迹很明显，所以改用 320 目或 400 目的砂纸粗打磨。重点打磨支撑部位及清洗不干净，有树脂残留的部位，余量不大及有细节特征的部位，打磨时需控制好力度及方向，避免损伤产品表面破坏了特征。手机套的粗打磨，如图 2-60 所示。

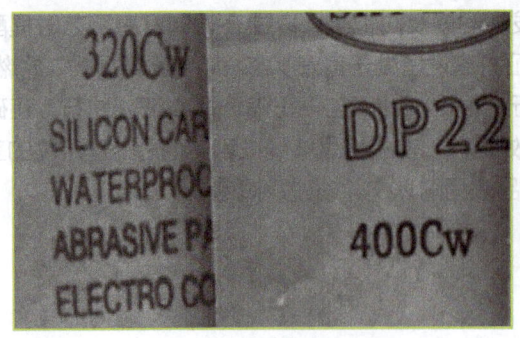

图 2-60
手机套粗打磨

（3）中间过渡打磨

中间过渡打磨主要针对产品整体粗糙度的调整，加强了局部要点的突出，针对性比较强。600 目、800 目一般为中打磨选用的砂纸型号。

对手机套进行完粗打磨后，需换用更细的砂纸，这里选用 600 目的砂纸对手机壳的内外表面，重点是支撑部位进行了再次的打磨，这次尤其针对有划痕（铲刮痕）、花斑、凸起的产品表面进行了重点打磨，如图 2-61 所示。

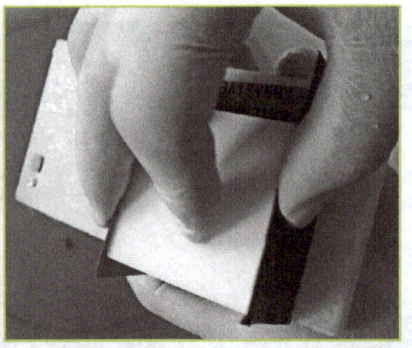

图 2-61
手机套中打磨

（4）精细打磨

在此工艺环节中要注意：根据设计指标控制产品整体的几何尺寸、平面、直角，对特征、细节做到精细、准确；统一表面粗糙度；注意配合面的调节；注意零件变形。

在最后的精细打磨阶段，需要熟练使用各种量具，根据设计指标，要随时随地的做到勤测量尺寸；多配合组件；常查粗糙度、点、面；勤看总体效果；勤清洗产品，保持产品的洁净度。操作者要保持双手干净、工作台面干净、打磨液和容器干净、工作服干净，确保产品没有被污染。

手机套的指纹孔、摄像头孔和闪光灯孔、音响孔、充电口孔、开关机孔、音量调节孔，因尺寸精度要求相对较高，且不易打磨到，产品的表面质量要求较高，所以用 1 000 目，或者 1 200 目的砂纸进行打磨。

（5）抛光

抛光是指利用机械、化学或电化学的作用，使工件表面粗糙度值降低，以获得光亮、平整表面的加工方法，是利用抛光工具和磨料颗粒或其他抛光介质对工件表面进行的修饰加工。

抛光不能提高工件的尺寸精度或几何形状精度，而是为了获得光滑表面或镜面光泽，有时也用来消除光泽（消光）。抛光使用的工具及材料有：抛光膏、抛光砂、抛光轮等。

手工抛光：一般采用抛光膏。精细打磨后，留一点打磨膏在产品上，用纯棉软布快速摩擦打磨的位置，直到发热、发烫后，用干净棉布将产品擦拭干净，就会得到很好的抛光效果，如果产品采用的是透明树脂还能达到很好的透光效果，如图 2-62 所示。

抛光使用的压力要比精细打磨小，精细打磨压力要小于中间过渡打磨，中间过渡打磨压力要小于粗打磨。

机械抛光：一般用于较大型产品，通常以抛光轮作为抛光工具。抛光轮一般用多层帆布、毛毡或皮革叠制而成，两侧用金属圆板夹紧，其轮缘涂敷有微粉磨料和油脂等均匀混合而成的抛光剂。抛光使用的材料硬度不宜过高，以免成本过高造成浪费。

采用机械抛光时，多数选用 1 500 目左右的氧化铝抛光布轮，在抛光前，用细粒度（1 000 目左右）的氧化铝磨头或碳化硅橡皮轮对零件进行抛光前精磨。

5. 打磨过程的注意事项

打磨作为后处理工艺的一种，会产生大量的粉尘，如果这些粉尘直接排出室外对环境会产生很大的污染，而对直接进行此工序操作的员工的身体有很大的损害。干式打磨特别要注意控制粉尘，因 3D 打印行业所使用的材料几乎涵盖所有现有的已开发材料，所以请在安全保护好自己的同时，也请保护好环境。

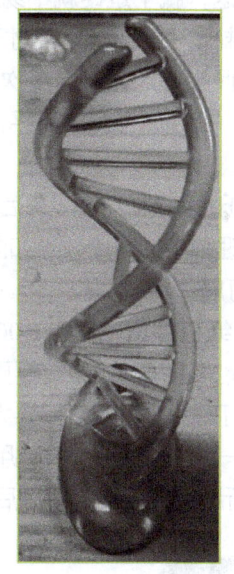

图 2-62
透明树脂打磨效果

在所有的产品后处理工艺中，打磨、切削、刮削等工艺都应该在水中或半湿情况下进行，目的就是要控制化学高分子粉尘、未知毒性粉尘等对人体的侵害。

在利用手持式高速打磨机进行工作时，操作人员要戴好防尘镜、防化口罩，穿戴保护服，注意保护服本体不能有湿、漏、烂、吊挂线等，以免出现意外。场地注意排尘、排屑、排杂质，安装有效的除尘设备，以免排出的有害粉尘对环境造成污染。定时对工作场合进行彻底的扫除，水洗地板，并用吸尘器对高处进行清理。

在打磨过程中，只要有电力机械参与助力时，一定要做好以下工作。漏电保护，从电源做起；防火防化；通风，保持清新的空气，减少粉尘对人体的侵害；保护好你的眼睛。戴好风镜，以免工作时，飞溅物对眼睛造成的伤害；保持工作场合干净、卫生、干燥、低尘等；保护好双手。

6. 手工打磨操作要点

手工打磨表面时，要在木块、塑料或橡胶块上包砂纸或砂布打磨，一般填充腻子或低层腻子用较粗的打磨材料，表层腻子就用较细的打磨材料，最终的精细打磨还要用水砂纸湿打磨，手工打磨的操作要点如下：

① 选择粗细适宜的砂纸或砂布，将其裁剪成与磨块尺寸相配，后固定在磨块上。

② 把磨块平放在打磨面上，沿磨块的长度方向均匀施加中等程度的压力，不要用力过猛，否则，若腻子磨穿或磨出凹坑都将前功尽弃。

③ 打磨时，磨块作前后往复的摩擦运动来进行打磨，打磨行程为较长的直线。不要使磨块作圆周运动，否则会在漆面上留下明显可见的磨痕。要想达最佳效果，应沿同一方向打磨。

④ 针对曲面，可选用长一些的木块作衬块，打磨动作幅度可大些。

⑤ 打磨型线或圆弧时，应使用与其形状相近的仿形磨块。

⑥ 干磨时砂纸会被腻子的粉末黏住，常抖动和拍拍砂纸能去掉一些粉末，也可使用涂有滑石粉的砂纸进行打磨，这样可减少粉末的堵塞。湿磨时，减少砂纸堵塞的方法基本同干磨，但还要用水湿润。

打磨过程注意的要点：腻子刮涂后，要等腻子干燥以后才能进行打磨。打磨太早，腻子会继续收缩；打磨太迟，腻子过硬就不易打磨。确定腻子是否干透最简单的方法就是用手指甲检查其软硬程度，自制腻子一般隔夜后才干透，原子粉 1～2h 干透。打磨过程中，应充分注意露出的最高点，并以此最高点为准，多次用手摸出平整度加以打磨，局部补刮的腻子，要注意腻子层边缘的平整性，就是腻子口要磨平，以防产生腻子层痕迹，给第二道腻子的刮磨带来不便。

7. 透明树脂的后处理步骤

用透明树脂打印的模型，取下来后直接清洗、吹干后发现并不透明，如果要变得透明需要进行后处理，后处理前后的对比效果如图 2-63 所示。后处理步骤如下。

（1）水砂纸打磨

用 800 目水砂纸打磨第一遍、1 000 目水砂纸打磨第二遍、1 200 目水砂纸打磨第三遍，1 500 目水砂纸打磨第四遍。如果需要更高质量可采用 2 000 目水砂纸打磨，但比较费时，一般用 1 500 目水砂纸打磨就可以了。如果为了省时也可以用 800 目、1 200 目、1 500 目水砂纸打磨三遍，砂纸的目数一般会在砂纸上标明，打磨所需时间也在 10min 左右。打磨后和打磨前的对比效果如图 2-64 所示，右边的为打磨后的，表面对比显得发白，透明度更差。

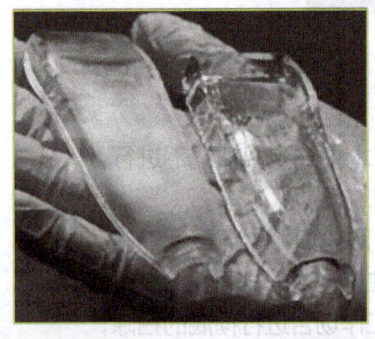

图 2-63
后处理前后对比

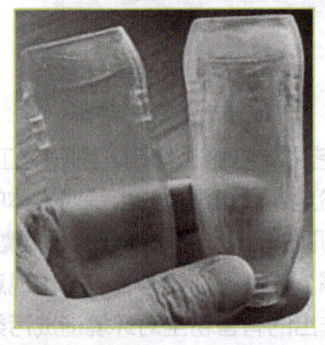

图 2-64
打磨前后对比

（2）喷光油

光油是一种合成树脂，现通常是指表面透明的清漆（又名"凡立水"），是一种不含颜料的透明涂料，其主要成分是树脂和溶剂或树脂、油和溶剂，有 UV 光油与 PU 光油之分。

UV 光油：喷涂或滚涂在基材表面之后，经过 UV 灯的照射，使其由液态转化为固态，进而达到表面硬化，有耐刮、耐划的作用，且表面看起来光亮、美观、质感圆润。

PU 光油：是所有聚氨酯涂料的统称，它的成膜方式为自然成膜，无须特殊工艺。游离的 TDI（甲苯二异氰酸酯）对人体有害，超标的游离 TDI 对人体有过敏和刺激作用，可能出现眼睛疼痛、流泪、结膜充血、咳嗽、胸闷、气急、哮喘、红色丘疹、斑丘疹、接触性过敏等症状，TDI 是聚氨酯的主要基础原料。所以喷光油（清漆）时要做好防护工作，戴上口罩、手套，原则上喷漆是用夹子夹住产品喷的，如果没有夹子就只能用手捏着喷了。喷好一面晾干然后再喷另外一面，如果有夹子可以一次喷完，待干后再喷一遍，一般需要喷 2～5 遍（层），效果较好，如图 2-65 所示。

产品经喷光油前后的效果对比，如图 2-66 所示。图中左侧产品为喷光油前，右侧为喷光油后。经对比发现喷光油后的透明度大大提高，但是如果产品喷漆后表面有污渍、灰尘、杂质，则需要再次打磨，然后喷清漆。因为灰尘会黏附在产品表面，所以喷漆最好是在密闭无尘的环境中进行。

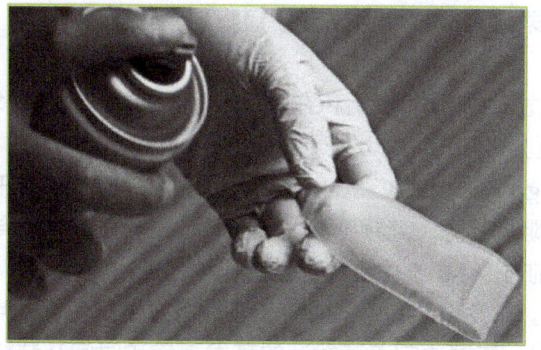
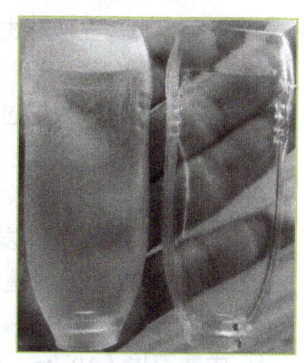

图 2-65 产品喷光油

图 2-66 喷光油前后对比

2.2.5 镀膜

1. 真空镀膜原理

真空镀膜技术是近些年发展起来的一项新技术。它的原理是在真空环境下，将某种金属或金属化合物加热、气化，再以分子或原子形式（气相）沉积在基材表面，从而在镀件表面形成一层薄薄的金属膜。由于金属气化后均匀地分布在镀膜机腔内，所以，通常情况下，镀件表面形成的金属膜十分均匀。真空镀膜是一种由物理方法产生薄膜材料的技术。在真空室内材料的原子从加热源离析出来打到被镀物体的表面上。此项技术最先用于生产光学镜片，如航海望远镜镜片等。后延伸到其他功能薄膜，唱片镀铝、装饰镀膜和材料表面改性等。如手表外壳镀仿金色，机械刀具镀膜，改变加工红硬性。

塑料件经真空镀膜后有金属光泽和镜面效果如图 2-67 所示。

图 2-67
真空镀膜塑件

2. 真空镀膜工艺

真空镀膜的基本工艺流程为：产品表面清洁（净化、活化）→去静电→喷底漆→烘烤底漆（干燥）→真空镀膜→喷面漆→烘烤面漆（干燥）→包装。

3. 真空镀膜的分类

在真空中制备膜层，包括镀制晶态的金属、半导体、绝缘体等单质或化合物膜。虽然化学气相沉积也采用减压、低压或等离子体等真空手段，但一般真空镀膜是指用物理的方法沉积薄膜。真空镀膜有三种形式，即蒸发镀膜、溅射镀膜和离子镀膜。

（1）蒸发镀膜

蒸发镀膜是通过加热蒸发某种物质使其沉积在固体表面。为常用镀膜技术之一。

蒸发镀膜设备及原理分别如图 2-68a、b 所示。

将蒸发物质（如 Au、Ag、Cu、Al、Cr、Ni 等）、化合物等材料，置于坩埚内或挂在热丝上作为蒸发源，蒸发源有电阻加热源、高频感应加热源、电子束加热源。待镀工件，如金属、陶瓷、塑料等基片置于坩埚前方。待系统抽至高真空后（真空度一般为 $1.3 \times 10^{-2} \sim 1.3 \times 10^{-3}$ Pa）加热坩埚使其中的物质蒸发。蒸发物质的原子或分子以冷凝方式沉积在基片表面。薄膜厚度可由数百埃（10^{-9} m）至数微米。膜厚决定于蒸发源的蒸发速率和时间及装料量，并与源和基片的距离有关。

蒸发镀膜与其他真空镀膜方法相比，具有较高的沉积速率，可镀制单质和不易热分解的化合物膜。

a）蒸发镀膜设备

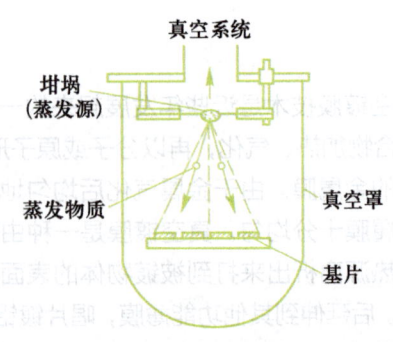

b）蒸发镀膜原理示意图

图 2-68
蒸发镀膜设备及原理

真空镀膜基材的要求：

① 耐热性好，以免基材变形、改变表面状态、造成局部缺陷等。
② 基材必须清洁、不含有挥发性物质，对有些基材，在镀膜前需要理化处理。
③ 基材应具有一定的强度和表面质量。
④ 改善镀层的黏结性，对于 PP、PE 等非极性材料，镀前应进行表面处理、以提高基材与镀层的黏结性。

（2）溅射镀膜

溅射镀膜是用高能粒子轰击固体表面时，能使固体表面的粒子获得能量并逸出表面，沉积在基片上。二极（阴极和阳极）溅射原理如图 2-69 所示。

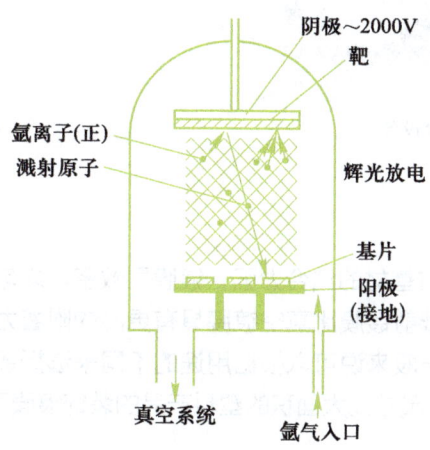

图 2-69
溅射镀膜原理

通常将欲沉积的材料制成板材——靶，固定在阴极上。基片置于正对靶面的阳极上，距靶几厘米。将系统抽至高真空后（1.3×10^{-1}Pa），充入惰性气体（通常为氩气），在阴极和阳极间加几千伏电压（直流电），两极间即产生辉光放电。放电产生的正离子在电场作用下飞向阴极，与靶表面原子碰撞，受碰撞从靶面逸出的靶原子称为溅射原子，其能量在一至几十电子伏范围。溅射原子在基片表面沉积成膜。与蒸发镀膜不同，溅射镀膜不受膜材熔点的限制，可溅射 W、Ta、C、Mo、WC、TiC 等难熔物质。溅射化合物膜可用反应溅射法，即将反应气体（O、N、HS、CH 等）加入氩气中，反应气体及其离子与靶原子或溅射原子发生反应生成化合物（如氧化物、氮化物等）而沉积在基片上。沉积绝缘膜可采用高频溅射法。基片装在接地的电极上，绝缘靶装在对面的电极上。高频电源一端接地，一端通过匹配网络和直流电容接到装有绝缘靶的电极上。接通高频电源后，高频电压不断改变极性。等离子体中的电子和正离子在电压的正半周和负半周分别打到绝缘靶上。由于电子迁移率高于正离子，绝缘靶表面带负电，在达到动态平衡时，靶处于负的偏置电位，从而使正离子对靶的溅射持续进行。采用磁控溅射可使沉积速率比非磁控溅射提高近一个数量级，因此，目前市场上新设备通常都采用磁控溅射。

磁控溅射是在二极溅射中增加一个平行于靶表面的封闭磁场，借助于靶表面上形成的正交电磁场，把二次电子束缚在靶表面特定区域来增强电离效率，增加离子密度和能量，从而实现高速率溅射，磁控溅射是入射粒子和靶的碰撞过程。入射粒子在靶中经历复杂的散射过程，和靶原子碰撞，把部分动量传给靶原子，此靶原子又和其他靶原子碰撞，形成级联过程。在这种级联过程中某些表面附近的靶原子获得向外运动的足够动量，离开靶被溅射出来。磁控溅射镀膜设备及原理分别如图 2-70 a、b 所示。

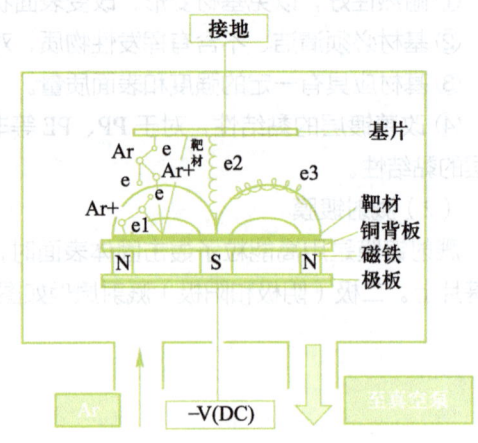

a) 磁控溅射镀膜设备　　　　b) 磁控溅射镀膜原理

图 2-70
磁控溅射镀膜设备及原理

磁控溅射法具有镀膜层与基材的结合力强，镀膜层致密、均匀等优点。已在塑料金属化领域得到广泛应用。通常磁控溅射镀膜比真空镀膜具有更高的附着力，但蒸发镀模却比溅射镀膜生产效率高，生产成本低。一般来说可以根据用途的不同来选择镀膜方法，通常小件工艺品或装饰件用磁控装饰镀膜法；大尺寸或大面积的塑料产品的装饰镀膜可以选用蒸发镀膜法。

（3）离子镀膜

离子镀膜是蒸发物质的分子被电子碰撞电离，让加速离子与金属碰撞，在反作用力的作用下使释放出的金属原子附着在固体表面，称为离子镀膜。离子镀膜技术是真空蒸发与阴极溅射技术的结合。一种离子镀膜系统如图 2-70 所示，将基片台作阴极，外壳作阳极，充入惰性气体（如氩）以产生辉光放电。从蒸发源蒸发的分子通过等离子区时发生电离。正离子被基片台负电压加速打到基片表面。未电离的中性原子（约占蒸发料的 95%）也沉积在基片或真空室壁表面。电场对离化的蒸气分子的加速作用（离子能量约几百~几千电子伏）和氩离子对基片的溅射清洗作用，使膜层附着强度大大提高。离子镀膜工艺综合了蒸发（高沉积速率）与溅射（良好的膜层附着力）工艺的特点，并有很好的绕射性，可为形状复杂的工件镀膜。常用的离子镀膜设备及原理分别如图 2-71 a、b 所示。

一般真空电镀的做法是在素材上先喷一层底漆，再做电镀，由于 SLA 成型的材料属于塑料，成型的塑料件表面不够平整，直接电镀则工件表面不光滑、光泽度低、金属感差，并且会出现气泡，水泡等不良状况，喷上一层底漆后，会形成一个光滑平整的表面，使得电镀的效果较好。

4. 真空镀膜的基材

真空镀膜的常用基材主要有：BOPET、BONY、BOPP、PP、PE、PVC、ABS、AS 等塑料薄膜和纸张类。也可在金属、陶瓷、合成树脂、木材等基础材料上应用。

5. 真空镀膜的应用范围

真空镀膜技术作为一种新颖的材料合成与加工技术，是表面工程技术领域的重要组成部分。真空镀膜技术使固体表面具有耐磨损、耐高温、耐腐蚀、抗氧化、防辐射、导电、导磁、绝缘和装饰等许多优于固体材料本身的优越性能，达到提高产品质量、延长产品寿命、节约能源和获得显著技术经济效益的作用。因此真空镀膜技术被誉为最具发展前途的重要技术之一，并已在高新技术产业化的发展中展现出诱人的市场前景。真空镀膜技术在机械、电子、石化、装饰、印刷、宇航和军事等领域得到广泛应用。

a）常用的离子镀膜设备

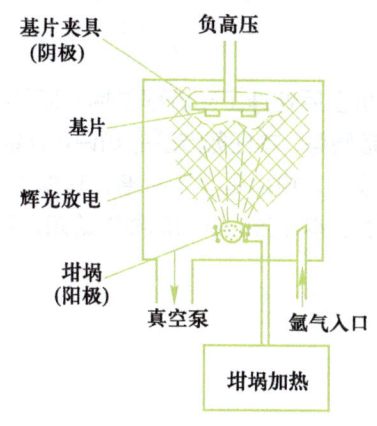

b）离子镀膜原理

图 2-71
离子镀膜设备及原理

真空镀膜产品应用范围涵盖以下几个方面：礼品、饰品、工艺品、装饰装潢产品、各种灯具反光罩、电子产品、包装用品等，如图 2-72 所示。

6. 真空镀膜的注意事项

在全部工艺流程中，以下几点关系到镀膜工艺的成败，这需要工艺人员清楚产品的表面状态，包括产品是否存在缺陷、特殊要求、表面污染物、夹具等。

① 表面缺陷的存在会影响外观件最终的美观度。当然对于微小缺陷喷涂工艺可以掩盖。但是有明显缺损、凹陷等缺陷的瑕疵品必须在镀膜前剔除。

② 产品有特殊要求。比如透明件表面有特殊粗糙度的设计、特殊外观设计要求的，必须在工艺制定前考虑整体工艺路线，否则完成后难以得到预想的外观效果。

  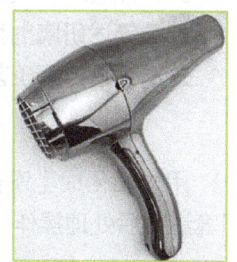

图 2-72
真空镀膜产品图

③ 表面污染物。对于批量产品，如何去除前段工序残留的污染物是关系质量与效率的关键。例如在注塑过程中产生的脱模剂去除。

④ 夹具的设计。这包括夹具是否适应全部工艺流程、是否能保证表面均匀性、装夹效率。为了确保真空镀膜产品的品质，也就是镀膜层厚度均匀，在真空镀膜的在线生产中可以使

用真空镀膜在线监测仪，真空镀膜在线检测仪利用光学可见光透过率在线连续监控成品真空镀膜产品，通过检测产品镀膜层的光学性能来提高真空镀膜设备在生产过程中的均匀性，提高真空镀膜生产效率，提高真空镀膜质量。

小结

手机套后处理工艺流程包括：取件→清洗→去支撑→后固化→测量→支撑面处理→打磨→抛光→镀膜等。本任务涉及的知识和技能有产品的测量、表面树脂残余的处理、手工打磨、抛光、真空镀膜等，重点是手工打磨，其抛光要求较高，操作性强，真空镀膜的理论知识学习又有一定的难度。本任务的学习需要理论知识和实践相结合，不断提高操作技能并总结经验。

习题

一、填空题

1. 产品放置在后固化箱中一般固化_____分钟。
2. 产品尺寸测量一般先检查_____，再测量_____。
3. 产品表面残余树脂处理时先用_____刮削，然后用_____修孔。
4. 根据产品的材料不同打磨的方法可以分为_____，_____，_____，_____。
5. 根据打磨工艺不同打磨又可为_____，_____，_____，_____。
6. 打磨用的砂纸分为_____，_____，_____，_____，_____，_____。
7. 磨料一般分为_____和_____两大类。
8. 手工抛光一般采用_____。

二、简答题

1. 手工干打磨使用的材料和工具主要有哪些？
2. 湿打磨与干打磨相比的优缺点？
3. 天然磨料和人造磨料主要有哪些？
4. 请简述研磨剂和抛光剂的组成。
5. 请简述打磨工艺。

三、技能操作题

用光固化成型设备打印一个手机套，制定其后处理工艺流程，并应用相关知识和技能对手机套进行后处理操作。

任务三
海豚模型的后处理

能力目标

1. 能较熟练地完成产品支撑部位的铲刮操作。
2. 能正确使用工具完成产品表面的打磨、抛光。
3. 能正确完成产品的拼接接头和间隙设计。
4. 能正确完成产品的拼接接头形式和位置选择。
5. 能完成产品的手工喷漆。

知识点

1. 支撑部位的铲刮。
2. 产品表面的打磨、抛光。
3. 产品的拼接接头的形式和位置选择以及间隙设计。
4. 直接组合模型的拼接步骤。
5. 涂装的方法。
6. 涂覆的原料类型及操作要求。
7. 涂装的设备及涂装的注意事项。
8. 喷漆的步骤、缺陷及补救办法。
9. 商品包装的要求。

任务引导

随着人们生活水平的提高,个性化定制成为了一种潮流和发展方向。一些定制的玩具也越来越受到年轻人的喜爱,为了让定制的海豚模型有漂亮的外观,需要对海豚模型进行后处理。

要求:对成型件进行打磨、抛光、拼接、涂覆喷漆等处理,处理后产品特征完好,外观质量好,有光泽。

任务实施

2.3.1 取件、清洗、去支撑

1. 取件

海豚模型采用了分体打印的形式,如图 2-73 a 所示,取件时需分别铲下半个产品,如图 2-73 b 所示。

a) 分体打印　　　　　　　　　b) 铲产品

图 2-73 取件

2. 清洗、去支撑

因产品支撑相对较少,而且基本是加在曲面上,所以可以直接手工去除,然后用毛刷清洗产品,清洗两遍即可。去支撑、清洗分别如图 2-74 所示。

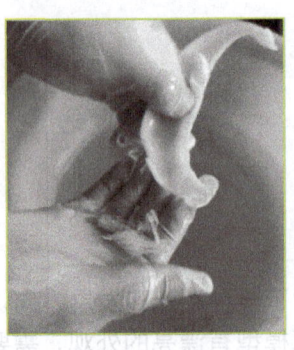
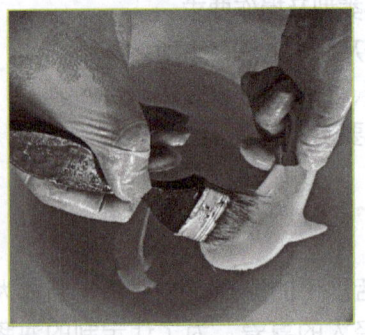

图 2-74 去支撑、清洗

2.3.2 后固化、测量

1. 后固化

产品在清洗、吹干后放置在后固化箱中固化 30min,取出,如图 2-75 所示。

图 2-75 后固化

2. 测量

由于两板海豚模型需拼合成一个整体，因此拼接部位的尺寸需要重点测量，如图 2-76 所示。经测量，发现尺寸有误差，需进一步后处理。

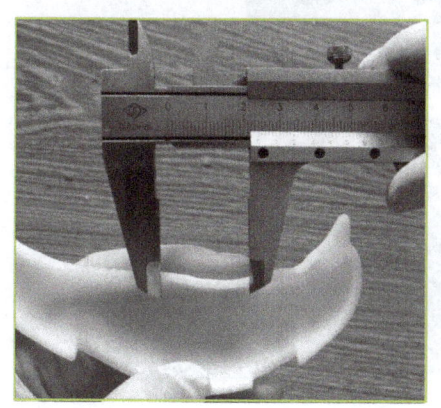
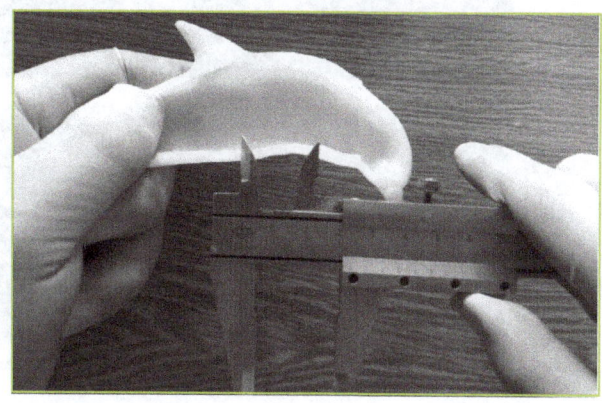

图 2-76 测量

2.3.3 支撑面处理

1. 支撑部位的铲刮

经对比设计图和产品外形发现，产品表面有较多缺陷，如图 2-77 所示。用平口刀、斜口刀等对支撑点铲削，对表面有缺陷部位进行刮削处理，如图 2-78 所示。铲刮时，需先用平口刀铲刮高点位置，然后用斜口刀刮平。

2. 表面的打磨、抛光

海豚表面缺陷经刮削处理后，还需要进行打磨、抛光，如图 2-79 所示。打磨、抛光的方法和步骤可参考本项目任务二相关内容。

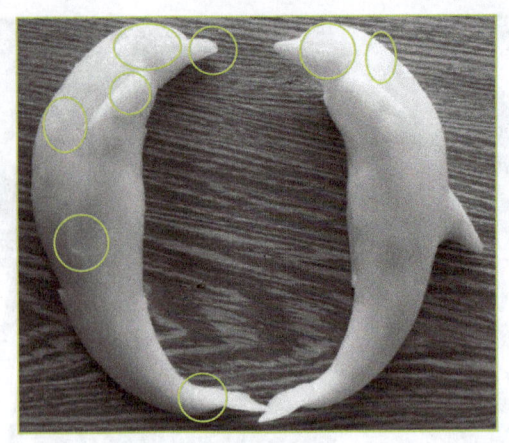

图 2-77
表面缺陷

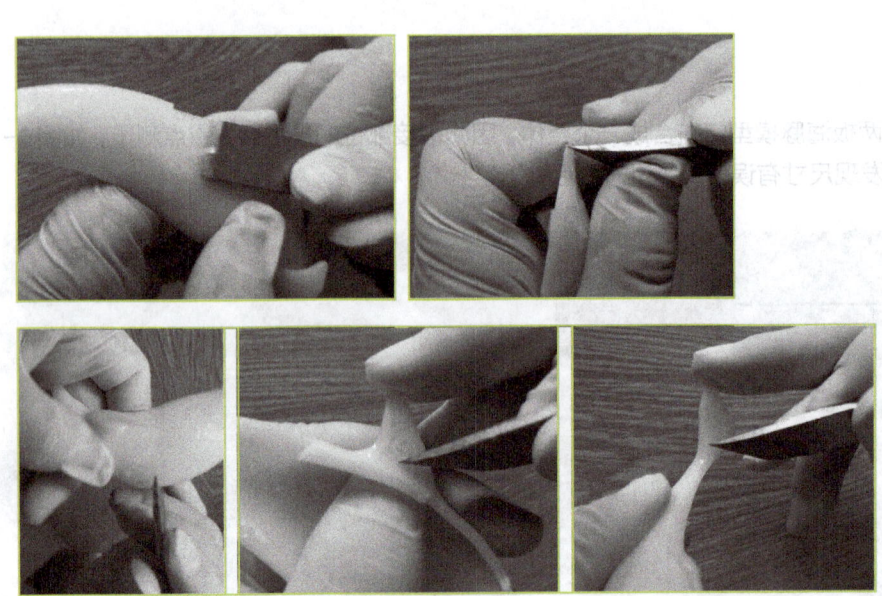

图 2-78
表面缺陷处理

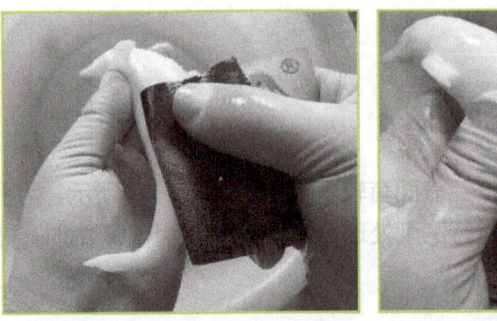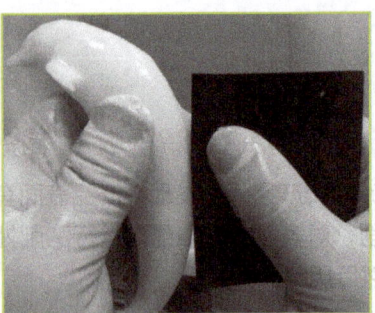

图 2-79
打磨、抛光处理

2.3.4 拼接

1. 连接结构分类

连接结构是产品设计中一个重要的问题,构成整体的各个部分要以各种方式连接固定,形成一个整体,完成产品的设计功能及满足外观造型设计要求。

按照不同的分类标准,连接结构可以分为不同的形式。按照不同的连接原理可以分为机械连接结构、黏结和焊接三种连接方式。按照结构的功能和部件的活动空间,可以分为动连接和静连接结构,见表2-1。

表2-1 连接结构分类

机械连接	铆接、螺纹连接、键销连接、弹簧卡扣连接等	静连接	不可拆固定连接:焊接、铆接、黏结等
			可拆固定连接:螺纹连接、销连接、弹性变形连接、锁扣连接、插接
焊接	利用电能的焊接(电弧焊、埋弧焊、气体保护焊、点焊、激光焊)利用化学能的焊接(气焊、原子氢能焊、合铸焊等)利用机械能的焊接(煅焊、冷压焊、爆炸焊、摩擦焊等)	动连接	柔性连接:弹簧连接、软轴连接
			移动连接:滑动连接、滚动连接
黏结	黏结剂黏结 溶剂黏结		转动连接

2. 拼接接头形式

根据SLA成型树脂的特点一般采用黏结剂对接头进行黏结,接头的设计要求美观、平整、便于加工,接头的形式主要有:对接、斜接、搭接、套接、嵌接及复合接等多种形式,如图2-80所示。

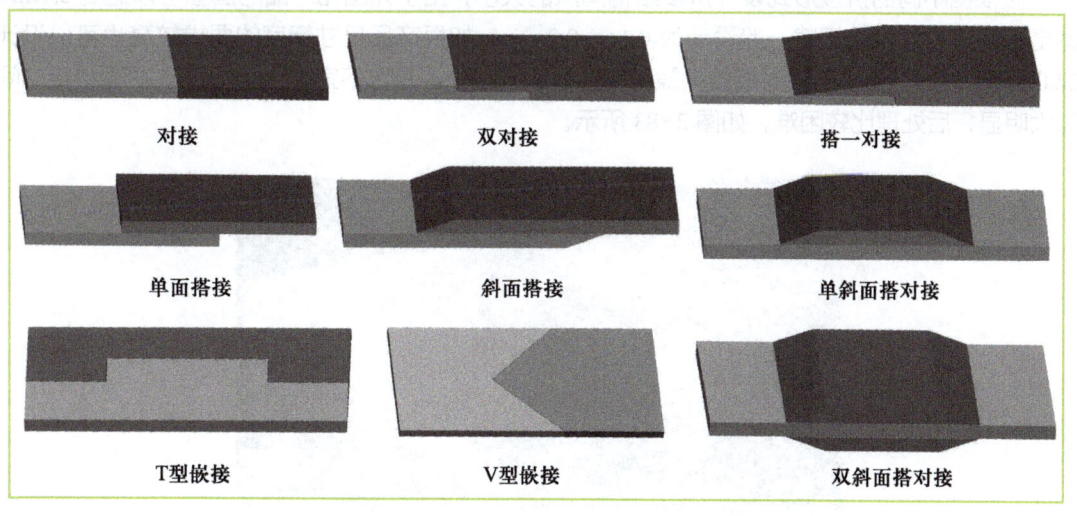

图2-80 接头的形式

根据产品的特点及接头设计的要求，以及产品的功能要求选择合适的接头形式，海豚模型对外观的质量要求较高，因此采用对接和嵌接相结合的形式，如图 2-81 所示。

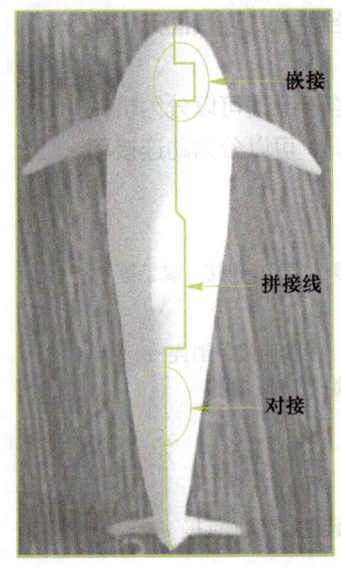
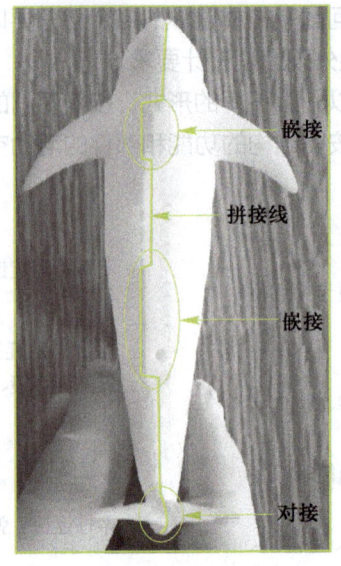

图 2-81
接头的形式选择

图 2-82
拼接位置的选择

3. 拼接位置选择

拼接的位置需要根据产品的特征来选择，如果产品结构有明显的分界线，可以将拼接位置选择在分界线上，如图 2-82 所示。如果产品属于对称结构，拼接位置可以选择对称平面所在的位置。海豚属于对称图形，拼接位置选择在对称平面上，如图 2-81 中所示。

4. 拼接间隙设计

应根据不同的拼接形式设计拼接结构间隙的大小，由于光固化产品的层厚可以达到 0.1mm 甚至更小，因此拼接间隙一般设计为 0.1 ~ 0.2mm。如果产品尺寸精度的要求较高也可以设计成 0.1mm 以下，要求不高时拼接间隙可以适当大一些，但是也不宜大于 0.5mm，否则拼接的间隙太明显，后处理比较困难，如图 2-83 所示。

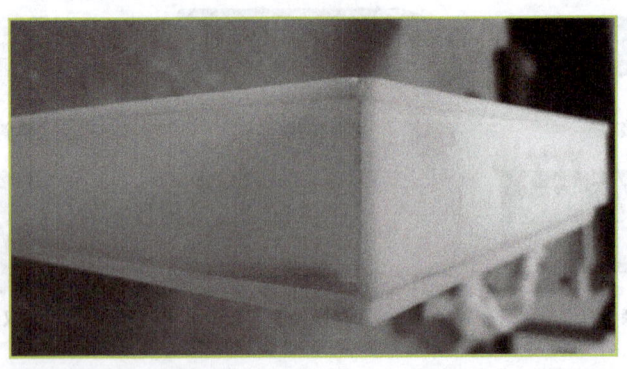

图 2-83
拼接间隙的设计

5. 海豚模型的拼接

模型拼接的方法有很多种，这里采用的是爽身粉和 502 胶水（俗称"5 爽大法"），没有爽身粉时也可用细面粉等代替。拼接方法是：在模型的拼接缝中滴上 502 胶水，然后快速撒上爽身粉，待干燥后用刀具刮削、砂纸打磨。操作时要控制 502 胶水的量，另外尽量不要让 502 胶水流到模型的外表面上，如果缝隙较大时，可以滴一点 502 胶水，再撒一次粉，重复几次后，缝隙就可以慢慢地堆起来。但是 502 胶水千万别滴多，否则会容易溢流到产品表面及内部。该方法比较容易学习及操作，且拼接的产品硬度适中、干燥速度快、气泡少，但仍要防止产品产生气泡及黏结不牢断裂。海豚模型拼接过程如图 2-84 所示。

图 2-84
海豚模型的拼接

6. 知识拓展：直接组合模型的拼接步骤

（1）取件、去支撑

取件时，先用铲刀将产品铲下来，如图 2-85 所示，铲下来的产品需试配合，如图 2-86 所示。支撑直接手工去除，很好剥离。剥离后表面效果很好，如图 2-87 所示。

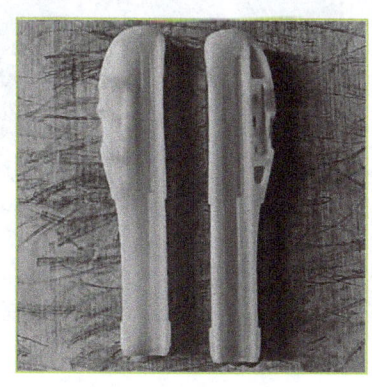
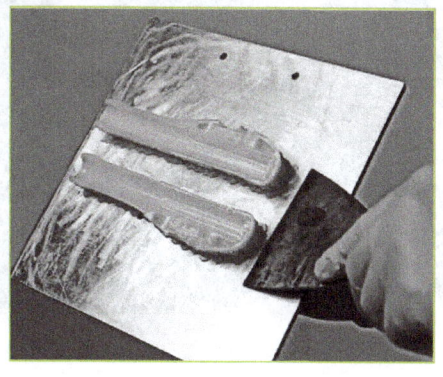

图 2-85
取件

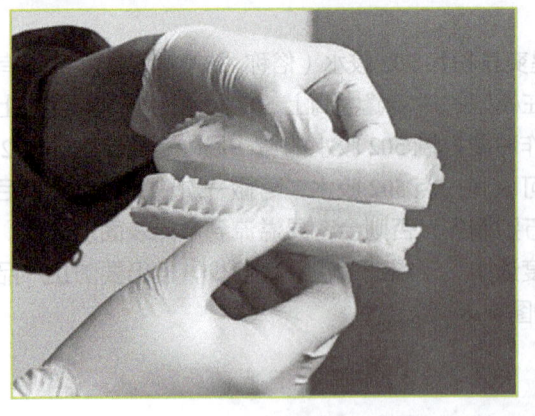
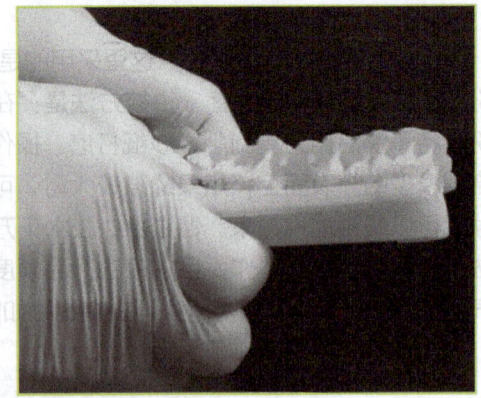

图 2-86
试配合

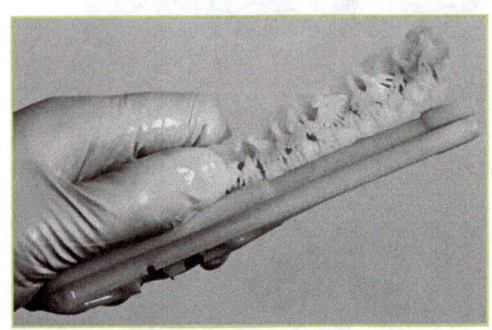
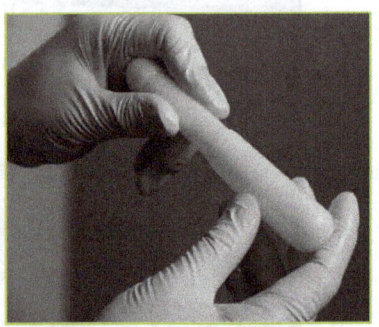

图 2-87
去支撑

（2）清洗、吹干产品

接下来是清洗模型，先将产品放入盛有酒精的容器里浸泡几十秒，然后拿出来用毛刷把表面仔细刷干净，刷洗 2 遍，内部不易清洗的地方也可以用酒精冲洗，如图 2-88 所示。清洗干净后用气枪吹干，如果没有气枪也可以用吹风机吹干，如图 2-89 所示。

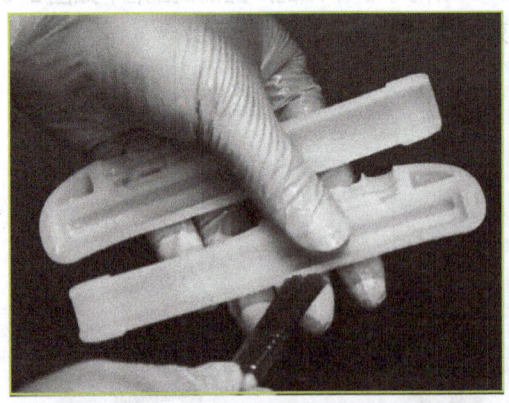
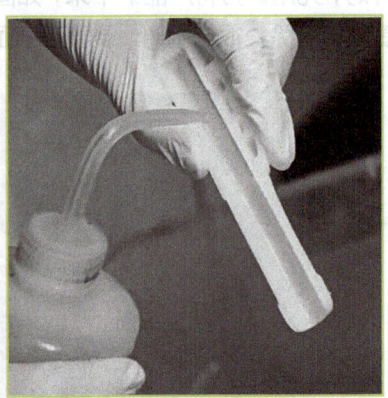

图 2-88
清洗产品

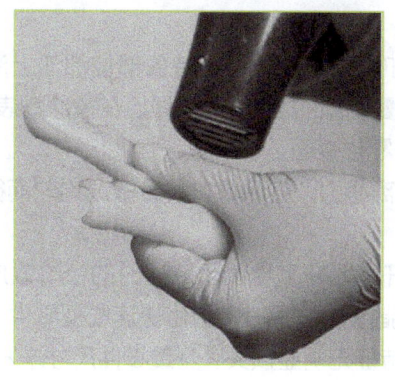

图 2-89
吹干产品

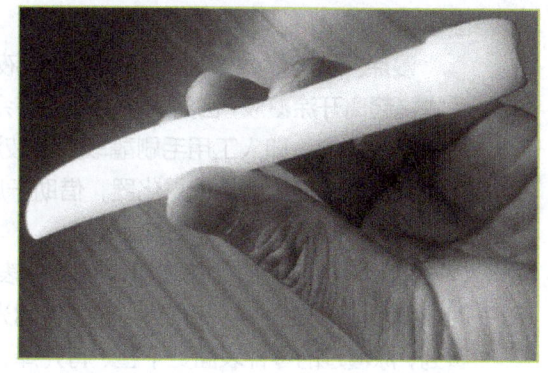

图 2-90
打磨后产品

（3）刷树脂、后固化

将树脂均匀地涂抹在产品的拼接面上，然后放入 UV（紫外线）固化箱里进行二次固化，可以增加模型强度，当然没有 UV 固化箱的也可以放在太阳下晒，只是时间要长一些。

（4）打磨

因为该产品支撑残余少，表面质量还好，没有明显的缺陷。所以可以直接用 600 目或者 800 目的水砂纸打磨。如果要达到镜面效果，需用更高目的砂纸打磨，打磨好后的模型如图 2-90 所示。

2.3.5 涂覆

采用打磨的方式进行后处理是需要去除材料的，这种方式适用于内、外型腔不太复杂、易于修磨的零件。使用去除法进行后处理时，应在制作零件时提前预留一定的打磨损耗量，否则将影响零件成品的尺寸精度。但对于后处理如图 2-91 所示细节特征多、尺寸要求多、内腔复杂、有刀具刮不到的死角的复杂零件时，使用去除法进行后处理往往不能满足要求。

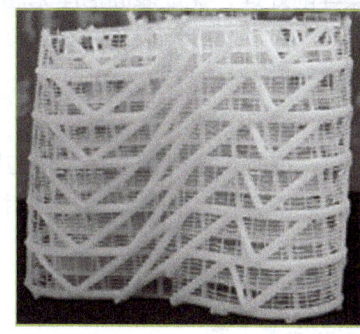

图 2-91
复杂零件

涂覆工艺适用于大多数形状的复杂零件后处理环节，该方法可在一定程度上减小台阶效应影响，提高零件表面质量，且不会明显影响零件细节特征和尺寸。

1. 涂覆的方法

涂覆是指在零件表面覆盖上一层材料。可以使用浸涂、手工刷涂、喷涂等方法，在基件表面覆盖一层材料。

浸涂：即将零件全部浸没在涂覆用液体（如光敏树脂）中，待各部位都沾上涂覆液后将被涂物提起离开涂覆液，自然或强制地使多余的涂覆液滴回槽内，经干燥后在被涂物表面形成涂膜。

手工刷涂：即人工用毛刷蘸取涂覆液涂刷于零件表面。

喷涂：是通过喷枪或雾化器，借助于压力或离心力，将涂覆材料分散成均匀而微细的雾滴，施涂于被涂物表面的涂装方法。

使用涂覆工艺时，涂覆材料在零件表面铺开，填补了零件因成型时的台阶效应而导致的表面细微台阶，如图 2-92 所示。对比使用光敏树脂涂覆前后的光固化快速成型零件，用肉眼即可看到，涂覆过的零件表面更平整、有光泽，细节特征无明显损失，测量零件尺寸未发现明显变化。

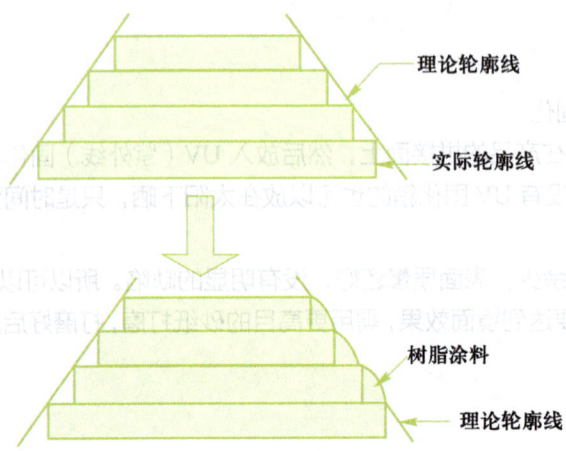

图 2-92
涂覆后处理原理图

喷涂工艺对被涂覆零件的要求如下：

① 零件不应是空心且表面不封闭的，即表面应封闭。

② 涂覆前都应对要涂覆的零件进行清洗、固化、干燥等前处理，保证表面洁净无油脂，涂覆层可良好附着。

③ 应保证涂覆液、涂覆工具和环境的清洁，粉尘、杂质会明显影响涂覆效果。

涂覆工艺有时也可在零件局部使用，用于对零件缺陷进行修补和修复。

涂覆时，根据对零件使用要求，可选用不同的涂覆材料，在减少零件表面台阶效应影响的同时，实现零件其他使用要求。如零件表面涂色、改善零件表层强度、韧性、耐热、耐湿、抗变形等性能，延长零件使用寿命等。

涂覆工艺并不太复杂，但因每次所针对的零件结构、技术要求、环境因素等不同，其具体操作工艺往往有较大不同，可能需要多次实验以确定最适合的涂覆工艺。

2. 涂覆的原料类型

涂覆的原料可采用环氧类、聚氨酯类、PU、PE 等类型的高分子材料。采用不同的树脂材料，获得的性能也会不同。

用激光快速成型工艺制作的产品单纯只为提高表面质量时，可选用零件本身的材料（光敏树脂），也可以购买市场成熟的 UV 产品（UV 光固化胶水、UV 返工水、UV 光油、UV 面漆等）作为涂覆原料。

选用涂覆原料时考虑的因素如下：
① 与生成快速零件的原材料技术要求相对应。
② 和产品表面结合良好（润湿性好）。
③ 易打磨。
④ 综合考虑防水性、强度、固化速率、缩胀率、吸湿率、固色率、耐老化。
⑤ 无毒、低毒环保。
⑥ 性价比高。

3. 涂覆操作要求

（1）涂覆环境要求

无论哪种操作方法，为保证涂覆材料附着良好，对涂覆环境的要求如下。

① 照明。宽敞明亮、接近自然光的环境，便于观察涂覆效果。

② 防尘。安装空气滤清系统，排出喷涂时产生的粉尘和挥发性气体，防止工件的二次污染，保证涂覆层质量。

③ 换气。要求换气系统能对双向气流有过滤作用，防止双向污染。

④ 防火。由于在喷涂房中往往会使用酒精、油漆等易燃、易挥发性稀释剂和溶剂挥发物，所以喷涂房中禁止进行明火、抽烟等危险性引爆、引燃操作。

⑤ 干燥。湿度过高时，涂覆层结合面的结合强度不可靠。

⑥ 防静电。工件带有静电容易吸附微小灰尘，也不利于附着涂料。

（2）浸涂法操作要求

浸涂法一般易产生涂层薄而不均匀、有流挂等缺陷，被涂零件上、下部的漆膜具有厚度差异，尤其是在被涂零件的下边缘易出现肥厚积存，可以用刷子手工除掉积存的液滴，也可用离心力或静电引力设备除去这些液滴。所以浸涂不适用于大型零件，一般适用于几克到十几克重的小型零件。

浸涂操作时应注意被涂零件的装挂方式，必要时应预先通过试浸来设计挂具及装挂方式，保证工件在浸涂时处于最佳位置。被涂物的最大平面应接近垂直，使涂装面上的余液能够流畅地流尽，尽量不产生兜液或"气包"现象。

涂覆液黏度较高时，涂覆膜的厚度主要决定于产品从涂覆液中提升的速率以及涂覆液的黏度。出槽慢有利于涂覆液的流平而使涂层均匀，涂覆液黏度高时，出槽更要慢。应实验确定合适的提升速率，按此速率均匀地提升被涂物。提升速率快，漆膜薄；提升速率慢，漆膜厚且不均匀。

（3）手工刷涂处理要求

手工刷涂的主要操作流程：零件粗处理→清洁表面→紫外光固化→干燥→手工涂覆→后固化箱固化→后续处理→完成。

刷涂时要紧握刷柄，不使刷柄松动。在刷涂过程中，刷柄应始终与被涂物表面处于垂直状态，用力要适度。以将约 1/2 长度的刷毛顺一个方向贴附在被涂物表面为佳，刷子运行时的用力与速度要均匀。

刷涂前应先将刷子蘸上涂覆液，使涂覆液浸满全刷毛的 1/2，而后在容器的边沿内侧轻拍一下，以便理顺刷毛，并去掉沾附过多的涂覆液。

刷涂通常可以按涂布、抹平、修复三个步骤顺序进行。涂布是将漆刷刷毛所含的涂覆液涂布在被涂物表面，刷子运行轨迹可根据所用涂覆液在被涂物表面流平情况，保留一定的间隔，将所有保留的间隔面都覆盖上涂覆液，不露底；抹平是按一定方向刷涂均匀；修复是消除刷痕和涂膜薄厚不均的现象。

手工刷涂后，应依据涂覆材料性能进行热固化或光固化，也可不使用后固化箱，进行自然固化，但固化时间会相对较长。涂履层固化后，再清洗、依照尺寸要求进行简单打磨。

在一次涂覆后未达标可重复上述工艺流程进行多次涂覆。

手工刷涂的优点是工具简单、施工简便、易于掌握、灵活性强、适用性强、节省涂覆液。

手工刷涂的缺点是对于干性较快和流平性较差的涂料，刷涂容易留下刷痕以及膜厚不均匀现象，影响涂覆的平整度和装饰效果。

（4）手工喷涂处理要求

手工喷涂操作流程：零件粗处理→清洁表面→紫外光固化→干燥→手工喷涂树脂→后固化箱固化→后续处理→完成。

图 2-93
手工喷涂操作图

浸涂、手工刷涂和手工喷涂操作人员必须佩戴防护口罩、橡胶手套、眼罩等相关防护用品，如图 2-93 所示。

三种涂覆工艺选择使用思路：

① 按技术要求决定选择其中一种工艺。
② 根据零件的复杂程度决定单一工艺还是双项工艺。
③ 不排除其他新工艺加入，如：化学腐蚀、电镀、真空镀、电刷镀等。

4. 涂覆设备

烘箱：通过加热促使涂覆层固化速度加快。后固化箱：以 UV 光源使涂覆层固化；空气压缩机、储气包：在喷涂时提供压缩空气；水幕机：滤尘设备；喷枪：喷涂设备；分别如图 2-94 ~ 图 2-97 所示。

5. 涂覆的注意事项

在涂覆过程中，影响涂覆效果的因素主要有涂覆材料黏度和固化条件。黏度影响操作难度、表面侵蚀性、喷涂雾化粒度、平流程度等指标；而固化条件则关系到操作时间、涂覆膜厚度、强度、留固率等。零件本身材料的性能，包括其与涂覆层间的润湿效果、雾化时的饱和度、固化后的留固率、吸湿性等。

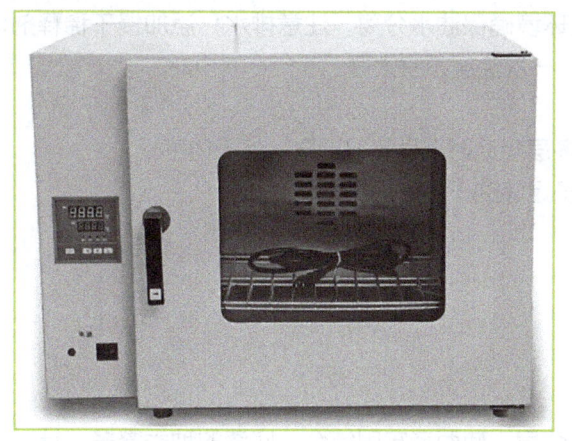

图 2-94 烘箱

储气罐
压缩机

图 2-95 空气压缩机

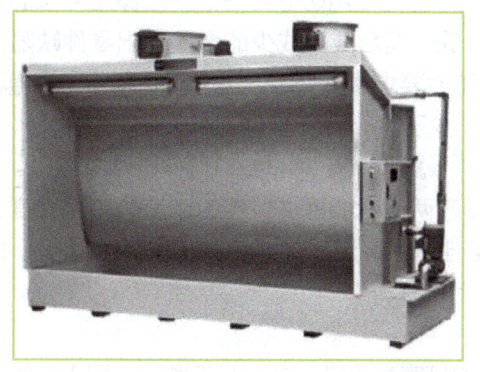

图 2-96 水幕机

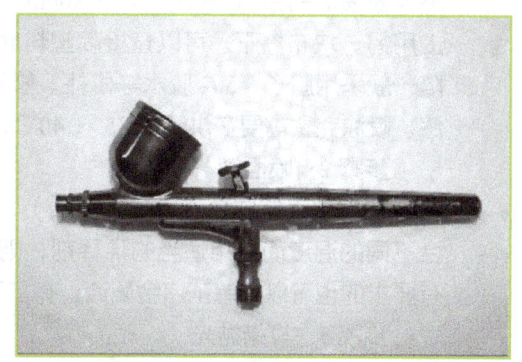

图 2-97 喷枪

涂覆常见问题有以下几种：

① 起粒。

原因：作业现场不清洁，灰尘混入涂覆液中；涂覆液调配好后放太久产生微粒；喷枪出油量太小，气压太大，油漆雾化不良或喷枪离物体表面太近。

解决方法：清洁喷漆室，盖好油漆桶；油漆调配好，不宜放太久；调整喷枪，以使其处于最佳工作状态。

② 垂流。

原因：涂覆液黏度太低；喷液量太大，距物体表面太近或喷枪运行太慢；每次喷液量太多太厚或重喷间隔时间太短；物面不平，尤其流线体形状易产生垂流。

解决方法：按要求配比；控制喷液量，确保喷液距离，提高喷枪运行速度；每次喷液不宜太厚，可分几次，掌握间隔喷液时间；控制出液量，减少涂覆膜厚度。

③ 起泡。

原因：现场气温高，干燥太快；物面含水率高，空气湿度大；一次喷涂太厚。压缩空气存在混合油水现象，在使用喷枪进行喷涂时，喷出的雾化涂覆液含有部分油水蒸气，使涂层形成气孔甚至润湿失效出现空洞。

解决方法：设备检修或者改善作业环境确保油水分离，注意排水；添加慢干稀释剂；零件表面处理干净；涂覆时分多层多次进行，一次涂层不宜太厚。

④ 收缩、起皱。

原因：干燥时间太短或涂膜太厚；多层喷涂时上层喷得过厚，外干内不干。

解决方法：喷涂每道涂层之间要给予足够的干燥时间。

2.3.6 喷漆

1. 喷漆的步骤

步骤1：喷塑料底漆

底漆作为被涂表面与涂层之间的媒介层，使两者牢固结合。底漆的种类繁多，针对不同的基材应选用适当的底漆。根据工件材料及设计要求，按油漆厂商的要求调配好底漆，喷涂时，按先里后外，先上后下，先难后易的原则。较大工件可以采用喷枪，中小工件要使用喷笔。喷嘴与被喷面的距离一般以 20～30cm 为宜。喷涂时先使用防静电清洁剂湿擦工件表面，并且马上用另一块布擦干。可以直接喷塑料底漆。喷涂一遍后或多或少的会显现出零件缺陷，针对缺陷一般采用腻子、502胶水等修补。修补完的工件要求清洗干净、烘干。底漆分为头道和二道底漆。喷涂完，需要在烘箱内 35～40℃，时间不少于 30min 的条件下烘干。

步骤2：喷面漆

使用单工序纯色漆（配稀释剂），只需湿喷两道就能提供极佳的遮盖力和光亮度。如果配合不同的温度而使用适当的稀释剂，则效果更佳。喷完道后需 60℃烤干冷却后重喷。如果外观有要求的也可以喷单工序金属漆，有多种颜色备选。

步骤3：打蜡抛光

喷完面漆隔夜干固后，用如图 2-98 所示的打磨亮丽蜡，进行手工抛光，用干净的棉布与亮丽蜡均匀打磨，直至出现光泽，最后上油蜡。

2. 喷漆件常见的缺陷及补救方法

SLA 成型件在选用喷漆的标准工艺流程处理的时候也难免产生一些缺陷，比如鱼眼、珠孔，流泪、起皱、划痕、砂纸痕、龟裂、剥落等。

（1）鱼眼、珠孔

漆层因污染而形成弹坑状凹陷，有深浅、密度及大小不同的珠孔。补救方法如下：

① 待漆层完全干燥后，用 800 目砂纸彻底打磨受影响的漆膜，再重新喷涂。

② 如珠孔严重时可待漆膜完全干燥后，彻底打磨珠孔部分，之后用白色填眼灰填平、打磨后重喷涂底漆和面漆，填眼灰如图 2-99 所示。

图 2-98 打磨亮丽蜡

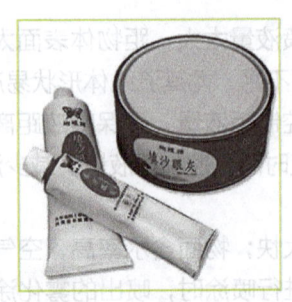

图 2-99 填眼灰

（2）流泪

过厚的漆料在垂直或倾斜表面，未能附着在漆膜面上而向下垂流，称为流泪。补救方法如下：

① 让漆膜彻底干固后，以1 500目水砂纸磨平，再以蜡水抛光。

② 流泪情况严重时，让漆膜彻底干固后，用800目砂纸彻底湿磨后重喷。

（3）起皱

成因是没有完全干燥的新喷涂干漆膜，抵受不了强烈溶剂的侵蚀，因而产生软化和膨胀。补救方法如下：

① 情况不太严重时，待漆膜完全干燥后用砂纸打磨起皱的地方，然后重喷底漆的面漆。

② 情况严重时，铲至工件表面重新处理。

（4）划痕、砂纸痕

① 新喷漆面划痕显现的原因，是底层使用过粗的砂纸打磨，底漆的填充性不够造成的。

② 旧漆面划痕显现的原因是漆膜在不断擦抹清洗后均会产生划痕，尤其在阳光下特别明显，这些缺点有时是由于面漆硬度不够，也可能是打蜡时细蜡抛光不足，未能有效去除粗蜡痕。

预防及补救方法如下：

① 及时补救每层漆膜的缺陷。

② 喷涂干缩后产生的缺陷必须打磨后补土重喷。

③ 旧漆面的划痕建议打蜡抛光去除。

（5）龟裂

龟裂是油漆的延展性不能适应工件本身的热膨胀而产生的。有时也可能是因喷漆件碰撞时油漆的柔软性不够而产生局部龟裂。预防及补救方法如下：

① 加热干燥不要设定太高的加热温度。

② 在面漆中加一定比例的柔软剂。

③ 局部龟裂可使用脱漆水脱漆后，再用清洁液彻底清洗后重喷。

（6）剥落

SLA模型上的油漆附着力不良，主要原因是施工前未能有效地清除模型上的杂质，或是使用不适当的塑料底漆，也可能是SLA模型表面喷涂前受到污染。补救方法是以强力胶水尽量粘除漆膜，再打磨并用清洁液彻底清洗后重喷。

3. 海豚模型喷涂

（1）喷笔喷涂上色特点

优点：无上色痕迹，上色均匀统一。适应与各种颜色和类型的涂料。喷涂面积从小到大，范围广泛，特别是人面积的上色尤为突出。涂料易干（不包含较厚喷涂），多层上色时，下层的颜色不易溶透出来。

缺点：与手涂、喷罐相比，配一套喷笔、气泵的价格比较昂贵。

（2）喷笔的结构及工作原理

喷笔的结构如图2-100所示。常用的有按钮式单动和按钮式双动类型。

工作原理：按下阀门按钮并压下气阀，使高压空气喷出，并导向喷笔喷口处，然后将喷针后拉，使喷嘴与喷针之间出现间隙，涂料在通过间隙时被高压喷出的空气吹成气雾状，最后覆盖在部件表面，如图2-101所示。

喷嘴的孔径是很重要的参数，喷针就是从这个孔里伸长或缩短。选择喷笔时需要注意。孔径通常有0.2～0.5mm不同的大小，但即使是这么0.1mm的差别，喷涂的效果也是完全不同的，特别在喷涂细部时，会非常的明显。通常孔径小的出料少，喷涂面积小。孔径大的出料多，喷涂面积大。就模型制作而言，以0.3mm孔径的喷嘴为标准，0.2mm孔径的喷嘴适合小面积、拉线、雾化、阴影喷涂，但要小心极细的笔头，防止折断。0.4～0.5mm孔径的喷嘴适合喷涂大面积，颗粒较粗的涂料（如水补土），并且较适合初学者使用，如图2-102所示。

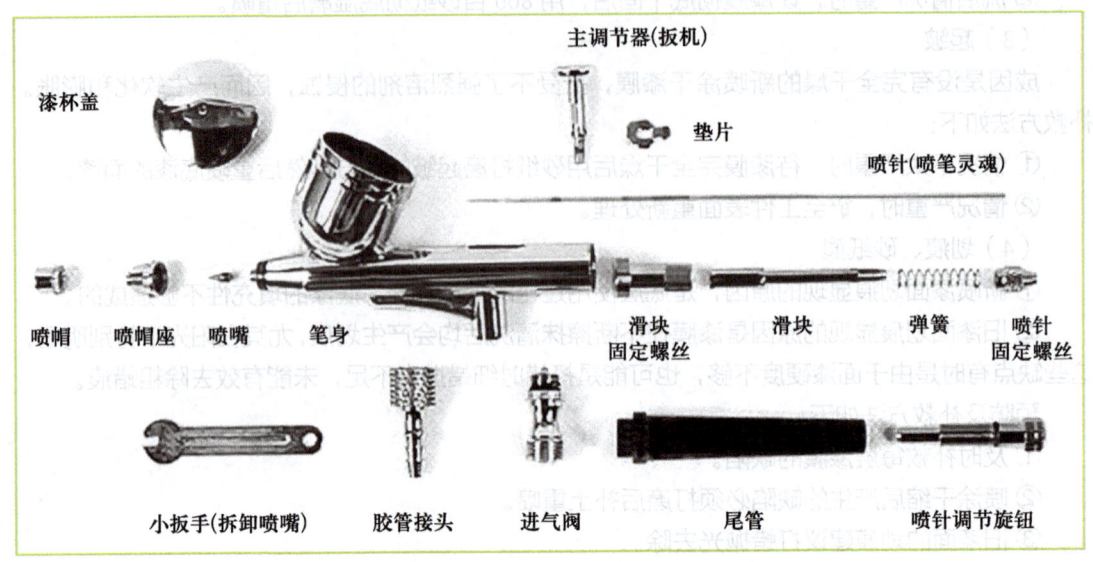

图2-100 喷笔结构

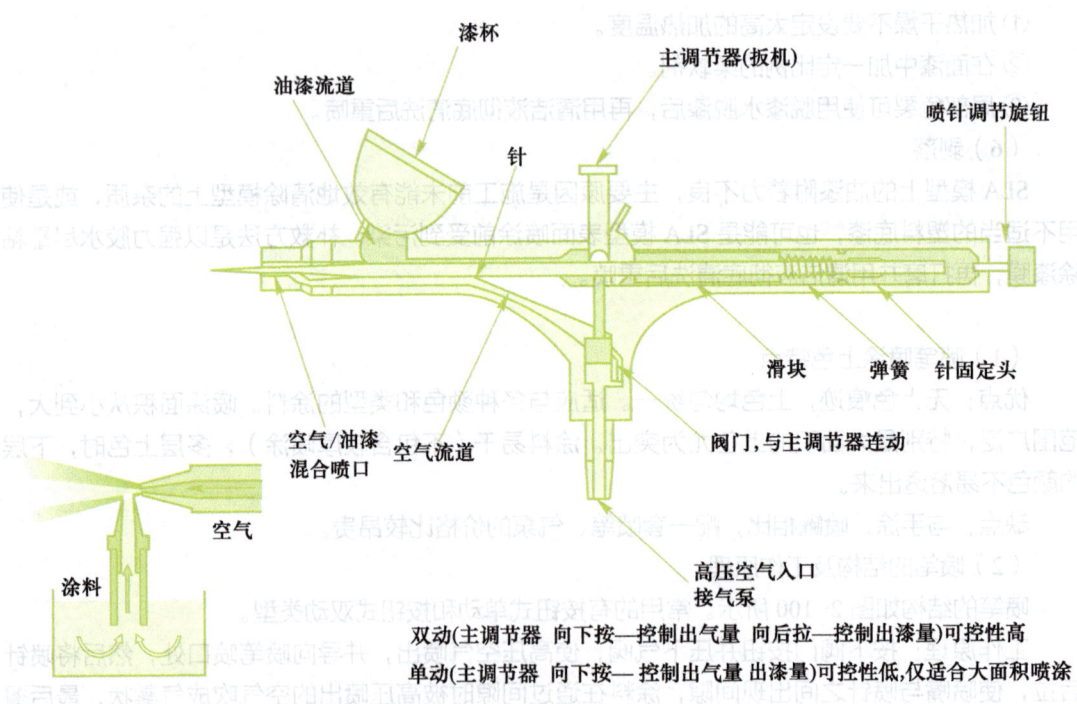

图2-101 喷笔工作原理

图 2-102 喷嘴的孔径

（3）握笔姿势

为了便于喷涂操作及适应喷涂的需要可采取多种握笔方法，如图 2-103 所示。

食指按键操作：按钮式双动喷笔的标准握笔法。通过灵巧的食指，控制出气量和出料量。

拇指按键操作：涂装大面积色块时，长时间食指按键，会非常疲劳，用拇指按键相对就轻松很多了，但对于喷涂比较精细的位置，就显得不很顺手了。这种操作同时适合单动和双动喷笔。

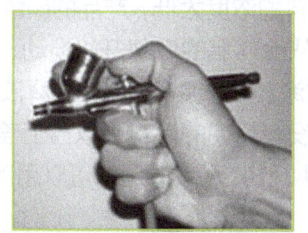
a) 食指按键操作

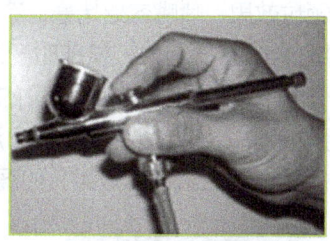
b) 拇指按键操作

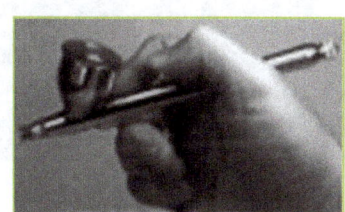
c) 拇指食指配合操作

d) 扳机式喷笔操作

图 2-103 握笔方法

拇指食指配合操作：适合按钮式双动喷笔的操作方式，拇指控制出气，食指控制出料，虽然开始有一定难度，但熟练操作后可以实现各种难度较高的作业。

扳机式喷笔操作：这是一种轻松的操作方式，当然只适合扳机式喷笔，通常中指控制扳机，拇指食指控制方向。

（4）喷涂步骤

步骤 1：喷涂前的调整

在进行喷笔涂装前，需要做到以下 3 个方面的调整：涂料的浓度、喷针开度、气压大小。它们的三角形关系如图 2-104 所示，从图中可以看出，涂料的浓度越高，需要的气压就越高，同时，喷针的开度也越大。当然在实际操作中，还需要结合喷笔与部件间的喷涂距离，喷笔移动速度等相关要素，如图 2-105 所示。

任务三　海豚模型的后处理

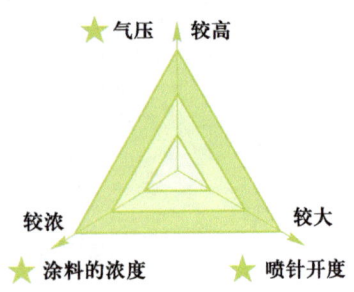

图 2-104
涂料的浓度、喷针开度、气压大小关系

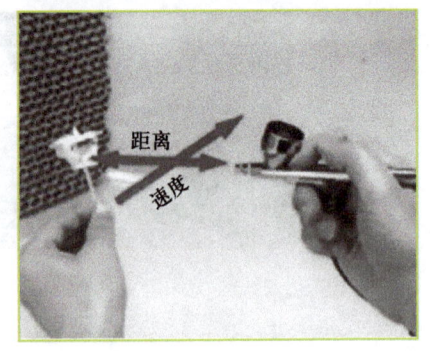

图 2-105
喷涂距离、喷笔移动速度

步骤 2：涂料的准备

在进行喷涂前，需要对将要使用的涂料进行稀释，不同浓度的涂料产生的效果都是完全不同的，能否熟练的调整自己需要的涂料浓度，是喷涂好的一个重要环节。涂料的浓度太高，产品的颜色重、涂装面有颗粒效果、喷嘴容易堵塞。涂料的浓度太低，产品的颜色偏淡、涂料易流动。在稀释之前，首先要把涂料搅拌均匀，搅拌时要从涂料瓶的底部开始搅动，这点对于笔涂或喷涂都是一样的。选择一个干净的容器放入一定量的涂料，并加入适当的稀释液，如图 2-106 所示。通常容器可以是透明塑料盒、用完的涂料瓶等，没有用完的涂料可以盖上盖子密封保存，在保质期内仍可使用。然后找一些白纸试喷效果，如图 2-107 所示，同时可以用滴管进行颜色微调。

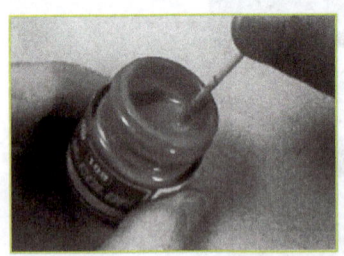

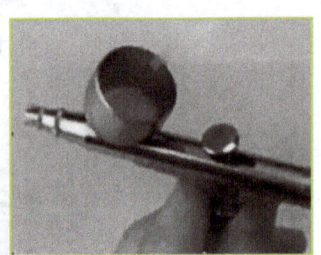

图 2-106
涂料的搅拌和稀释

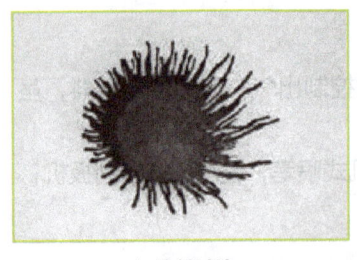
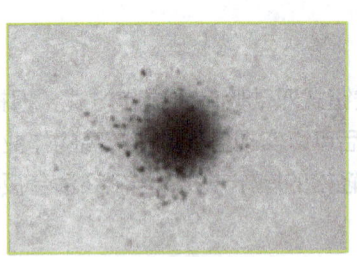
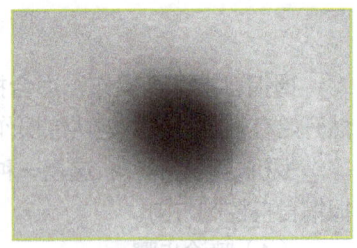

a）涂料过淡　　　　　　　　　b）涂料过浓　　　　　　　　　c）涂料浓度适合

图 2-107
试喷效果

步骤 3：喷笔的调节

喷针开度是指喷针与喷嘴之间间隙的大小，涂料喷出的量会随这个间隙的大小而变化。喷笔的调节主要是喷针开度的调整，如果要喷小面积工件，喷针的开度要小，调节时喷针的后退量就要小，涂料喷出量少，顺滑。喷大面积工件，喷针的后退量就要大，喷涂时不易堆积颗粒。当然，同时也要考虑喷涂时与部件的距离。喷小面积工件时，喷嘴与部件之间的距离就要近，反之，喷大面积时喷嘴与部件之间的距离就要远。

图 2-108 a 所示为去掉喷嘴帽和喷针帽的喷头，可以看到从小喷嘴中伸出的喷针，喷针回缩和喷嘴间的空隙决定了喷出涂料的大小及喷出的涂料范围。双动喷笔的按钮能够后拉控制喷针移动，所以喷针的后退量是不固定的。双动喷笔如果需要控制后退量，可以旋转尾部的喷针拉锁螺钉，如图 2-108 b 所示。将喷针固定到一个位置，无论按钮如何后拉，都不会超过这个螺钉控制的范围。

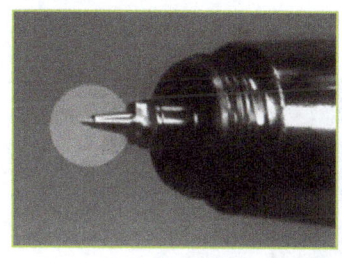
a）喷头

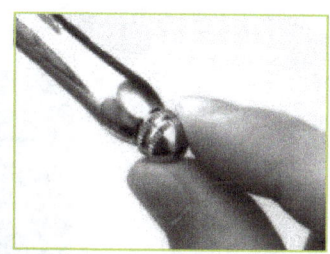
b）喷针拉锁螺钉

图 2-108 开度调节

图 2-109 所示为浓度、气压相同的情况下不同喷针开度的比较试验。

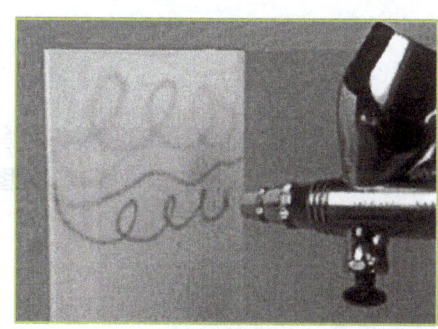
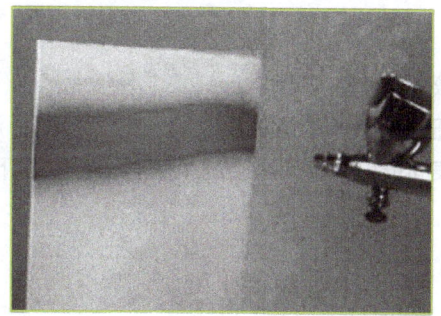

图 2-109 不同喷针开度喷涂效果

步骤 4：喷针帽的选择

常用的喷针帽有三种分别为普通型、扩散型、花瓣型，如图 2-110 所示。

普通型：喷针帽逐渐收缩，让涂料向中心位置聚集喷射。

扩散型：喷针帽向外发散，让涂喷范围扩大，适合大面积薄喷。

花瓣型：喷针帽前端如花瓣状，功能与扩散型一样，但在近距离喷涂时，可以让反弹的空气从四周散开。

同样的条件下，用不同的喷针帽喷出的效果不同，如图 2-111 所示。采用普通型和花瓣型的喷针帽强吹比较，普通型（左）的是聚集效果，花瓣型（右）的是扩散效果，可以清楚看出，不同的喷针帽产生的喷涂效果是完全不一样的。

图 2-110 常用喷针帽类型

图 2-111 不同喷针帽喷涂效果

步骤 5：气压的调节

气压低，喷出的涂料少，喷出的气雾弱，涂装面易干。气压高，喷出的涂料多，涂料容易在涂装表面堆积。喷笔是通过手指对按钮的压下或抬起来对气压的大小的进行调节，如图 2-112 所示。

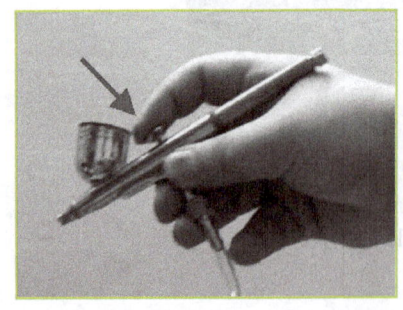 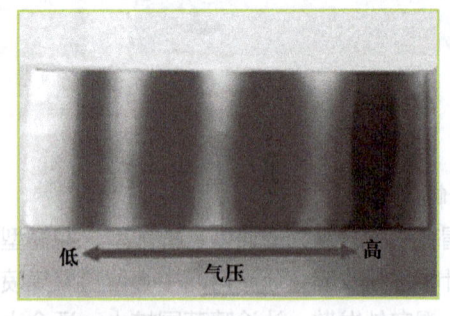

图 2-112 气压调节

图 2-113 不同气压喷涂效果

图 2-113 所示，在保持同样的涂料浓度、喷针开度、喷枪和部件的距离，采用不同的气压进行的比较实验，可以看出气压越小，喷出的面积越小，颗粒也越小。压力越高，喷出的范围越大，喷出的涂料也越多。通常情况下，在 10～20cm 之间的模型涂装，0.05～0.1MPa 的气压比较合适。

步骤6：控制喷笔与涂装面的距离

　　喷笔与涂装面的距离关系就是喷涂范围与涂装面之间的关系。离的近，喷涂的面积小，涂料容易堆积，气雾的颗粒小，喷涂范围就小。同样，要喷的面积大，喷笔就要与涂装面离得远，且颜色淡，气雾的颗粒大，涂料易干，如图2-114所示。

　　距离与喷涂面积的关系是，喷笔的气雾状涂料成扇形喷出，距离越远，面积越大，颜色也越淡。在实际作业时，近吹可以在几厘米甚至1cm以下。大范围涂装可以保持10cm左右，但对喷罐来说，这个距离已经太近了。如图2-115所示为在喷笔与涂装面不同距离的喷涂效果举例。可以看到距离越远，涂料的分布越是稀疏，气雾的颗粒越是明显，所以在大面积喷涂时，除了要保持一定的距离，还要适当的提高喷笔的气压。

步骤7：控制喷笔的移动速度

　　喷笔的移动速度决定了涂装面的涂料覆盖量，这其实是个很简单的道理；移动的快，上的涂料层就薄，移动慢，上得涂料层就厚。同样，涂料层薄，颜色也就淡，反之也是这样。喷涂作业时，喷笔和部件距离较近，也不会喷上大面积的色块，所以，会采用快速移动的喷涂方法。光泽的涂装中，由于需要涂料在涂装面分布均匀，色泽饱和，所以需要较慢速的移动喷涂上色。

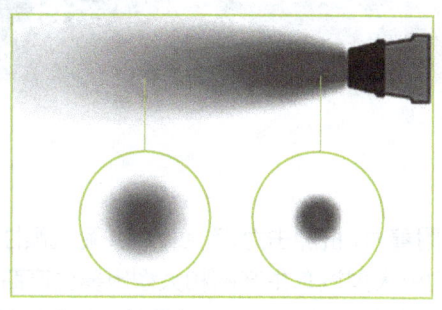

图2-114
不同距离喷涂点的效果

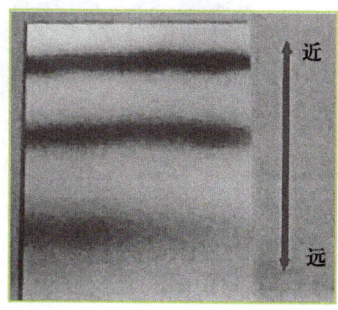

图2-115
喷笔与涂装面不同距离喷涂线效果

　　在喷涂过程中要保持合适的速度和距离，就需要一只手拿或者固定工件，由于海豚模型可以摆放好，不易倾倒，所以只需一只手握喷笔，如果模型不能摆正，如何固定或握住部件是非常关键的。同时要注意在涂料没有干透前，不要让灰尘黏附、破坏涂层。喷笔调节合适后就可以喷涂，喷涂时，经试喷和调节好喷笔后，手压扳机沿着模型表面移动，控制好与模型的距离，来回喷涂，直到海豚表面都覆盖了涂料，如图2-116所示。

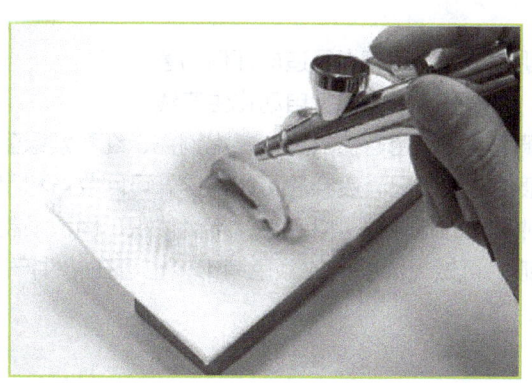

图2-116
海豚喷涂

4. 透明件的处理工艺流程

透明的聚氨酯（PU）材料拼接的原型要求内外两面都要极其光滑。所以其工艺流程比标准工艺流程还要复杂。其基本工序和标准工艺流程相同，所不同的是在打磨后要进行补原子灰。补原子灰的工艺如下：

使用细粒原子灰或者原子喷灰填补不光滑及微凹的 SLA 模型表面。但是使用后要用 400 目或 800 目砂纸打磨。白色填眼灰用来填补细砂纸纹、针眼、轻微划痕等，打磨、清洁、除油、除尘后待用。然后再进行喷塑料底漆、喷面漆、打蜡抛光等工序。

5. 知识拓展：纳米喷镀

纳米喷镀是目前世界上最前沿的高科技喷涂技术，它是采用专用设备和先进的材料，应用化学原理通过直接喷涂的方式使被涂物体表面呈现金、银、铬及各种彩色（红、黄、紫、绿、蓝）等各种镜面高光效果，如图 2-117 所示。

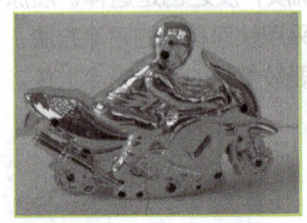 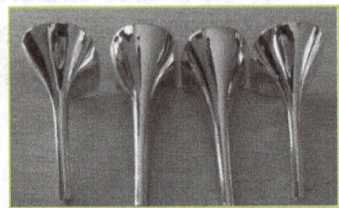 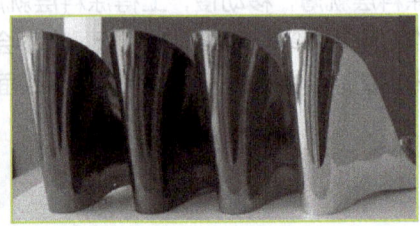

图 2-117
纳米喷镀工件图

该技术喷涂的制品，具有优异的附着力、抗冲击力、耐腐蚀性、耐气候性、耐磨性和耐擦伤性，具有良好的防锈性能，一般用于国内外大型汽车生产商和大型电器生产商等精密产品的表面处理，亦可作为其他行业的表面装饰和保护等喷涂，具有工艺简单、绿色环保、用途广泛等优点，是一种高新的表面处理技术。

纳米喷镀就是利用喷枪将银氨溶液喷涂在工件表面的一个过程。喷枪喷涂出来全部是银色的，然后在涂表面保护溶剂时加适当的色精而形成不同的色彩。

纳米喷镀有一定的局限性，最好是应用在精饰方面，不宜用于高压摩擦的工件上。纳米喷镀也属于化学镀的范畴。

纳米镜面喷镀的特点：

① 绿色环保——无重金属、无三废排放。

② 投资少成本低。

③ 操作安全。操作期间不会对喷镀人员造成任何伤害。

④ 适合自动化生产。可根据客户需求上自动化生产线。

⑤ 色彩多样。有金黄色、黄铜色、仿古金黄、炮铜色、红黄紫绿蓝等。

⑥ 可回收利用。喷镀的塑胶产品，废弃后可以粉碎，可回收再利用。

⑦ 适用范围广。各种材质的基材都可以喷镀，不受体积、面积限制。

⑧ 可做叉色定位喷镀。可做局部喷镀的颜色装饰，也可在一件产品上喷镀成不同的颜色及效果的图案。

2.3.7 包装运输

1. 包装的定义

GB/T4122.1—2008中包装的定义是:"为在流通过程中保护产品,方便储运,促进销售,按一定技术方法而采用的容器、材料及辅助物等的总体名称。也指为了达到上述目的而采用容器、材料和辅助物的过程中施加一定方法等的操作活动"。该定义包含有两重含义:其一是容器、材料及辅助物,即为包装物;另一是实施盛装、封缄和包扎等的技术活动。

包装的三个基本功能:保护功能、便利功能和信息传递功能。

2. 包装的分类

① 按产品销售范围分。内销商品包装、出口商品包装。内销商品包装和出口商品包装所起的作用基本是相同的,但因国内外物流环境和销售市场不相同,它们之间会存在差别。出口商品包装需满足出口所在国的包装要求,尤其木材、竹片的外包装,受到的出口限制较多。

② 按包装形态分,有个包装、中包装和大包装等。个包装也称内包装或小包装,与产品接触的包装。中包装是为加强对商品的保护或便于计数,对商品进行的组合或套装,比如12瓶一箱的啤酒、10包一条的烟、6听一捆的可乐。大包装也称外包装、运输包装,主要是加强商品在运输中的安全。标明产品的型号、规格、尺寸、颜色、数量、出厂日期。再加上一些标记符号,诸如小心轻放、防火、防潮、堆压极限、有毒等。

③ 按包装制品材料分,有纸包装、塑料包装、金属包装、木质包装、玻璃包装和复合材料包装等。复合材料包装是指以两种或两种以上材料黏合制成的包装,亦称为复合包装。主要有纸与塑料、塑料与铝箔和纸、塑料与铝箔、塑料与木材、塑料与玻璃等材料制成的包装。

④ 按包装使用次数分,有一次性包装、可重复利用包装和配送(周转)包装等。配送包装是将销售包装集合在一起,便于搬运、物流管理及分销的一种包装。

⑤ 按包装容器的软硬程度分,有硬质包装和软包装等。硬质包装是在充填或取出内装物后,容器形状基本不发生变化,该容器一般用金属、木材、玻璃、陶瓷、纸板、硬质塑料等材料制成。软包装是在充填或取出内装物后,容器形状可发生变化的包装,该容器一般用纸、纤维制品、塑料薄膜或复合包装材料制成。

⑥ 按产品种类分,有食品包装、药品包装、机电产品包装、危险品包装等。食品包装需要考虑密闭性,甚至采用真空包装。药品包装有时需要采用无菌包装(产品、包装容器、材料或包装辅助器材灭菌后,在无菌的环境中进行充填和封合)。机电产品包装,危险品包装需按有关法令、标准和规定采用专门设计制作的包装容器和防护技术。

⑦ 按功能分,有运输包装、贮藏包装和销售包装等。运输包装以运输贮存为主要目的,是用于安全运输、保护商品的较大单元的包装形式,又称为外包装或大包装。例如,纸箱、木箱、桶、集合包装、托盘包装等。具有保障产品的安全,方便储运装卸、加速交接、点验等作用。销售包装指一个商品为一个销售单元的包装形式,或若干个单体商品组成一个小的整体包装,亦称为个包装或小包装。销售包装的特点一般是包装件小,对包装的要求是美观、安全、卫生、新颖、易于携带,印刷装潢要求较高。具有保护、美化、宣传产品,促进销售的作用,也起着保护优质名牌商品以防假冒的作用。

⑧ 按包装技术方法分,有防震包装、防潮包装、防虫包装、防水包装、防锈包装、防霉包装、防辐射包装等。

⑨ 按包装结构形式分,有贴体包装、泡罩包装、捆扎包装、盘卷包装、热收缩包装、便携包装、

托盘包装、组合包装等。便携包装是为方便携带装有提手或类似装置的包装。托盘包装是将包装件或产品堆码在托盘上,通过捆扎、裹包或胶粘等方法加以固定,形成一个搬运单元以便于搬运。

3. 商品包装的要求

商品包装应遵循"科学、经济、牢固、美观、适销"的原则,一般有下列要求。

(1)商品包装应适应商品特性

商品包装必须根据商品的不同特性,分别采用相应的材料与技术处理,使包装完全符合商品理化性质的要求。轻工业商品包装不仅要注意保护商品,还需注意外观造型精美、别致,便于展销和使用方便。

(2)商品包装应适应运输条件

商品在流通过程中,要经过运输、装卸、储存等环节,易受到震动、冲击、压力、摩擦、高温、低温等各种外界因素的影响,而遭到破坏和损坏。要保护商品安全,就要求商品包装应具有一定的强度,且要坚实、牢固、耐用。对于不同的运输方式和运输工具,还应有选择地采用相应的包装容器和技术处理。整个包装要适应流通领域中的储存运输条件,满足运输、装卸、搬运、储存的强度要求。

(3)商品包装应标准化、通用化、系列化

商品包装必须推行标准化,即对商品包装的包装容(重)量、包装材料、结构造型、规格尺寸、印刷标志、名词术语、封装方法等加以统一规定,逐步形成系列化和通用化,以便有利于包装容器的生产,提高包装生产效率,简化包装容器的规格,节约原材料,降低成本,易于识别和计量,有利于保证包装质量和商品安全,有利于包装回收利用。

4. 包装的材料

外包装材料一般采用含水量低的木板、型钢、胶合板(GB/T24311—2009)、瓦楞纸板(GB/T6544—2008)等。内包装材料一般采用泡沫塑料、瓦楞纸板、蜂窝纸板、纸浆模塑制品、气垫薄膜、发泡材料、填料等,如图 2-118 所示。

内包装的最主要功能是为内装物提供固定和缓冲。合格的内包装可以保护易碎品,在运输期间避免受冲撞及震动,并能恢复原来形状以提供进一步的缓冲作用。

(1)泡沫塑料

作为传统的缓冲包装材料,发泡塑料具有良好的缓冲性能和吸振性能,有重量轻、保护性能好、适应性广等优点,广泛用于易碎品的包装上。特别是发泡塑料可以根据产品形状预制成所需的缓冲模块,应用起来十分方便。

聚苯乙烯泡沫塑料曾经是最为主要的缓冲包装材料。不过,由于传统的发泡聚苯乙烯的发泡剂含有会破坏大气臭氧层的"氟利昂",加上废弃的泡沫塑料体积大,回收困难等原因,逐渐被发泡聚丙烯(PP)、发泡聚乙烯(PE 俗称"珍珠棉")替代。因发泡 PP 和发泡 PE 不使用"氟利昂",具有很多与发泡聚苯乙烯相似的缓冲性能,它属于软发泡材料,可以通过粘接组成复杂结构,是应用前景很好的一类新型缓冲材料,但其相对发泡聚苯乙烯来讲价格相对较高,因发泡 PE 相比发泡 PP 便宜,发泡缓冲材料多以发泡 PP 为主,加工性能好,可回收且环保。

(2)瓦楞纸板

具有可折叠性,粘贴性,将其折叠为中空形式或多层折叠为不同形状可以有较好的缓冲作用,常用于产品的外包装及有缓冲作用的内包装,具有较好的加工性能,且回收后能反复使用,属于环保型包装材料,适用范围广。

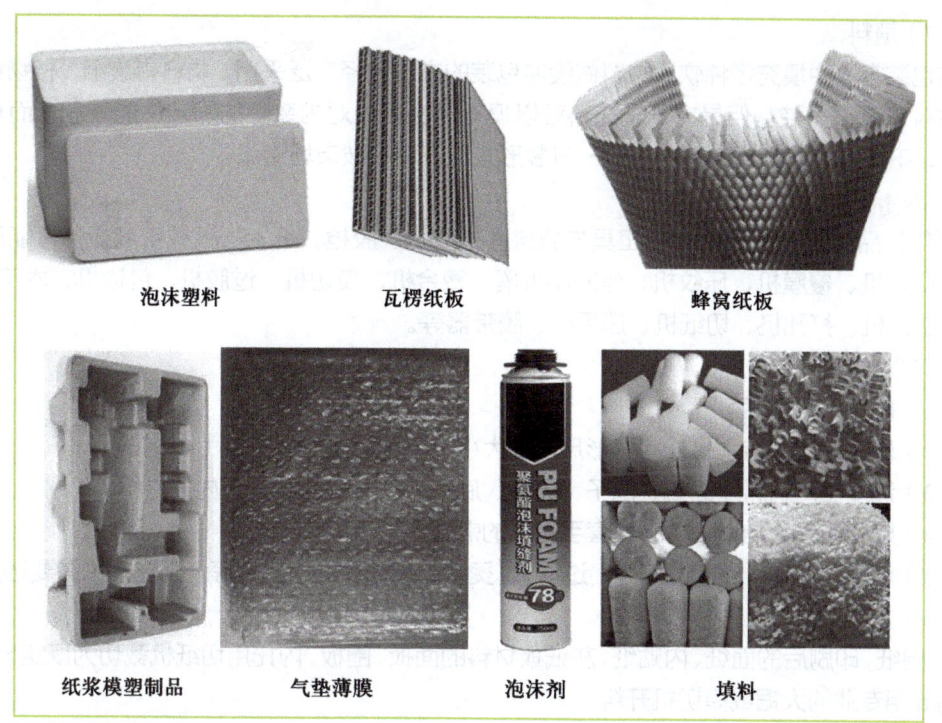

图 2-118
常用的内包装材料

（3）蜂窝纸板

具有承重力大、缓冲性好、不易变形、强度高、符合环保、成本低廉等优点。它可以代替发泡塑料预制成各种形状，适用于大批量使用的易碎品包装上，特别是体积大或较为笨重的易碎品包装。

（4）纸浆模塑制品

也是可部分替代发泡聚苯乙烯的包装材料。它主要以纸张或其他天然植物纤维为原料，经制浆、模塑成型和干燥定型而成，可根据易碎品的产品外型、重量，设计出特定的几何空腔结构来满足产品的不同要求。这种产品的吸附性好、废弃物可降解，且可堆叠存放，大大减少运输存放空间。但其回弹性差，防震性能较弱，不适用于体积大或较重的易碎品包装。

（5）气垫薄膜

气垫薄膜也称气泡薄膜。是在两层塑料薄膜之间采用特殊的方法封入空气，使薄膜之间连续均匀地形成气泡。气泡有圆形、半圆形、钟罩形等形状。气泡薄膜对于轻型物品能提供很好的保护效果，作为软性缓冲材料，气泡薄膜可被剪成各种规格，可以包装几乎任何形状或大小的产品。使用气垫薄膜时，要包多层以确保产品（包括角落与边缘）得到完整的保护。

气垫薄膜的缺点在于易受其周围气温的影响而膨胀和收缩。膨胀将导致外包装箱和被包装物的损坏，收缩则导致包装内容物的移动，从而使包装失稳，最终引起产品的破损。而且其抗戳穿强度较差，不适合于包装带有锐角的易碎品。

（6）泡沫填充剂

现场发泡，主要是利用聚氨酯泡沫塑料制品，在内容物旁边扩张并形成保护模型，特别适用于小批量、不规则物品的包装。

（7）填料

在包装容器中填充各种软质材料做缓冲包装的方法曾经广泛采用。材料有废纸、植物纤维、发泡塑料球等很多种。但是由于填充料难以填充满容器，对内装物的固定性能较差，而且包装废弃后，不便于回收利用，因此，这一包装形式正在逐渐被市场淘汰。

5. 礼品包装盒制作流程

制作礼品包装盒需要准备的工具与原料有：胶水、胶枪、纸、纸板或密度板。可能用到的设备有印刷机、覆膜机、压纹机、丝网印机器、烫金机、模切机、过胶机、包边机、木工锯、V槽机、边槽机、打孔机、切纸机、压平机、胶带器等。

制作步骤如下。

（1）确定设计方案。

（2）确认样品（特别是样品外形尺寸的大小），下单生产。

（3）调度生产材料（面纸、围子、内贴、底纸、纸板或密度板、内托材料等）。

（4）印刷包纸与内贴纸（有配套手提袋的需要印刷手提袋）。

（5）后工艺制作（覆膜、压纹、过UV、烫金、压凸压凹、模切等，工艺根据需要选择）。

（6）盒子开料

① 围纸，印刷后的面纸、内贴纸，灰纸板材料的面板、围板、内托用切纸机裁切为既定尺寸（密度板需要用专业的大锯或模切机开料）。

② 面板加工：V槽机开V型槽，粘铁片。

③ 围板加工：打孔机钻磁铁孔。

④ 内托加工：内托如果为灰板，需要模切灰板后再粘上裁好的绸布，内托如果为泡沫填充剂，需要把裁好的绸布铺在成型的泡沫上。

（7）贴面纸（注意面要刮平，边要包实），贴内贴纸，裱围子（同时需要放磁铁）。

（8）根据需要贴底纸（注意保持盒子干净）。

（9）放内托（上下不对称的内托摆放要区分方向）。

（10）盒子组装（可以根据材料需要选择上胶方式：在围子上刷原胶和用胶枪上胶进行组装，组装时注意保持盒子干净，避免漏胶影响外观）。

纸箱的基本制作流程为：纸板→印刷/开槽→模切/切割→分槽、打角固定（钉箱）→粘箱，如图2-119所示。

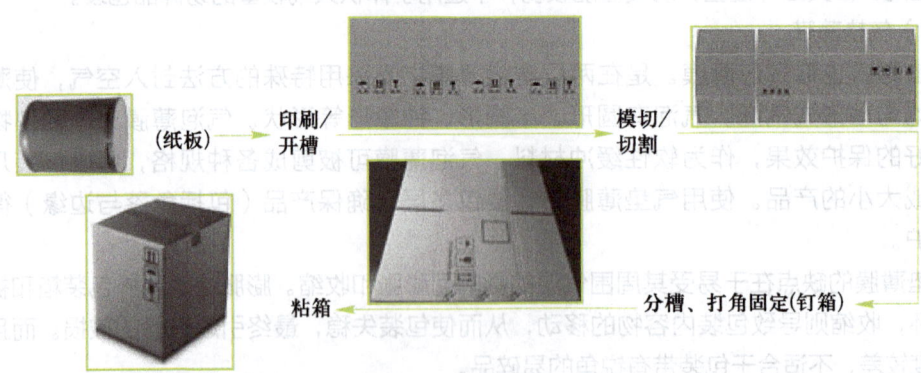

图2-119
纸箱的基本制作流程

制作外包装的材料，通常选用瓦楞纸板，一些较大型的机电产品运输会采用木板、型钢、胶合板等作为外包装材料。一些礼盒会采用金属或木板、胶合板作为外包装。

礼盒的基本制作流程为：下单→开料→切槽→打胶→黏合→打角固定→裁纸→贴面纸→贴底纸→放内托→合盒，如图 2-120 所示。

6. 商品包装操作流程

商品包装操作流程如表 2-2 所示。

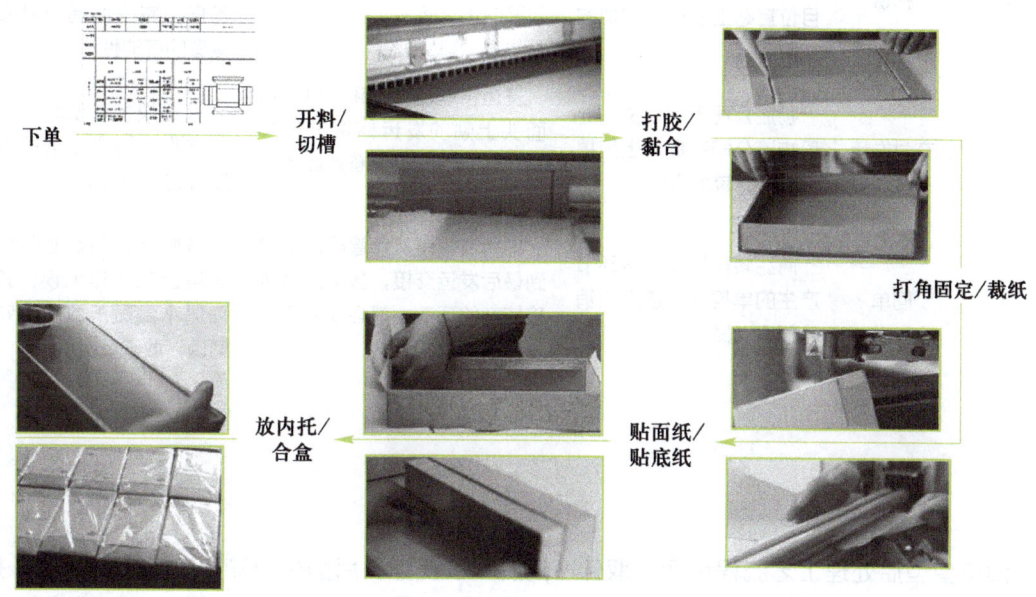

图 2-120
礼盒的基本制作流程

表 2-2　商品包装操作流程

流程序号	流程节点	流程说明	注意事项	目的
1	核单	包装员接到仓管员移交的商品后，立即按销售发货单对商品进行逐一核对	确保发货商品实物与销售发货单的一致性，销售发货单列出而库存商品没有的，必须立即通知销售员，由销售员处理	确保销售发货的商品就是客户所需要的商品
2	验货	包装员对销售发货待包装的商品必须做质量检验	发现待发货的商品存在质量瑕疵或疑似质量瑕疵的，必须立即征求销售员的意见	确保销售发货的商品质量符合销售发货标准
3	贴标	准备发货的商品都必须贴上公司的防伪标签	单件商品上的其他供应商的标识及信息必须清除干净	确保本部销售业绩，不被市场淘汰
4	装箱	整理好待发货的商品逐件装箱，装箱同时再次清点商品数量	重不压轻、大不压小、金不压胶、胶不压塑，最好相同材质的商品集中装箱，每件商品都应采取必要的防护措施	力保商品经长途转运不受商品本身即装箱实物的损害，减少物流疏忽而导致货损
5	封箱	商品装箱后，包装员在销售发货单签字，应折叠整齐放入箱内	一家客户同时发货有两箱以上的，必须在箱头注明销售发货单所在的箱	避免疏忽忘记放单，减少客户寻找单据的时间

续表

流程序号	流程节点	流程说明	注意事项	目的
6	钉箱	根据商品需防护的标准进行选择性钉箱	为有效控制包装成本，对易碎、易变形、易划伤的商品，进行钉箱防护	可以有效保护易碎、易变形、易擦伤商品，减少货损
7	标识	封箱、钉箱后，包装员必须在包装箱外正上面醒目位置贴上发往目的地的标识	发运标识必须确保贴于商品包装的正上面	符合物流行业的常规，以包装标识判断物品的方向，减少商品包装被倾覆的可能性
8	交付发运	物流公司上门提货，一般物流公司都提供上门提货服务，较为方便。	发运管理员根据商品包装箱面头上贴的发运标识进行分发，并向物流代理商索要委托凭证	以最快捷、便利且安全并物流成本最低的物流方式发运商品
9	回单	商品转移转交的各环节产生的单据凭证移交给销售管理人员	销售发货单从仓管员备货起到最后发运交接，各个商品转移转交的环节，都必须请相关人员签字确认	各职能人员都必须确保自己的工作无误，并确保本部员工敢于面对问题，敢于承担责任

小结

海豚模型后处理工艺流程包括：取件→清洗→去支撑→后固化→测量→支撑面处理→拼接→涂覆→喷漆→包装运输等。本任务涉及的知识和技能主要有支撑面处理、产品的拼接、涂覆、喷漆、包装运输等，重点是产品拼接、喷漆、包装，难点是涂覆、喷漆、包装。理论知识的学习要求较高，操作性强。学习时需要理论知识和实践相结合，不断提高操作技能并总结经验。

习题

一、填空题

1. 制件表面有较多缺陷时，对支撑采用铲削处理，一般选用刀_____、_____刀。
2. 连接结构按照不同的连接原理可以分为_____、_____、_____。
3. 连接结构按照结构的功能和部件的活动空间可分为_____、_____。
4. 黏结构可分为_____、_____。
5. 拼接接头的形式主要有：_____、_____、_____、_____、_____、_____。
6. 拼接间隙通常设计为_____。
7. 涂覆主要使用的方法有_____、_____、_____。
8. 涂覆的原料可采用_____、_____、_____等高分子材料。
9. 涂覆设备主要有_____、_____、_____、_____。
10. 常用的喷针帽有_____、_____、_____三种类型。
11. 包装的三个基本功能是_____、_____、_____。

二、简答题

1. 请简述用"5爽大法"进行模型拼接的步骤。
2. 请简述喷涂工艺对被涂覆零件的要求。
3. 选用涂覆原料时考虑哪些因素?
4. 涂覆操作对环境有哪些要求?
5. 请比较浸涂法、手工刷涂、手工喷涂的优缺点。
6. 请分析涂覆常见的问题及解决方法。
7. 请简述喷漆的步骤。
8. 分析喷漆件常见的缺陷及补救方法。
9. 请简述喷笔的工作原理。
10. 请简述喷笔喷涂上色的特点。
11. 请简述喷笔喷涂的步骤。
12. 请简述包装的定义。
13. 请简述商品包装的要求。

三、技能操作题

用光固化成型设备打印一个组合件,制定其后处理工艺流程,并根据现有设备和条件完成后处理操作。

项目三

FDM 成型件后处理

项目知识目标：
1. 了解打印平台结构形式，掌握取件方法。
2. 了解支撑结构的作用，掌握去除支撑的方法。
3. 熟知模型的零件图和装配图，掌握检查模型缺陷的方法。
4. 掌握打磨工具对模型表面质量的影响，以及模型打磨的工艺和方法。
5. 了解化学抛光原理，掌握化学抛光的方法和模型抛光的注意事项。
6. 了解黏结原理，掌握黏结技术和方法。
7. 了解补土的种类，掌握各种补土的作用。
8. 掌握自喷漆和丙烯颜料的使用方法，以及上色后缺陷的补救措施。
9. 了解瓦楞纸箱基本箱型和代号，掌握制作内、外包装的方法。

项目技能目标：
1. 会使用工具正确取下模型。
2. 会使用工具去除模型支撑。
3. 会检测模型尺寸，能对模型进行预组装。
4. 会使用打磨工具对模型进行打磨，并符合打磨要求。
5. 会使用化学溶剂对模型进行抛光。
6. 会使用黏结剂对模型进行黏结。
7. 会使用补土材料对模型进行补土操作。
8. 会使用自喷漆和丙烯颜料对模型进行上色。
9. 会制作模型的内、外包装。

知识导图:

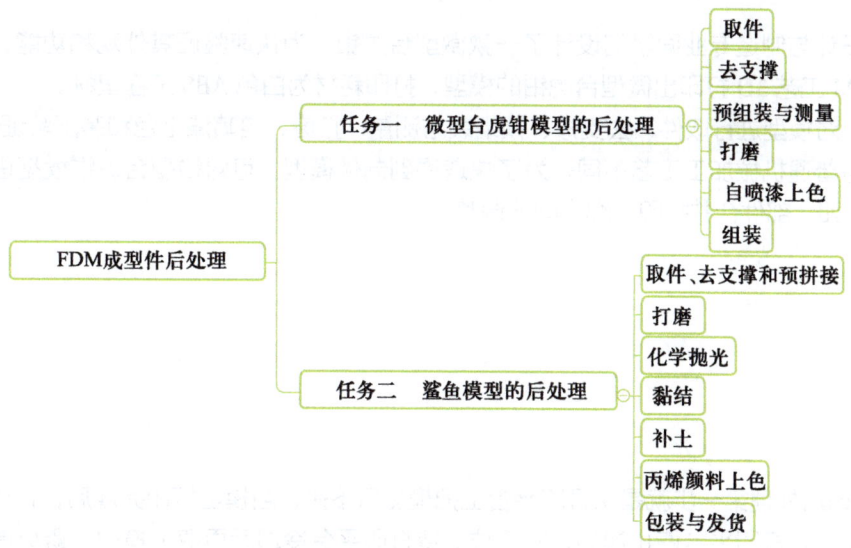

任务一
微型台虎钳模型的后处理

能力目标

1. 根据 FDM 打印设备的打印平台,会使用工具正确取下模型。
2. 对照数字三维模型,能区分出支撑,会选择工具去除模型的支撑。
3. 根据模型的零件图和装配图,能对模型进行预装配,并检查模型打印质量。
4. 会选择和使用打磨工具,根据模型表面技术要求,对模型表面进行打磨处理。
5. 根据模型渲染图,能制定上色步骤,会使用自喷漆对模型进行上色。
6. 在操作中,能遵守安全和规范操作的要求,并处理操作中存在的问题。

知识点

1. 取件、去支撑的工具和方法。
2. 零部件的连接方式和装配要求。
3. 打磨工具的选择和打磨工艺。
4. 自喷漆的分类与使用方法。
5. 自喷漆喷涂常见问题及处理方法。

任务引导

机械设计与制造专业同学们设计了一款微型台虎钳,为快速验证其外观和功能,同学们决定采用 FDM 工艺 3D 打印出微型台虎钳的模型,打印耗材为白色 ABS 工程塑料。

要求:对模型进行取件、去支撑、预组装与测量、打磨、自喷漆上色和装配验证。由于 3D 打印工艺与普通机械加工工艺不同,为了快速得到制件模型,可对微型台虎钳模型进行局部修改和调整,如:部件合并打印、配合间隙调整。

任务实施

3.1.1 取件

3D 打印后处理第一步就是从打印平台上把模型取下来。当模型打印完成后,打印机会发出提示音,喷嘴和打印平台停止加热,并复位。待打印平台冷却后再取下模型,避免造成模型变形或灼伤手部。

1. 取件工具

有时模型与平台黏得太紧,用手难以移除,使用平头铲刀能轻易地取下模型。平头铲刀最好是开刃的,如图 3-1 所示。

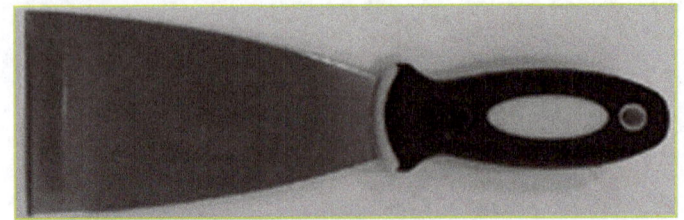
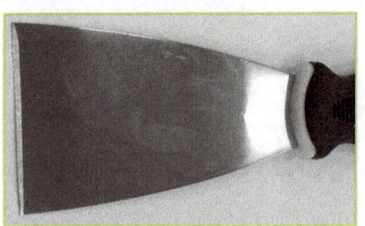

图 3-1
平头铲刀

2. 取件方法

基于 FDM 工艺的打印设备,打印平台有固定式的和活动式的。活动式的是在打印平台上增加可拆卸的活动平板。

(1)固定式平台取件

首先用平头铲刀(刃口朝上)的一个角伸到模型与平台之间,使模型与平台出现分离缝隙,铲刀沿着模型的周围铲入,直到模型与平台完全分离,如图 3-2 所示。

对于黏连比较牢固的模型,可以用手扶着固定打印平台,防止平台晃动太大,影响打印平台精度;对于细节小和多的模型,取件时动作要轻、速度要慢,避免损坏模型。

(2)活动平板取件

在模型打印完成后,把活动平板拆卸下来,然后使用平头铲刀把模型从印制板上铲下来。活动平板取件比固定式平台更方便,如图 3-3 所示。

可拆卸的活动平板的优点是不会因为长期和频繁取件而影响打印平台的精度。

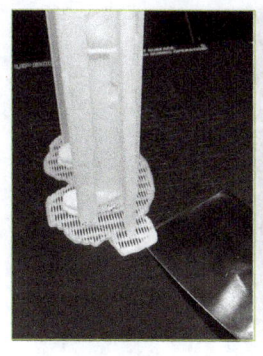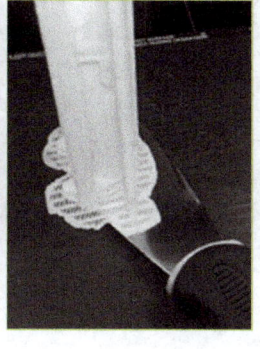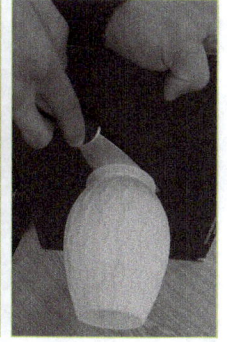

图 3-2
固定平台取件

图 3-3
活动平板取件

3. 取出微型台虎钳部件

微型台虎钳所有部件打印完成，待模型和平台冷却后，使用平台铲刀把各部件取下如图 3-4～图 3-9 所示。

把微型台虎钳各部件模型铲下之后，根据零件图检查打印的部件是否齐全、各部件是否存在打印缺陷。如有部件缺少或存在较严重的打印缺陷，应重新打印。检查完成后，可去除各部件模型的支撑。

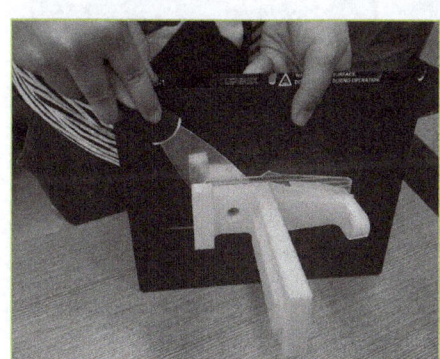

图 3-4
铲下固定钳身

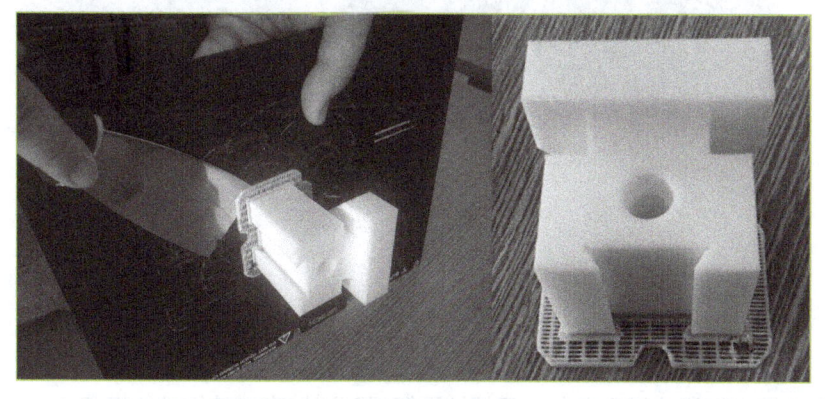

图 3-5
铲下活动钳身

▶ 任务一　　微型台虎钳模型的后处理

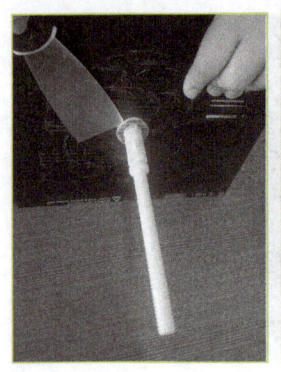  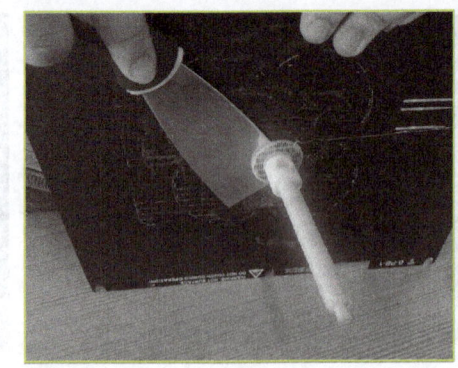 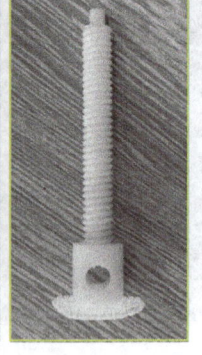

图 3-6　铲下传动螺杆　　　　　　　　　图 3-7　铲下夹持螺杆

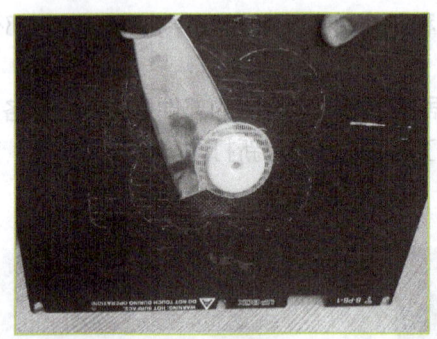 

图 3-8　铲下夹持圆垫

 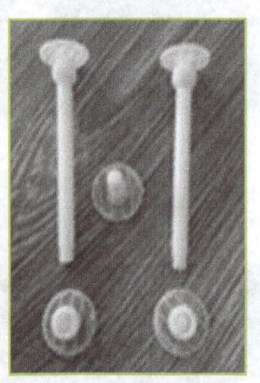

图 3-9　铲下摇杆和定位螺钉

3.1.2　去支撑

基于 FDM 技术打印的模型有些为了保持平衡需要添加支撑结构才能打印成功。模型由两部分组成，一部分是模型本体，另一部分是支撑结构，如图 3-10 所示。

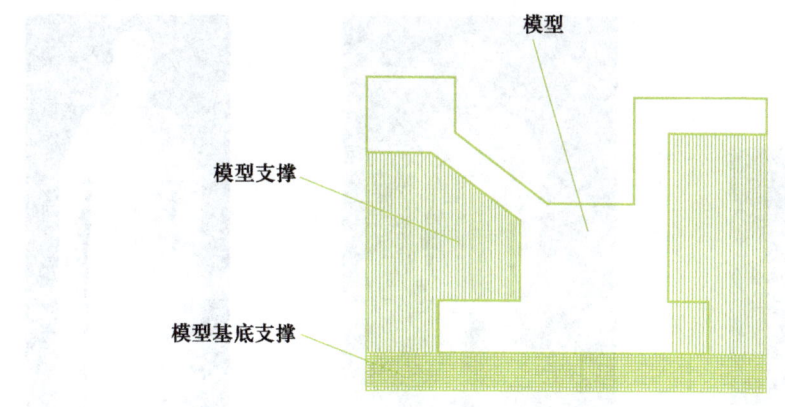

图 3-10 模型与支撑

1. 去除支撑结构的工具

对于支撑结构与模型材料相同的，在去除支撑时，要借助偏口钳、刻刀、平头铲刀等工具，如图 3-11 和图 3-12 所示。偏口钳又称为"斜口钳"，主要用于剪切支撑、剥离基底支撑等。刻刀主要用于去除半封闭的支撑结构。平头铲刀主要用于铲去大平面的基底支撑。

2. 去除支撑的方法

在去除模型支撑结构之前，先对照模型的三维图样，区分出模型和支撑结构，如图 3-13 ~ 图 3-18 所示，要把支撑结构去除，保留模型的完整结构。

通过对照三维模型，可以较容易区分出模型与支撑，然后考虑去除支撑的顺序，对于复杂模型，去除支撑的一般方法是：由外到里、由易到难。

由外到里是指模型的某些支撑被外围的支撑包围或挡住，只有先去掉外围支撑才能去除中间的支撑。如图 3-14 所示马的腹部支撑被前脚支撑挡住，图 3-16 所示人像的胯下支撑被上衣的前后摆支撑挡住，图 3-18 所示小飞龙的腹部支撑被龙头和翅膀支撑挡住。

由易到难是指先把容易去除的支撑去除，然后再去除较难去除的支撑，这样有利于保护模型不被损坏。根据模型的结构位置，添加或生成的支撑有长短、粗细之分，对于粗而短的支撑，由于支撑的变形量小，去除支撑的难度最大，如图 3-18 所示的小飞龙模型中的四脚、腹部和尾巴的支撑。

（1）去除简单支撑

对于简单的支撑结构，可用偏口钳或铲刀，使模型与支撑出现分离缝隙，手工能较容易剥离支撑，如图 3-19 所示手工剥离基底支撑。手工剥离时应戴防护手套，避免手受伤。

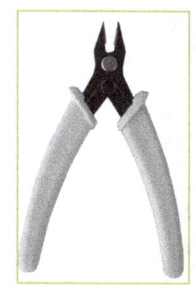

图 3-11 偏口钳

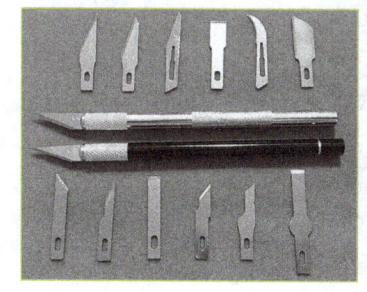

图 3-12 刻刀

图 3-13 马三维模型

图 3-14
3D 打印马的模型

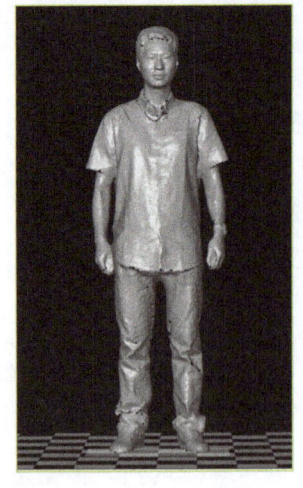
图 3-15
人像三维模型

图 3-16
3D 打印人像的模型

图 3-17
小飞龙三维模型

图 3-18
3D 打印小飞龙模型

图 3-19
手工剥离基底支撑

（2）去除复杂支撑

去除复杂结构的模型支撑时，使用偏口钳或者刻刀，根据由外到里、由易到难去除支撑的顺序。下面以小飞龙模型去支撑为例阐述去除支撑的方法和技巧。

步骤1：先把小飞龙的双翅和龙头的支撑与基底分离

用偏口钳把支撑剪断，使支撑脱离基底，减小支撑刚性，增大支撑剥离空间，如图3-20和图3-21所示。

图 3-20
剪断支撑

图 3-21
支撑剪断后

步骤2：去除双翅和龙头的长条支撑

手动把剩下的长条支撑折断，长条支撑很容易从模型上剥离下来。折断时，要注意模型的细小结构不能损坏，如果模型上有结构刚性较弱的部位，可以先用偏口钳剪出一个开口，然后再折断，去除后的模型如图3-22所示。

图 3-22
手动折断长条支撑

步骤3：去除模型的牢固支撑

长条的支撑去除后，模型上留有一部分支撑，这些支撑与模型黏结牢固，手工很难剥离。这时首先与模型的三维图样对照，使用偏口钳夹持住突出的支撑面，偏口钳的平口面靠近模型，

▶ 任务一　　微型台虎钳模型的后处理

手握住偏口钳往顺时针或逆时针方向旋转一定角度，使支撑与模型剥离下来，如图 3-23 所示。旋转的力度不要太大，旋转方向尽量是钳身远离模型的方向，避免损坏模型结构，去除支撑后的模型如图 3-24 所示。

图 3-23
偏口钳去除支撑

步骤 4：去除模型下半部分支撑

先把基底的支撑剥离，然后再剥离模型支撑。去除基底支撑时，手动和工具剥离相结合。手动或工具剥离出间隙后，沿着间隙往周围方向剥离，如图 3-25 和图 3-26 所示。基底支撑去除后，再去除长条支撑，参考步骤 2 操作，如图 3-27 所示。

图 3-24
去除后的效果图

图 3-25
手工剥离基底支撑

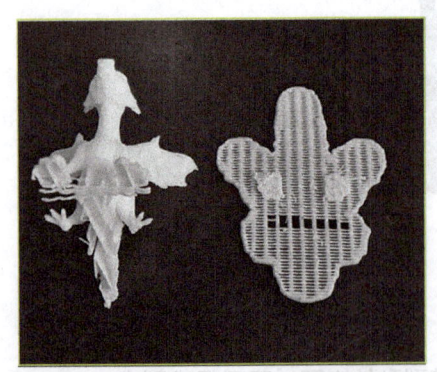
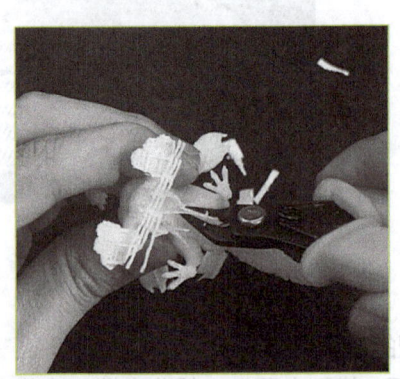

图 3-26
基底与模型分离

图 3-27
去除长条支撑

去除小飞龙的尾部、脚部和腹部的牢固支撑，参考步骤 3 操作。需注意的是对于模型细小结构，受材料硬度高、塑性变形小的影响，剥离支撑时，容易折断模型结构。这时需使用偏口钳剪切支撑与模型的结合部位，控制好力度，小块剥离。去除支撑后的模型如图 3-28 所示。

图 3-28
去除支撑后的模型

步骤 5：把去除支撑后的模型与三维图样进行对比，检查支撑是否完全去除，以及模型是否被损坏。

3. 去除微型台虎钳模型支撑

将采用 FDM 工艺打印的微型台虎钳各部件模型与微型台虎钳各部件三维数据模型对照，区分出模型和支撑结构，使用偏口钳、刻刀或平头铲刀去除支撑结构，保留模型的完整结构。

（1）去除固定钳身的支撑，如图 3-29、图 3-30 所示为固定钳身三维模型及实物。

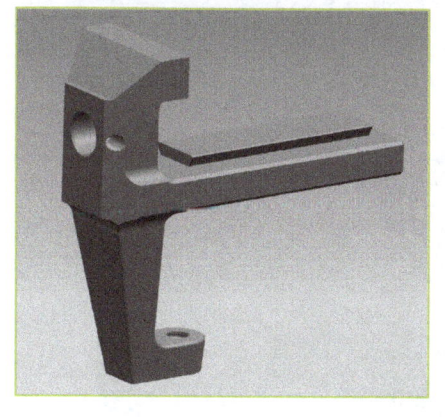
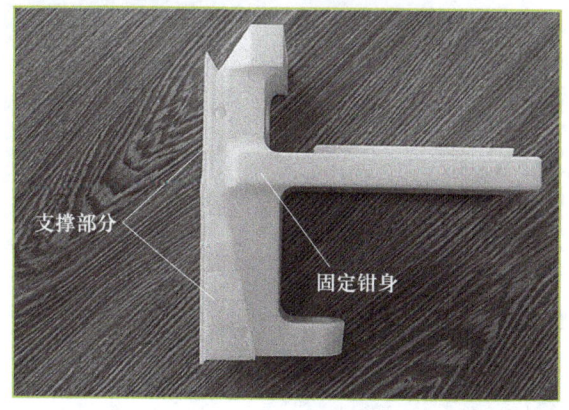

图 3-29
固定钳身三维模型图

图 3-30
固定钳身与支撑

使用偏口钳把支撑部分剪切掉，留下模型表面的一层支撑平面，如图 3-31 所示。然后使用偏口钳剥离出模型与支撑平面的缝隙，再使用平头铲刀把支撑平面从模型上铲除，如图 3-32 和图 3-33 所示。

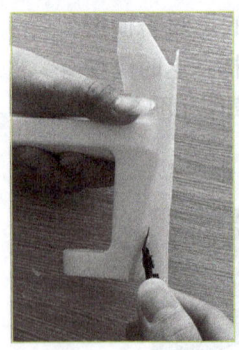 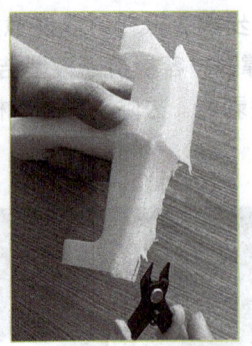 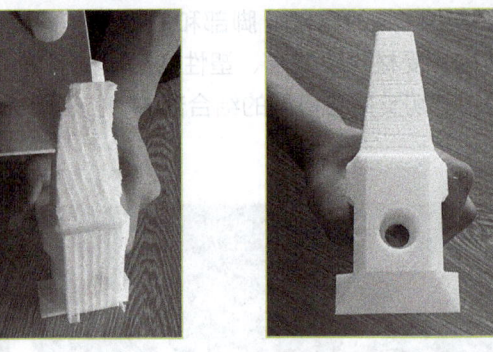

图 3-31　　　　　　　　　　　　　　　图 3-32　　　　　　　　　　　图 3-33
偏口钳剪切支撑　　　　　　　　　　　用平头铲刀去除支撑平面　　　去除支撑后的效果图

（2）去除活动钳身的支撑

使用偏口钳和平头铲刀把活动钳身的基底支撑去除，如图 3-34 ～图 3-37 所示。

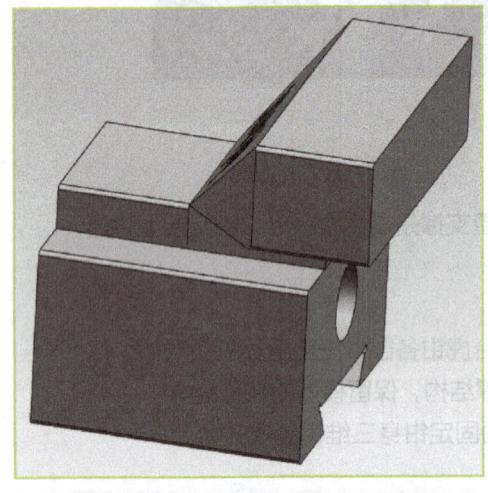 

图 3-34　　　　　　　　　　　　　　　　　图 3-35
活动钳身三维模型　　　　　　　　　　　　活动钳身与支撑

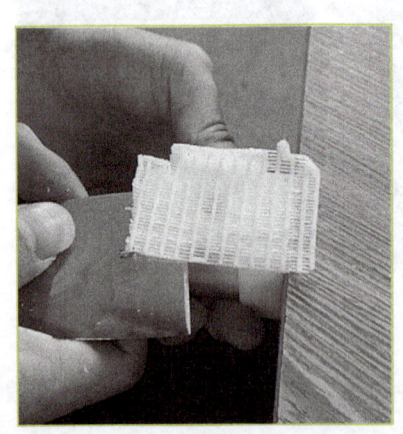 

图 3-36　　　　　　　　　　　　　　　　　图 3-37
用平头铲刀去除基底支撑　　　　　　　　　去除支撑后的效果图

（3）去除传动螺杆的支撑

使用偏口钳刀去除基底支撑，然后用刻刀去除孔部的支撑和螺杆上的拉丝，如图3-38～图3-40所示。

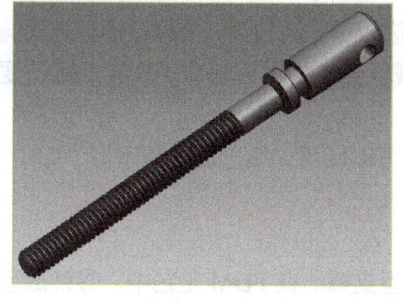

图3-38
传动螺杆三维模型

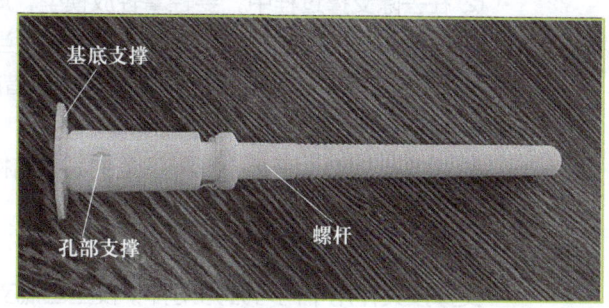

图3-39
传动螺杆的支撑

图3-40
去除支撑后的效果图

（4）去除其他部件的支撑

采用同样的方法，去除夹持螺杆、摇杆、夹持圆垫和定位螺钉的支撑，三维模型如图3-41～图3-43所示，去除后的效果如图3-44所示。

图3-41
夹持螺杆三维模型

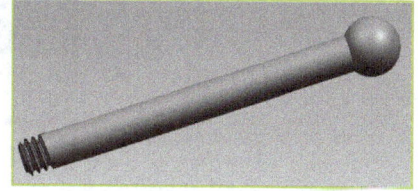

图3-42
摇杆三维模型

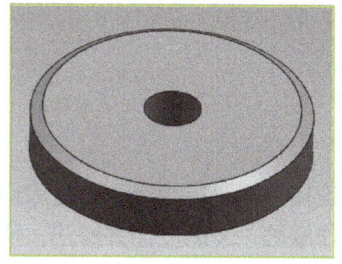

图3-43
夹持圆垫和定位螺钉三维模型

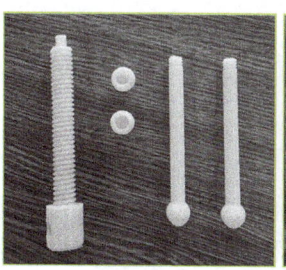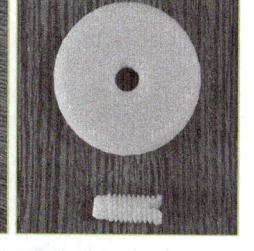

图3-44
去除支撑后的效果图

4. 去支撑注意事项

① 去支撑时，将模型与三维数据模型对照，区分出模型和支撑部分，把支撑去除干净，保留模型的完整结构。

② 在去除支撑过程中，要轻拿轻放模型，避免折断、摔坏。

③ 使用工具去除支撑时，操作的力度要适当，做到边操作、边检查，并保持模型表面清洁。

④ 在使用工具去除支撑时，需做好防护措施，如戴手套和护目镜等；工作完成后，要把工具放到指定位置，避免刀具伤到身体。

⑤ 去除支撑时，不小心把模型上的某些结构折断，可以使用黏结剂黏结起来。

5. 知识拓展：模型支撑小知识

（1）支撑结构作用

支撑按其作用不同可分为两种：模型基底支撑和模型支撑。在 FDM 工艺中，零件成型时，常因材料在工作台堆积发生翘曲，导致模型打印失败，添加基底支撑可以提高打印成功率；某些零件在成型过程中，由于上一层截面比下一层截面大时，上一层截面多出的部分将会出现悬空，致使截面发生变形或坍塌，从而对零件模型的成型精度产生影响，甚至使零件无法成型。这类模型就要添加模型支撑。

（2）支撑结构材料

支撑结构材料分两种情况，一种是支撑结构材料与模型材料是相同的，支撑材料和模型材料的性能是一样的，只是支撑结构的打印密度小于模型密度，一般较容易从模型上去除支撑结构。

另一种是支撑和模型采用不同的材料，支撑采用的是容易去除的特殊材料。目前 3D 打印机比较容易去除的支撑材料有：可溶于水的凝胶状支撑材料、可溶于碱性溶液的支撑材料、可溶于酒精的支撑材料等。采用这些特殊材料作为支撑，只要把它放入到水、碱性溶液或者酒精等特定溶液中就可以自行脱落，但这些支撑材料和 3D 打印设备的价格比较昂贵，如图 3-45 所示。

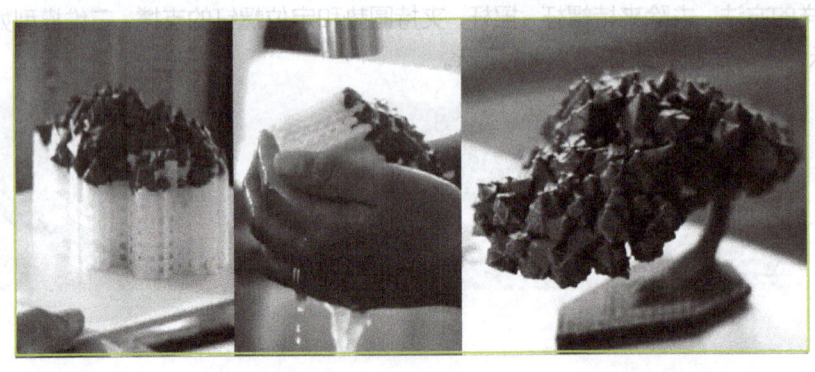

图 3-45
可溶性支撑材料

3.1.3 预组装与测量

根据微型台虎钳的零件图和装配图，把各部件按照指定的连接方式进行组装，可检验模型设计的正确性和制作过程的准确性。预组装可以发现设计和制作缺陷，及时反馈并修正，从而提高工作效率并节约成本。

微型台虎钳的连接方式有燕尾凹凸槽连接、螺纹连接、孔轴连接等，连接配合方式有：间隙配合和过渡配合，装配图如图 3-46 所示。

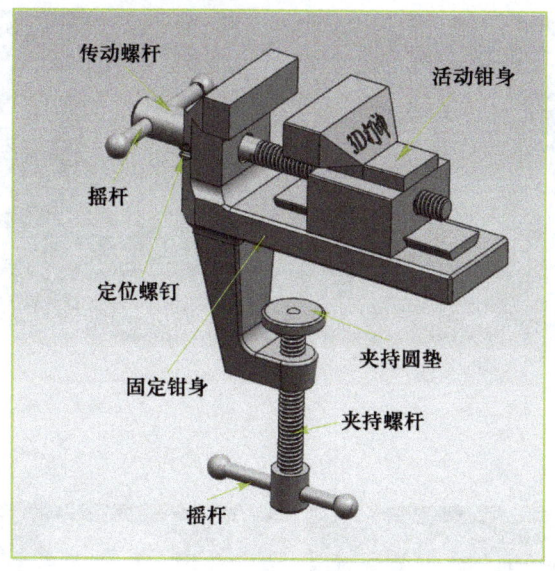

图 3-46
微型台虎钳装配图

1. 燕尾凹凸槽连接

根据图 3-47 所示装配图，把活动钳身的燕尾凹槽推入到固定钳身的燕尾凸槽内，燕尾凹凸槽移动松紧适当，平滑自如，既不阻滞，又无过大的间隙。

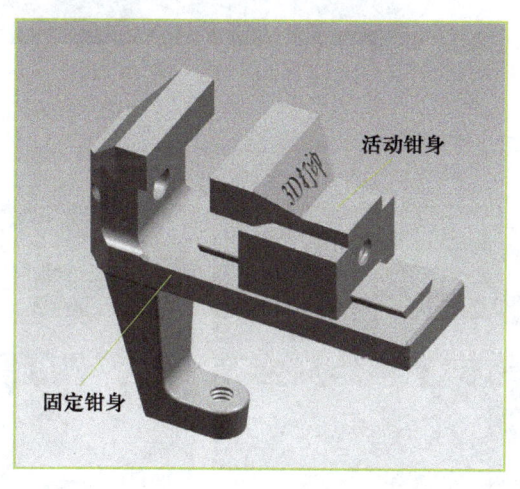

图 3-47
固定钳身与活动钳身装配示意图

活动钳身与固定钳身装配时，发现活动钳身和固定钳身的燕尾凹凸槽配合存在较大误差，如图 3-48 所示。

通过测量得知燕尾凹凸槽设计尺寸不符合装配要求，导致活动钳身的燕尾凹槽不能装配到固定钳身的燕尾凸槽内，如图 3-49 所示。

根据问题反馈给相关人员，从经济角度考虑，修改活动钳身的三维数据模型，确认无误后，打印活动钳身。去除支撑，重新进行装配，达到了设计要求，如图3-50所示。

图3-48
活动钳身与固定钳身装配误差大

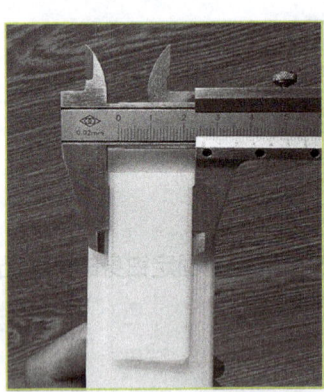 

图3-49
测量燕尾凹凸槽尺寸

图3-50
检查燕尾凹凸槽配合

2. 螺纹连接

根据图3-51所示装配图将螺杆上所有螺纹旋入到螺孔内，螺杆与螺孔配合松紧适当。

将传动螺杆旋入到活动钳身的螺孔内、夹持螺杆旋入到固定钳身的螺孔内，螺纹配合松紧适当，能旋合到位，达到设计要求，如图3-52所示。

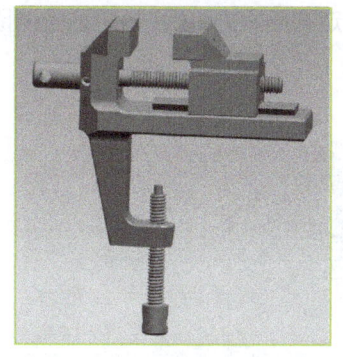

图 3-51
螺纹连接示意图

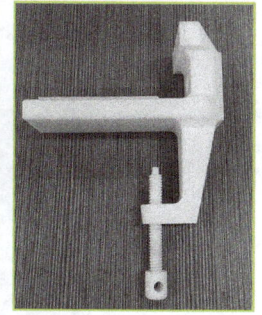

图 3-52
检查螺纹配合

3. 孔轴连接

将定位螺钉放入到传动螺杆的直槽内，转动传动螺杆，检查定位螺钉与传动螺杆直槽的配合间隙，如图 3-53 所示。然后将定位螺钉旋入到固定钳身的定位螺孔内，检查配合间隙和定位螺钉的长短，经检查无误，如图 3-54 所示。

图 3-53
检查定位螺钉与止动槽的配合

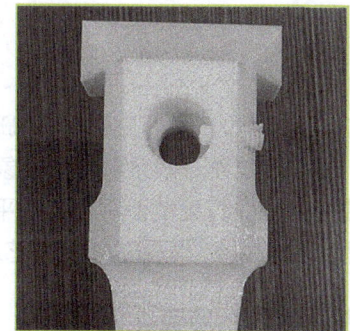

图 3-54
检查定位螺钉配合

将摇杆装入到传动螺杆和夹持螺杆的转动孔内，摇杆能沿轴向自由移动，经检查符合要求，如图 3-55 所示。

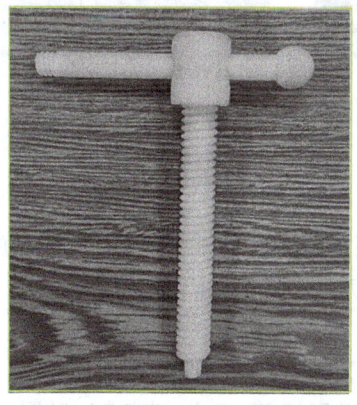

图 3-55
检查摇杆与孔配合

将夹持圆垫上的孔压入到夹持螺杆顶部圆柱上,应有一定的压紧力,后期可用黏结剂黏结,如图 3-56 所示。

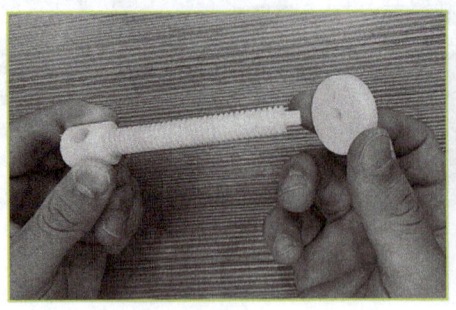 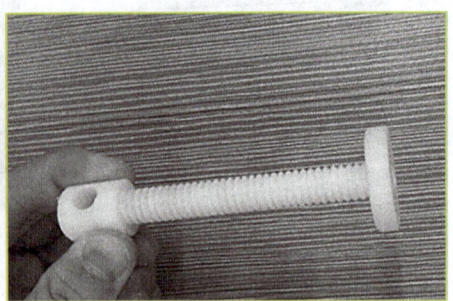

图 3-56
检查夹持圆垫与螺杆配合

通过预组装,发现一处设计错误,修改后所有零部件的配合都符合技术要求。接下来,对各零部件进行打磨处理。

3.1.4 打磨

基于 FDM 工艺打印的模型产品,由于层叠机理、机器设备精度及操作者技术等原因产生在产品上的台阶效应、毛刺、拉丝、残余颗粒、大象脚等缺陷如图 3-57 ~ 图 3-59 所示,这些缺陷破坏模型形状和表面质量。打磨能使零件表面平滑、凸显细节,能修正部分打印缺陷。对模型表面进行打磨处理,是提高模型质量的重要工艺环节,直接影响后期模型上色效果。

  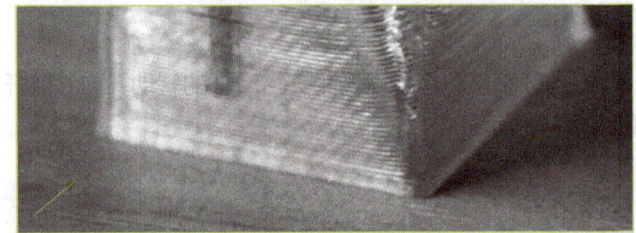

图 3-57
模型上的台阶效应

图 3-58
模型上的拉丝现象

图 3-59
模型上的大象脚现象

1. 打磨工具

打磨处理是利用坚硬、锐利的材料或工具,磨削较软材料的表面,使其表面达到相应的技术指标。打磨工具有:砂纸、锉刀和电动打磨机等。

(1)砂纸

砂纸的型号越大打磨越精细,越小打磨越粗糙。目(或号)是指磨料的粗细及每平方英寸的磨料数量。目数越大,磨料越细、数量越多;反之,磨料粗、数量少。常用的砂纸是 120 ~ 2 000 目,精细打磨 800 ~ 3 000 目,如图 3-60 所示。

（2）锉刀

常用锉刀分普通锉和整形锉（或什锦锉）两类。锉刀按其断面形状分为平锉（又叫扁锉）、方锉、三角锉、半圆锉和圆锉等。平锉用来锉平面、外圆面、凸弧面和倒角；方锉用来锉方孔、长方孔和窄平面；三角锉用来锉内角、三角孔和平面；半圆锉用来锉凹圆弧面和平面；圆锉用来锉圆孔、凹圆弧面和椭圆面。整形锉用于修整工件的细小部位，它由各种断面形状的锉刀组成，如图 3-61 所示。

图 3-60
砂纸

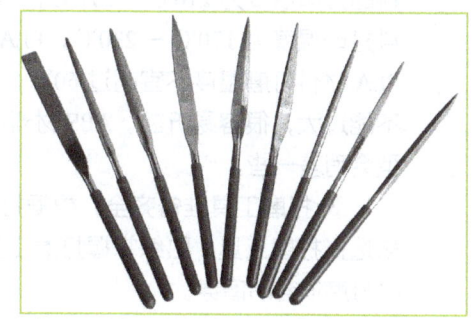

图 3-61
整形锉

（3）电动打磨机

电动打磨机广泛用于产品的磨削加工及表面抛光处理，是气动打磨机的替代品。电动打磨机使用电源做动力，产品的转速高，噪声小，如图 3-62 所示。

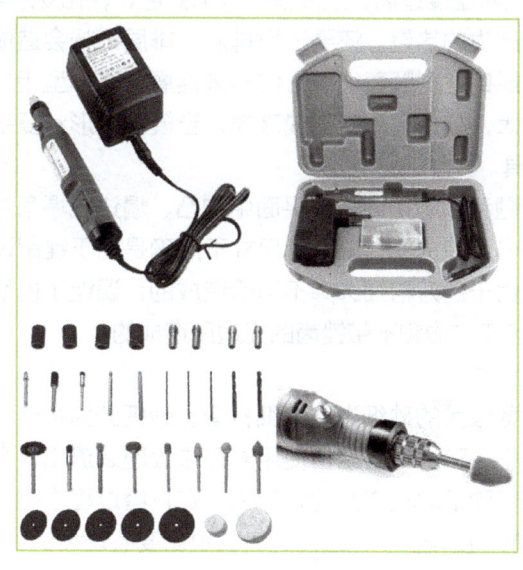

图 3-62
手持式电动打磨机及打磨头

选择不同形状和型号的磨头，可以在相应加工面上进行打磨、抛光、雕刻、钻孔、修磨、去毛刺等作业。因其重量轻、体积小、头部跳动小（可以达到 0.02mm 内），使用者操作起来得心应手，长时间使用感觉不到手的疲劳。电动打磨机的打磨效率与常规工具比较，可以提高 5～10 倍。模型的大平面适合使用电动工具粗打磨，但要注意打磨速度和打磨量，否则容易损伤模型表面。薄壁件不适合使用电动工具打磨。

2. 打磨工艺

（1）准备工作

① 工作环境应具有良好的光照和通风设施，穿戴好个人防护用品，保证工作人员的安全和健康。

② 了解模型材料的性能，如采用FDM工艺的3D打印机常用耗材有ABS和PLA，ABS材料的打印温度为210℃~270℃，ABS的玻璃化温度（材料开始软化的温度）为105℃。PLA材料打印温度为170℃~230℃，PLA的玻璃化温度也是这种材料最大的缺点，仅有60℃左右。PLA材料打磨温度不宜超过60℃，否则会软化，导致变形。此外，PLA材料质硬而脆，变形量不能过大，很容易折断。ABS材料的模型经过打磨很容易得到较好的表面质量，PLA材料的模型会稍差一些。

③ 打磨工具准备齐全，根据打磨模型表面形状、模型材料性能和模型打印的相关技术参数来选择打磨工具，熟练掌握打磨工具的使用方法和安全操作规程。薄壁件使用锉刀或电动打磨机打磨很容易磨穿。

④ 会识读模型的零件图和装配图，了解零件图纸的几何形状尺寸、技术要求，掌握模型的装配形式，针对模型技术要求制定打磨和检测方案。

（2）粗打磨

粗打磨使用锉刀或电动工具可做局部的修整和大平面的磨削，能大大提高工作效率。零件初始磨削的深度不能过大，操作者要控制磨削压力即掌握磨削深度，以免过度磨削划伤零件，造成不可挽救硬伤。要注意压力与温度的变化，不同材料选用不同的磨料和打磨压力。电动工具高速旋转摩擦生热，会引起温度过热，造成模型局部变色、软化变形等损伤，造成模型报废，所以要控制好压力和摩擦产生的热量。还要注意排屑，排屑不畅会造成模型的二次划伤，锉刀齿面塞积切屑后，用牙刷或钢丝刷顺着锉纹方向刷去锉屑。在模型粗打磨中，有时会用到机械夹持模型，夹持力不能过大，防止模型变形或破损。当模型的形状复杂多变时，应该灵活选用不同形状的靠板或打磨工具。

锉刀打磨易产生的问题和预防措施有：平面中的凸、塌边或塌角是由于操作不熟练，锉削力运用不当或锉刀选用不当所造成的；形状、尺寸不准确是由于锉削过程中没有及时检查模型尺寸所致；表面较粗糙是由于锉刀粗细选用不当所造成的；误锉了模型其他表面是由于锉削锉刀打滑，或没有注意带锉齿工作边和不带锉齿的光边所造成的。

（3）精细打磨

模型粗打磨后，用目数较大的砂纸进行精细打磨。砂纸分为水砂纸和干砂纸，水砂纸砂粒间隙小，磨出的碎末也较小，和水一起结合使用时碎末会随之流出，水砂纸磨削速度较慢，但磨出的表面粗糙度值小；干砂纸砂粒之间间隙较大，在打磨过程中碎末会自然掉下来，不需要和水结合使用，干砂纸磨削速度较快，但磨出的表面粗糙度值较大。

用砂纸顺着模型表面打磨，尽量顺着一个方向打磨，避免毫无目的地画圈。水砂纸和水一起打磨时，可用容器装上一定的水，把模型浸湿后使用水砂纸打磨，粉末不会飞扬，而且还可以保持水砂纸的打磨效果。

精细打磨要做到边打磨边观察、边测量，做到按设计标准控制模型的尺寸，细节特征要突出、准确。模型表面粗糙度满足技术要求，粗糙度要一致。

3. 微型台虎钳的打磨

在打磨之前，明确零件的几何形状尺寸和相关技术要求。在打磨过程中，工作人员要做到心中有数，勤测量、勤试配，防止零件几何形状出现过大误差，影响产品质量。

（1）制定打磨工艺

去完支撑后，观察模型表面，确认需要重点打磨的表面和一般打磨的表面。

模型表面的拉丝、表面黏料如图 3-63 所示，可使用刻刀去除，然后用砂纸打磨。

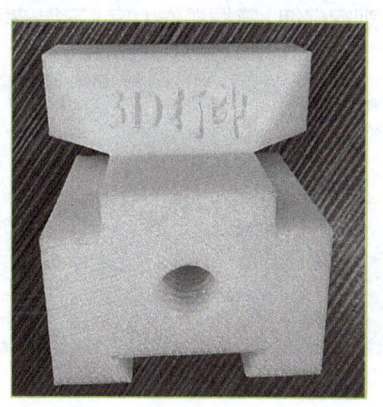

图 3-63
文字部位拉丝现象

模型的边角比较锋利，容易割手，需要倒钝和打磨，也可使用刻刀先刮除锐角，然后用砂纸打磨。

模型的支撑面比非支撑面粗糙，如图 3-64 所示，需要重点打磨，可先选用锉刀打磨，然后使用砂纸打磨。

最后模型的其他表面视光洁程度，选用相应工具进行打磨。测量工具选择游标卡尺。

模型打磨时的装夹方式可选手抓或机用台虎钳，不管是哪种方式装夹，都要保护模型不被损坏。手抓式打磨，在模型与工作台接触受力部位加垫软布类物品，防止模型与工作台碰撞而受损；使用机用台虎钳装夹打磨，除了加垫软物之外，还需特别注意夹持力不宜过大，防止模型变形或夹坏。

（2）打磨

步骤 1：选用刻刀把模型上的锐角边刮钝

刮钝操作时，选用刃口锋利的刻刀，手指压刀的力要适当，刻刀运动方向尽量远离操作者，往一个方向刮削，如图 3-65 所示。

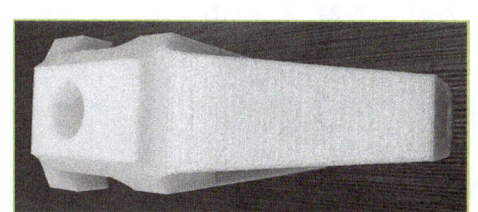

图 3-64
模型支撑面较粗糙

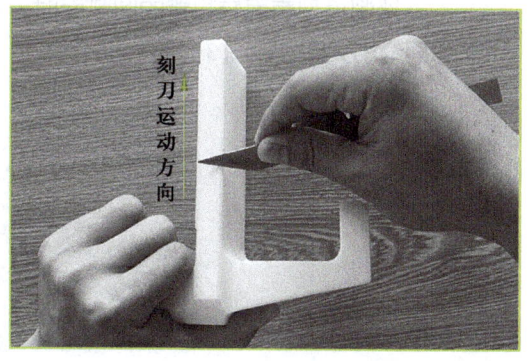

图 3-65
刻刀刮钝操作

圆孔边角的刮钝时，刻刀要顺着圆的弧度运动，特别注意内孔边角倒钝时，刀具伸入内孔部分不能过长，避免刀尖刮伤内表面。

步骤 2：刮除拉丝和下垂料

活动钳身上的文字部位有较明显的拉丝现象，由于文字是凹低效果且笔画较细，可利用刻刀的刀尖部位，把拉丝去除。操作时，观察仔细，掌握操作力度，不得破坏文字的整体性，如图 3-66 所示。

图 3-66
去除拉丝

步骤 3：粗磨模型支撑面

模型的支撑面绝大部分是平面，把支撑面朝上并用台虎钳固定住，选用平面锉刀锉削，注意观察锉削平面，把较明显的凸纹锉削掉，不得过度锉削，如图 3-67 所示。

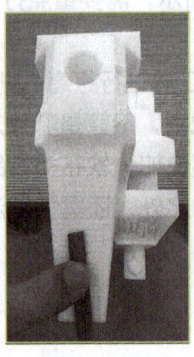 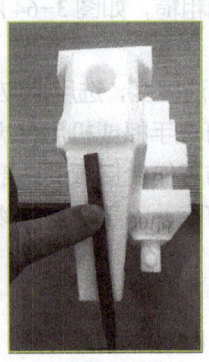

图 3-67
锉削平面

锉削模型表面较粗糙的圆弧面时，可选用半圆锉或圆锉，沿着圆弧面进行锉削，不得把圆弧面磨削失圆，如图 3-68 所示。

 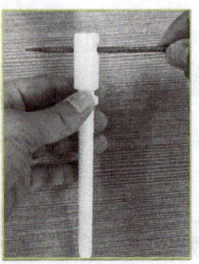

图 3-68
锉削圆弧面

步骤4：精磨模型表面

选用240～1 000目水砂纸进行打磨，先使用较粗的，然后再选用较细的砂纸打磨。打磨时，把砂纸折断成小块，用容器装上一定的水，砂纸和水结合起来打磨，如图3-69所示。

图3-69
水砂纸打磨

打磨时，要左右和上下来回均匀打磨整个表面，保持模型表面粗糙度一致。打磨到一定时间后，可用手指来回触摸表面，感觉表面的光洁程度，如图3-70所示。重要的装配部位需要使用量具检测，如图3-71所示。

 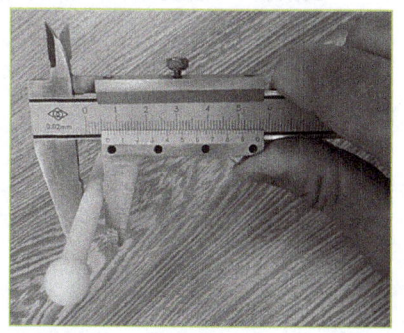

图3-70
手感触打磨表面

图3-71
游标卡尺检测

步骤5：清洗模型，保持模型清洁

在打磨过程中，由于砂粒或其他杂质卡在模型表面，可在水中用牙刷清洗干净。将模型甩干，自然晾干或电吹风机吹干后（温度不能过高），清点模型数量，并收存到指定位置，准备下一步上色操作，如图3-72所示。

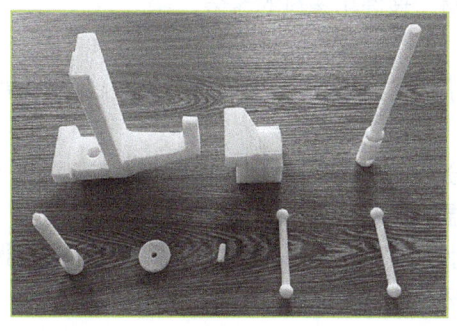

图3-72
模型打磨完后自然晾干

由于采用 FDM 工艺打印的模型，台阶效应较明显，通过打磨很难达到较好的表面质量，通过机械抛光或化学抛光可较容易达到。

4. 打磨注意事项

① 在打磨过程中要轻拿、轻放，避免模型表面的划伤、磕碰、滑落。不管是手持还是工具夹持模型，都要特别注意零件的变形量，并且打磨力度适当，避免损坏模型。

② 在打磨前做好防护措施，要戴好防尘镜、防化口罩，穿戴手套和保护服。

③ 在利用手持式高速打磨机进行工作时，注意保护服本体不能有湿、漏、烂、吊挂线等，做好漏电保护，以免出现意外。

④ 打磨工作人员须具备一定的打磨工艺技术，熟知模型的设计和组装参数。打磨中做到勤测量、勤配合、勤查看，控制废品率，避免浪费材料和影响工作进度。

3.1.5 自喷漆上色

1. 自喷漆

自喷漆，即气雾漆，通常由气雾罐、气雾阀、内容物（油漆）、抛射剂和装入气雾罐内起到搅拌作用的搅拌球组成，是把油漆通过特殊方法处理后高压灌装，方便喷漆的一种油漆，如图 3-73 所示。

图 3-73
自喷漆

自喷漆具有色彩丰富艳丽，装饰效果优良，并具有极好的保护功能等特点，且具有施工操作灵活简便，雾化性良好，干燥迅速，漆膜丰满度高、有光泽等优点，但是对身体有一定的危害性。自喷漆广泛适用于金属、木材、玻璃和塑料的涂装。

（1）分类

按气雾漆中主要成膜物质，自喷漆可分为硝基类气雾漆、醇酸类气雾漆、热塑性丙烯酸气雾漆等几大类。

按成膜效果，自喷漆可分为普通喷漆、金属闪光喷漆、荧光喷漆、超能金属色喷漆、镀铬喷漆、镀金喷漆、锤纹喷漆、耐高温喷漆等。

按状态，自喷漆可分为水性漆和油性漆。水性漆就是以水作为稀释剂的一种涂料，无毒无味，不会危害人体健康，是一种环保漆。

（2）颜色

自喷漆颜色大多数都是根据用户的需求去配置的，市场上的自喷漆颜色非常丰富，有黑白系列、灰色系列、黄色系列、绿色系列、蓝色系列、红色系列、荧光系列、金属闪光和光油系列等，如图 3-74 所示。

2. 自喷漆方法

① 上色前，彻底清除模型表面的油污和尘埃，模型要干燥，表面不得有水渍和汗渍，需戴橡胶手套拿取模型。

② 使用前，需反复摇动罐体，使漆液充分混合均匀。

③ 喷涂前，在试板上小面积喷漆，确定所选颜色的准确性。

④ 喷涂时，应保持漆罐正立且与水平面所成夹角不得小于 45°。

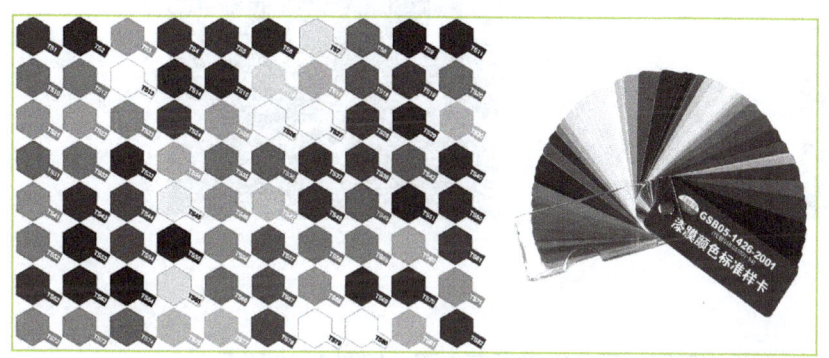

图 3-74
颜色卡

⑤ 距被喷物体表面约 20cm 处，用食指压下喷头，保持速度约为 30～60cm/s 来回匀速喷漆，喷漆速度不能太慢，慢了会使漆喷得太厚，产生留挂现象。

⑥ 采用多次喷涂法，每隔约 5～10min 喷涂较薄的一层漆，直到效果满意为止。

⑦ 喷漆后如果不满意，打磨（用 2 000# 砂纸并使用润滑）后再次喷涂。

⑧ 剩余少量油漆无法喷出时，应将喷嘴旋转 180° 后再喷。

⑨ 如一次未喷完，存放前将漆罐倒置，压下喷头约 3s，清理喷嘴余漆，以防堵塞。

3. 微型台虎钳自喷漆上色

根据如图 3-75 所示微型台虎钳渲染图片，要求：活动钳身和固定钳身使用蓝色，除两钳口、燕尾凹凸配合面、螺纹配合等保持原色，其余部件喷银灰色漆；喷漆厚度能覆盖原色，不得有喷涂缺陷，漆面有光泽。

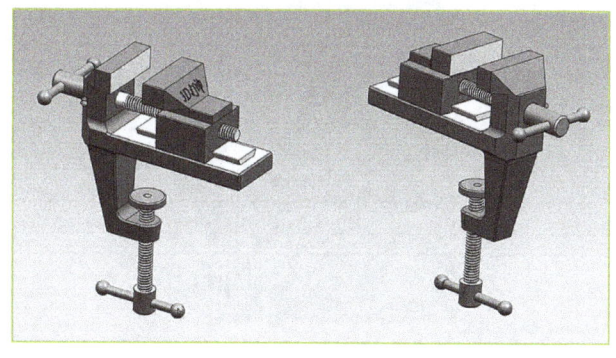

图 3-75
微型台虎钳渲染图

根据要求,制定上色步骤,即喷底漆→喷面漆→砂纸打磨(选择项)→喷光油。

(1)喷涂前准备工作

准备材料、防护品和工具。

材料有:中灰色底漆1瓶、蓝色面漆2瓶、光油1瓶(尽量选择一个品牌的),如图3-76和图3-77所示。

图 3-76
中灰色底漆

图 3-77
蓝色面漆和光油

防护品有:活性炭口罩1只、橡胶手套1双,如图3-78所示。

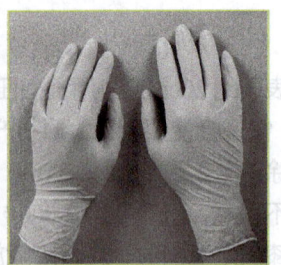

图 3-78
活性炭口罩和橡胶手套

工具有:纸张若干、剪刀1把、胶纸若干、夹子(夹持小部件)、泡沫或硅胶(方便木签插入)以及旋转工作台,如图3-79和图3-80所示。

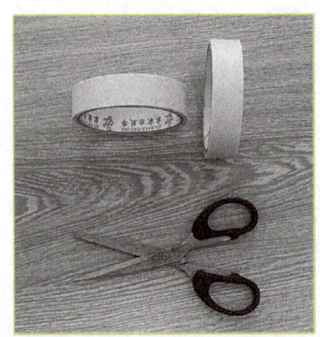

图 3-79
胶纸和剪刀

图 3-80
夹子与木签

使用纸张和胶带把不需要喷涂的部分进行遮挡，如图3-81所示；把小部件用夹子夹持，固定在木签上，方便手拿和放置，如图3-82所示。

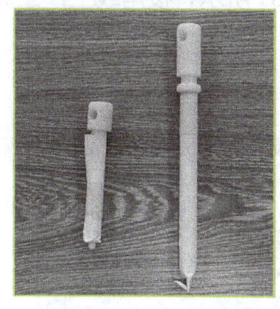 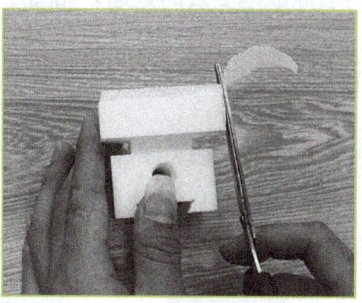 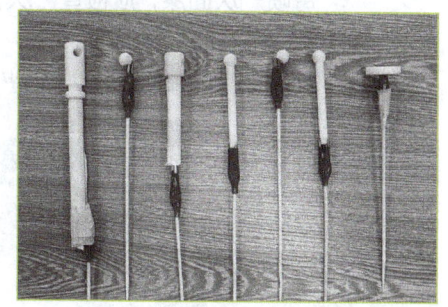

图3-81 用纸张和胶纸进行遮挡

图3-82 夹子和木签固定小部件

（2）喷涂底漆

底漆就是指涂料直接涂在经过预处理的基材表面，是模型上色的第一道漆。底漆有填补模型凹坑使模型平整、统一颜色、提高面漆的附着力和增加面漆的丰满度等作用。准备工作完成后，接下来进行喷涂底漆。

首先充分摇匀罐中的漆液，然后在纸张上进行试喷，检查漆的颜色是否为中灰色，如图3-83所示。

检查无误后，对微型台虎钳各部件模型喷涂中灰色的底漆。小部件喷涂时，手拿着木签或遮挡部位进行，如图3-84所示；喷涂完后，把木签插到泡沫或硅胶上进行晾干，如图3-85所示。

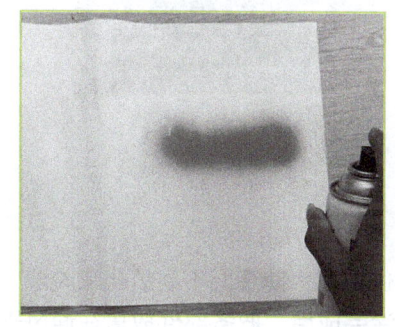 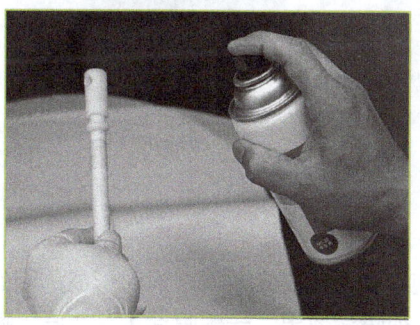 

图3-83 试喷

图3-84 戴上手套进行喷涂

图3-85 小部件放置晾干

喷涂活动钳身和固定钳身，放在旋转工作台上进行，放置前工作台要保证清洁，放置时把不需要喷涂的面作为底面，如果底面也需要喷涂，等漆干了之后翻过来再喷涂，如图3-86所示。

底漆喷涂完晾干后检查效果，如图3-87所示，漆未干前不得用手去触摸漆面，漆干后戴橡胶手套触摸和检查，防止汗渍污染表面。底漆要完全遮盖原色，不得有喷涂缺陷，如果有漆面流挂现象，待漆干后用砂纸进行打磨，再次喷涂底色。视模型效果，底漆一般喷涂1～3次。

（3）喷面漆

面漆是涂层中最外层的涂料，又称末道漆。面漆主要有装饰和保护作用，面漆的喷涂质量直接影响着整个漆膜的质量。面漆与底漆的主要区别：两者发挥的作用不同和喷涂有先后顺序。

底漆干后，喷蓝色面漆，采用薄喷和多次喷涂的方法，一般喷 2～3 层可完全遮盖底色。试喷面漆，检查颜色，如图 3-88 所示。

每喷一次面漆，应检查一次，如有喷涂缺陷要及时处理。如图 3-89 所示，棱角线上产生流挂现象，打磨后需局部喷涂。

固定钳身的漆未干时，模型碰到工作台，模型局部的漆液被黏除，如图 3-90 所示。

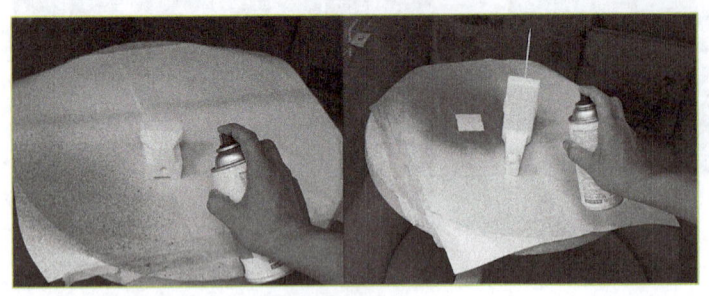
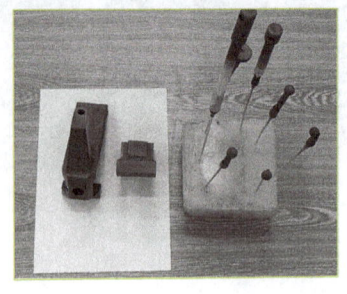

图 3-86　活动钳身和固定钳身的喷涂　　　　　　　图 3-87　检查底色喷涂效果

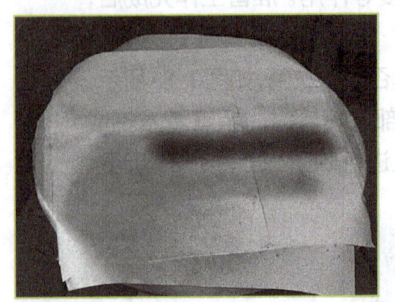

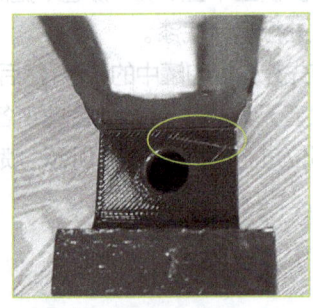

图 3-88　试喷　　　　　　　图 3-89　流挂现象　　　　　　　图 3-90　面漆被粘除

（4）喷光油

喷光油的作用是使漆面形成高光效果，同时形成透明的保护层，使漆面不易氧化和脱漆，延长漆面的使用寿命。视喷涂效果，一般喷涂 1～2 层。喷涂完成后，把各部件放置在通风干燥处晾干。

面漆彻底干后，再喷涂光油。喷涂光油是最后操作，注意喷涂方法和技巧。光油喷涂完后的效果如图 3-91 所示。

4. 知识拓展：自喷漆喷涂常见问题及处理方法

（1）堵嘴

原因：喷漆前漆液未充分摇匀，导致喷涂时罐底沉积颜料堵塞喷嘴；摇晃力过大，导致搅拌子（玻璃珠）破碎堵塞喷嘴；一次喷漆使用过后没有倒置清洗喷嘴，致使喷嘴余漆干固后堵塞喷嘴；存放过程中倒置或侧倒，油漆中的颜料沉淀堵塞阀门的出料孔；超过保质期的产品，其内容物返粗堵塞阀门出料孔。

预防措施：喷漆前充分摇匀漆液；掌握摇动漆液的正确方法，避免摇动漆液时用力过猛；一次喷漆过后使用不完，应倒置漆罐喷漆 3s，清除喷嘴余漆后再存放，确保下次正常使用；储存过程中注意不要倒置或侧倒罐身。

图 3-91
喷涂光油后的效果图

解决方法：摇匀漆液后倒置漆罐喷漆 3s，用气体冲开堵塞的喷嘴；更换新喷头。

（2）喷涂压力下降，喷不完

原因：喷漆时有倒喷现象；喷漆时漆罐过度倾斜，倾角小于 45°；自动喷漆储存时间过长，超过保质期；阀门的引液管的弯曲方向与喷头孔的方向相反。

预防措施：掌握正确的喷漆技术，避免倒喷；喷漆时避免漆罐倾斜角小于 45°；避免使用失效过期的喷漆产品；当喷漆到剩余 20% 左右，喷漆时感觉到出料的浓度不够（喷出物以抛射剂为主）时，将喷头旋转 180° 继续使用。

解决方法：自喷漆尽量一次用完；喷漆压力不足且气温较低时可采用 50℃ 水浴加热喷罐后再喷涂。

（3）漆液稀，喷涂黏度过低，遮盖不足

原因：喷涂前漆液未充分摇动均匀；喷涂时漆罐倾斜角度过小，使喷出物中气体含量高，漆液被稀释；喷涂场地天气寒冷，气温过低；喷涂场地缺乏加热设备，空气流通不好。

预防措施：掌握正确的喷涂技术，避免倒喷、斜喷；避免阴雨、潮湿、寒冷的天气施工。

解决方法：在室温环境下施工或将喷漆完的产品放入 50℃ ~ 60℃ 加温设备中。

（4）流挂（滴流、垂流、流坠）

涂膜上留有漆液向下流淌痕迹的现象叫作流挂。

原因：喷嘴靠被喷面太近；喷嘴移动速度太慢；喷涂环境通风不良；喷涂时各层间闪干时间不足；被涂面受污染。

预防措施：采用正确喷涂距离 (15 ~ 30cm)；保持正常喷嘴移动速度 (30 ~ 60cm/s)；保持环境通风良好；视气温高低设定相应层间闪干时间 (3 ~ 10min)；喷涂前确保被涂面完全清洁。

解决方法：轻微流挂待漆膜彻底干固（室温 16h）后用 1 500 目以上砂纸打磨整平后打蜡抛光即可；严重流挂待其充分干燥后以 800 目以上砂纸打磨平整后重喷。

（5）咬底

在涂装第二道涂料时，新涂上去的涂料把前道已经干燥的涂膜从底材上咬起的现象。

原因：底、面漆不配套，面漆溶剂对底漆有溶解性；底漆层未干透即施喷面漆；面漆一次施喷过厚。

预防措施：在不配套的底、面漆间加喷灰色漆；喷涂时宜薄且喷数遍，每遍间留足闪干时间。

解决方法：待漆膜彻底干固后，铲去咬底部位，填补底灰，干燥整平后加喷中涂层后再喷面漆。

（6）橘皮

经干燥后的涂层表面外观呈现许多半圆状突起，像橘皮一样的波纹，这种现象称为橘皮。

原因：喷涂距离过远或过近；漆液雾化不均；一次喷涂过厚或过薄。

预防措施：掌握正确喷涂技术；充分振动摇匀漆液或适当加温；食指按压喷头时用力均匀，保证出漆量均匀恒定。

解决方法：轻度桔皮可待漆膜彻底干固后用 1 500 目以上砂纸打磨整平后打蜡抛光去除；严重桔皮待漆膜干固后以 800 目以上砂纸打磨后重新喷涂。

（7）灰尘、颗粒

原因：被涂面未清理干净；喷涂环境污染，如地面落尘、空气中尘埃多等；其他污染源如操作者身上、遮盖纸上的灰尘等。

预防措施：彻底清洁被涂面；保证喷涂环境的清洁和空气的洁净；清除任何可能的污染源；封固会起灰尘的表面。

解决方法：轻微颗粒或灰尘以 1 200 目以上砂纸湿磨后打蜡抛光即可；严重灰尘、颗粒打磨整平后重新喷涂。

（8）气泡、漆粒

原因：漆液未混合均匀；手指按压喷头用力不均，喷嘴出漆不畅，造成积漆；漆膜喷涂过厚；被涂物表面受污染。

预防措施：喷涂前用力振荡漆液至混合均匀；匀速喷涂；喷涂前彻底清洁被涂面。

解决方法：轻微气泡、漆粒可待闪干后用干净棉布抹净后继续喷涂；严重气泡、漆粒待漆膜彻底干固后以 800 目砂纸打磨平整后重新喷涂。

（9）粗粒

喷涂后产生突起物，呈颗粒状分布在整体表面上或局部表面上。

原因：喷嘴距离被涂面太远；喷罐移动速度过快。

预防措施：掌握喷涂技术；保证良好的喷涂环境。

解决方法：轻微粗粒待漆膜干固后用 1 200# 以上砂纸湿磨后抛光恢复光泽即可；严重粗粒需用 800# 砂纸磨平后重喷。

（10）剥落

漆的层与层之间附着力不足导致剥落。

原因：底材有油污、水锈或灰尘等污渍；底材表面过分光滑；旧底漆层老化、粉化、脆裂等所致。

预防措施：确保被涂面的完全清洁；喷涂前用砂纸将底材表面磨粗；清除老化涂层后再喷涂面漆。

解决方法：铲去剥落部位及周边附着不牢部分后重新施工。

5. 注意事项

（1）工作场地，加强通风，降低空气中有毒物质的浓度。不要在阴雨、潮湿的天气或严寒的环境下施工。

（2）采取必要的安全保护措施，如：穿戴工作服、防毒手套、口罩和防护目镜等，尽量避免漆料直接接触皮肤，防止有害气体直接进入呼吸系统。

（3）工作场地远离火种、热源，严禁吸烟，并配备相应品种和数量的消防器材。

（4）远离儿童施工和存储，储存于阴凉、通风场所，远离火种和热源，严禁曝晒，刺破或焚烧罐子（即便是空罐）。

（5）不要喷涂在与食品直接接触的物体上。若溅入眼睛应立即用清水冲洗，再就医。

（6）自喷漆的净重及毛重随时间的推移而有所变化，属气雾剂产品的正常现象，损耗率为≤2%/年。

3.1.6 组装

清点微型台虎钳各零部件，把各零部件按照技术要求组装起来。微型台虎钳的组装较简单，除夹持圆垫与夹持螺杆的接合处需要用胶水黏结固定外，其他零部件的组装无需工具。

1. 组装前准备工作

把遮盖胶纸拆除，清点模型零部件的数量，如图3-92所示。

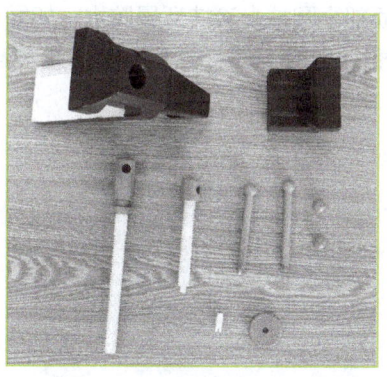

图 3-92
拆除遮挡纸并清点零部件

黏结用的胶水有502胶、AB胶、热熔胶、模型专用胶水等，宜采用低流动性的胶水，高流动性的胶水容易渗到模型表面，使模型表面留下痕迹。本次黏结使用的是模型专用胶水，如图3-93所示。

图 3-93
模型专用胶水

2. 组装

把活动钳身装配到固定钳身上，移动活动钳身无明显阻滞，如图3-94所示。

把传动螺杆和压紧螺杆旋入到指定螺孔中,螺纹配合间隙松紧适当,如图 3-95 所示。

图 3-94
装配钳身

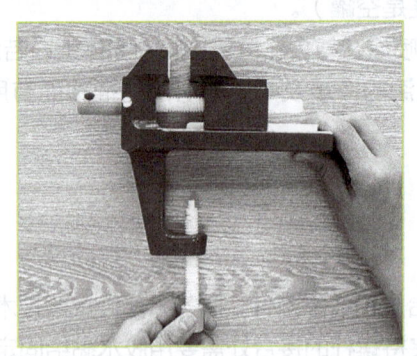

图 3-95
装配螺杆

胶水黏结,在夹持螺杆的顶部小圆柱上涂抹适量胶水,如图 3-96 所示,然后把夹持圆垫压入到夹持螺杆的小圆柱中,如图 3-97 所示。最后,把摇杆装入到两螺杆孔中,然后旋上圆帽,完成组装,如图 3-98 所示。

图 3-96
涂抹胶水

图 3-97
压入圆垫

图 3-98
组装图

3. 功能测试

组装完成后,把微型台虎钳安装在工作台上,用钳口夹持工件,测试微型台虎钳的功能,如图 3-99 和图 3-100 所示。由于打印材料是 ABS 工程塑料,应选择适当的夹持力,否则容易损坏。

图 3-99
夹持固定在工作台上

图 3-100
钳口夹持工件

小结

　　微型台虎钳模型后处理工艺流程包括：取件→去支撑→预组装与测量→打磨→自喷漆上色→组装。本任务涉及的知识有识图、塑料产品打磨、自喷漆上色等，不同学科知识之间的衔接和整合对学习者有较大的挑战。

　　后处理是模型转换成产品的一个重要和关键环节，要做到工艺流程合理、有效，操作技术娴熟、到位，在每一个工艺流程的操作要有检查反馈、纠错措施。根据不同产品的技术要求，制定相应的工艺流程，为了使模型达到最佳的后处理效果，学习者要不断地学习和尝试，并总结经验和改进操作技术。

习题

一、简答题

1. 根据已有设备，列出取件和去支撑所需的工具。
2. 模型的零件图和装配图在后处理中有什么作用？
3. 喷涂上色对工作场所有什么要求？
4. 自喷漆的特点有哪些？
5. 底漆和面漆各有什么作用？主要区别是什么？
6. 解释喷涂后的流挂现象，并说明怎样解决。

二、技能操作题

　　打印一套模型，制定后处理工艺流程，并应用相关知识和技能对模型进行后处理操作。模型后处理要求：模型支撑面平整，模型细节凸显，表面无拉丝、无黏料等，模型棱角不刮手；使用多种颜色的自喷漆上色，漆面有光泽，无明显上色缺陷。

任务二　鲨鱼模型的后处理

能力目标

1. 能选择合适的工具，去除模型支撑、预拼接检查和打磨。
2. 根据模型材料，会选择化学抛光溶剂，并进行化学抛光。
3. 检查抛光效果，会分析影响抛光效果的原因，能提出改进措施。
4. 了解黏结原理和塑料黏结方法，会应用黏结技术对模型进行黏结。
5. 根据模型的需要，能选择合适的补土类型，会进行模型的补土操作。

6. 能根据模型上色要求，会选择丙烯颜料和上色工具，并应用手涂上色方法对模型进行上色。

7. 会检查模型上色效果，针对上色存在的缺陷，采取适当的补救措施。

8. 会根据模型形状结构，设计和制作内包装，会用瓦楞纸板制作外包装。

9. 在操作中，能遵守安全和规范操作的要求，并分析和处理操作中存在的问题。

知识点

1. 化学抛光原理和抛光方法。
2. 黏结原理和黏结工艺。
3. 补土类型和用途。
4. 补土的选择和使用方法。
5. 丙烯颜料上色方法。
6. 上色缺陷的补救措施。
7. 制作内、外包装的方法。

任务引导

某 3D 打印爱好者，通过 FDM 工艺 3D 打印一个定制鲨鱼模型，客户提供鲨鱼三维数字模型。
要求：模型材料为白色 PLA；模型表面需经过抛光处理，无明显打印纹理；采用丙烯颜料涂色，无明显色差；包装并快递到指定地址。

任务实施

3.2.1 取件、去支撑和预拼接

1. 取件

把打印好的鲨鱼和支架从打印平台上，用平头铲刀铲下，如图 3-101 和图 3-102 所示。

图 3-101
取下鲨鱼模型

图 3-102
取下鲨鱼支架模型

取下模型后，检查模型的打印质量，无打印层错位、变形等缺陷。

2. 去除支撑

PLA 材料的粘连性要比 ABS 材料更好，较难去除支撑，特别是模型的基底支撑。

对照图 3-103 和图 3-104 所示鲨鱼和支架的三维数字模型，区分出模型结构和支撑结构，使用偏口钳、刻刀和平头铲刀等工具去除支撑。

图 3-103
鲨鱼三维数字模型

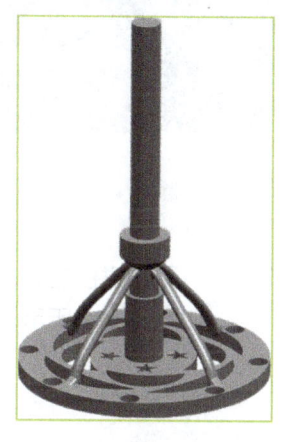

图 3-104
支架三维数字模型

去除大平面的基底支撑时，先用偏口钳剥离出模型与基底支撑的间隙，如图 3-105 所示，然后使用平头铲刀铲去支撑，如图 3-106 所示。

图 3-105
偏口钳剥离间隙

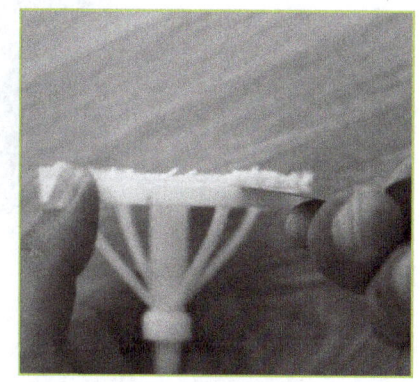

图 3-106
平头铲刀铲去基底支撑

去除鲨鱼牙齿部位的支撑时，要仔细区分模型的牙齿和支撑，由于牙齿是较细小的结构，不能使用蛮力，避免损坏模型，如图 3-107 所示；去除孔内支撑时，可使用刻刀刮除，如图 3-108 所示。模型上的拉丝、坠丝等现象，也需使用偏口钳或刻刀修整。

3. 预拼接

预拼接可以发现鲨鱼模型组件之间配合间隙的大小，这关系到能否顺利拼接。拼接间隙过小，可以通过打磨工具进行修配；间隙过大，组件的拼接定位难以找正，拼接位置容易错位。

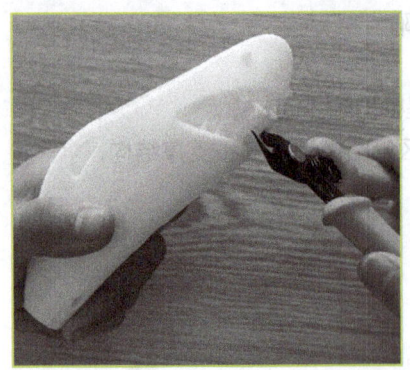
图 3-107
去除牙齿部位支撑

图 3-108
去除孔内支撑

预拼接之后，发现鲨鱼模型尾部与身体接合处，由于支撑面较粗糙，接合面之间有较大间隙，如图 3-109 所示，可通过后期进行修复，其他组件之间的配合间隙适当。

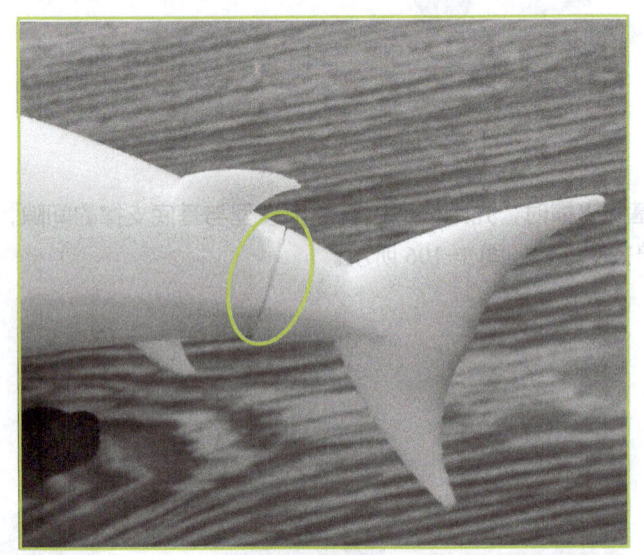
图 3-109
鲨鱼模型尾部与身体的拼接面较大间隙

3.2.2 打磨

在化学抛光之前，应先对模型进行打磨处理，避免模型表面粗糙度不一致，而影响模型抛光整体的效果。表面越粗糙，抛光时间越长，反之，时间越短，但由于模型有棱角或细小结构，抛光时间长了，会造成过度腐蚀或局部塌陷。

经检查鲨鱼模型的顶部、边线、棱角和支撑面等部位的表面较粗糙。根据模型的表面粗糙程度，粗打磨选择 120～280 目的水砂纸，中间打磨选择 320～600 目水砂纸，精细打磨选择 800～1 200 目的水砂纸。由于模型后期会经过化学抛光，可不进行精细打磨。打磨完成后，把各组件进行清洗，放置干燥通风处自然晾干，如图 3-110 所示。

图 3-110 "鲨鱼"和支架打磨后效果图

3.2.3 化学抛光

化学抛光是让材料在化学介质中表面微观凸出的部分较凹部分优先溶解,从而得到平滑表面。化学抛光的主要优点是可以抛光形状复杂的模型,效率高,能获得较好的表面质量。

1. 化学抛光方法

化学抛光首先要有抛光溶剂。通过查阅相关资料,PLA 材料打印的模型可以用三氯甲烷(氯仿)或二氯甲烷等有机溶剂进行表面抛光处理,ABS 材料打印的模型可以用丙酮等有机溶剂进行表面抛光处理。但是三氯甲烷、二氯甲烷和丙酮是易制毒化学品,属被管制的化学品。一些 3D 打印爱好者用亚克力胶水(含有三氯甲烷成分)来抛光 PLA 材料模型;用含有丙酮成分的洗甲水、BT 清洗剂或 MEK(丁酮)清洗剂来抛光 ABS 材料模型。另有一些企业针对 ABS、PLA 材料的 3D 模型后处理,专门研发了 3D 模型抛光液,抛光溶剂应选择正规厂家生产的,如图 3-111 所示。

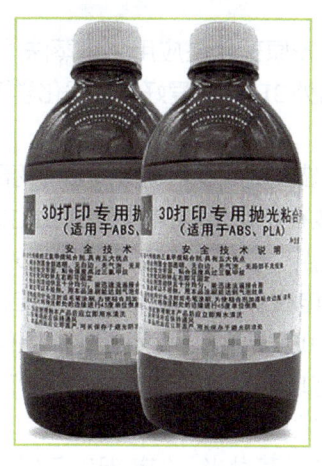

图 3-111
3D 打印专用抛光、黏合双用的溶剂

采用化学溶剂抛光,操作时有一定的危险性,具体的使用方法和注意事项以咨询商家为准,应严格按使用方法和注意事项进行操作。

（1）化学溶剂涂抹法

用可溶解 ABS 或 PLA 材料的溶剂，用毛刷涂抹在三维模型的表面，溶剂会使模型表面变得光滑。某公司推出的 3D 打印模型表面光滑液，如图 3-112 所示，将 A、B 两种胶水混合搅匀后呈现出透明色，用毛刷可直接涂抹在模型表面，基本无气味，挥发性也较低，对模型表面无腐蚀性，而且可以反复涂抹，直到抛光效果满意为止，操作起来较为方便，抛光效果如图 3-113 所示。此表面光滑液适用于 3D 打印模型的层厚 ≤ 0.5mm，表面固化时间为 4～6h，完全固化时间为 12～18h 的场合。

（2）化学溶剂浸泡法

把模型放入装有可溶解 ABS 或 PLA 材料溶剂的器皿中，使模型在溶剂中浸泡一定的时间，模型表面会变得光滑。

如前所述，可以用亚克力胶水、洗甲水、3D 模型专用抛光液等浸泡的方法抛光 PLA 或 ABS 材料的模型。根据模型的大小，把溶剂倒入到玻璃或金属器皿中，将模型浸没在溶剂中，浸泡时间约为 1～10s，具体可以通过观察模型的表面效果决定浸泡时间。浸泡完成后，把模型取出，放置到通风处晾干和硬化后即可，抛光后能达到较好的表面质量。操作要在室内通风环境中，避免火源，穿戴好手套和口罩，做好必要的安全防护措施。

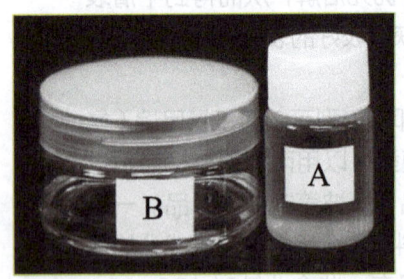

图 3-112
光滑液

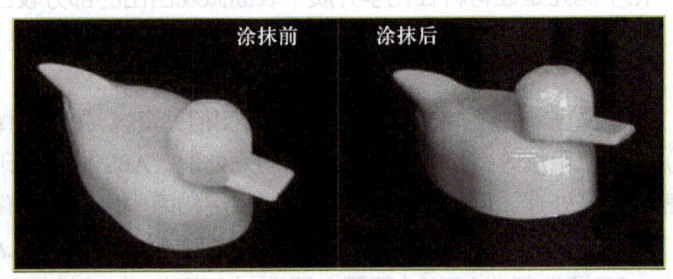

图 3-113
光滑液的抛光效果

（3）熏蒸法

3D 打印模型化学抛光机的抛光原理就是应用了熏蒸法（化学抛光机的简介请参考知识拓展）。在无抛光机的情况下，国内外 3D 打印爱好者根据化学溶剂熏蒸抛光的原理，利用相关器具来进行模型的熏蒸抛光。

国外有 3D 打印爱好者在一个玻璃罐中倒入适量的含有丙酮的溶剂，把模型放到支架上在玻璃罐中进行熏蒸，然后将玻璃罐放在打印机的加热平台上直接加热到一定温度后，使玻璃罐中溶剂变成蒸气，然后保持在某一温度，模型在玻璃罐中熏蒸 5～10min 后呈现耀眼光亮。

国内也有 3D 打印爱好者利用电磁炉作为加热设备，在电磁炉上放一个不锈钢锅，锅中放入适量的水，把模型放入到装有溶剂玻璃罐中。使用红外测温仪实时监测水温，等锅中的水加热到一定温度后，停止加热，然后将玻璃罐放到热水中进行导热，沸腾的溶剂形成蒸气，保持一定时间后，可起到模型表面抛光的效果。

但是这种非专业设备条件下的熏蒸抛光，加热温度不好掌握，有相当大的危险性，建议非专业人士不要尝试和模仿。

2. 鲨鱼模型的抛光

（1）抛光前准备工作

在无抛光机的条件下，选择操作相对简单和安全的化学溶剂浸泡法来进行鲨鱼模型的抛光。

鲨鱼模型是 PLA 材料，因此选择能溶解 PLA 材料的抛光溶剂，如图 3-114 所示。

根据抛光液的使用说明和注意事项得知，该抛光液有刺激气味，易挥发，会在紫外线或高温条件下产生剧毒的光气，故严禁在阳光下使用，能在室内灯光下使用，要避光密封保存。操作时应在宽敞的室内空间和通风条件下，严禁烟火，操作者穿戴好防毒口罩和橡胶手套，做好必要的安全防护措施。

操作前准备一个容器、若干个小夹子等。容器用于装抛光液，可以是玻璃或金属材质，根据模型的大小，选择合适的容器，并清洗干净、晾干，如图 3-115 所示。最好是玻璃容器，便于观察模型的抛光效果。

夹子用于夹持小部件，方便浸入到溶剂中抛光。鲨鱼模型由 7 个小模型组装而成，其中有 6 个模型体积较小，需要借助夹子进行抛光操作，并保持模型洁净。夹子应夹持在模型的拼接面上，否则影响模型的外观，如图 3-116 所示。

图 3-114
PLA 材料模型抛光液

图 3-115
装抛光液的不锈钢容器

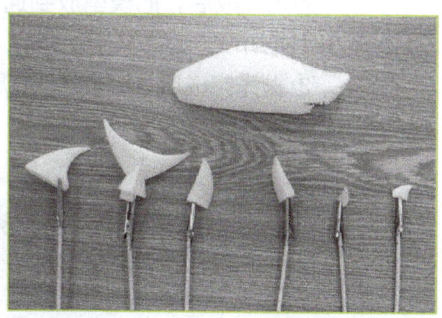
图 3-116
用夹子夹持小模型

此次抛光操作，准备了两套鲨鱼模型进行抛光测试，打印层高均为 0.25mm，其中一套模型表面使用砂纸进行粗略打磨，打印纹路明显，表面较粗糙，设为 A 组；另外一套模型经过粗、细的水砂纸打磨，模型表面质量较好，设为 B 组。操作时，大小相同的模型，抛光的时间一致。

（2）抛光操作

① 把抛光溶剂倒入不锈钢容器中，根据模型大小，液面没过模型即可，如图 3-117 所示。

图 3-117
把抛光液倒入不锈钢容器中

② 把准备好的模型完全浸泡在抛光液中，如图 3-118 所示，体积小的鲨鱼鳍模型浸泡时间为 5s，体积较大的鲨鱼身体模型浸泡时间为 8s。由于鲨鱼身体模型较大，抛光液不能完全浸没，需先抛光鲨鱼身体模型的一半，待晾干后，再抛光另一半，如图 3-119 所示。

图 3-118
模型的抛光

图 3-119
鲨鱼身体部位的抛光

抛光完成后,把模型放到通风处晾干并硬化一定时间后,可具体观察模型的抛光效果,如图 3-120 所示。

③ 抛光完成后,可自制一个漏斗,把抛光液倒回瓶子内,密封保存,方便下次使用,如图 3-121 所示。

图 3-120
晾干模型

图 3-121
回收抛光液

由于自制的漏斗使用的是红色材料,当抛光液回收后,瓶内抛光液颜色被染成淡红色,如图 3-122 所示。建议自制漏斗使用白色材料,以免抛光液被染上颜色。

(3) 抛光效果和缺陷

在模型打印参数和抛光条件相同情况下,通过观察 A、B 两组鲨鱼模型表面的抛光效果并作对比,B 组比 A 组模型的表面整体抛光效果更优,B 组模型的表面更光滑、更有光泽,如图 3-123 所示。

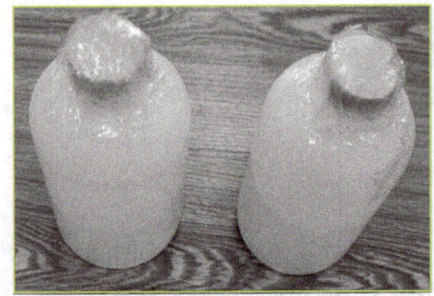

图 3-122
抛光液被染成淡红色

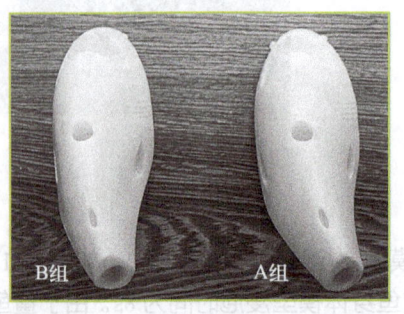

图 3-123
抛光效果对比

模型的细节对比，其中 A 组模型打印顶部和支撑面有较明显的纹路，表面不平整，如图 3-124 所示。

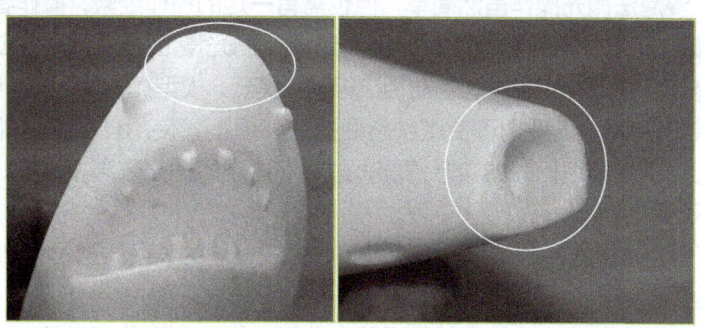

图 3-124
A 组模型抛光缺陷

在 B 组模型的这两处表面的抛光质量明显优于 A 组，但是也有较大缺陷，如鲨鱼模型的一颗牙齿被溶蚀掉一部分，以及鲨鱼身体模型的尾部出现局部塌陷，已影响模型的外观，如图 3-125 所示。

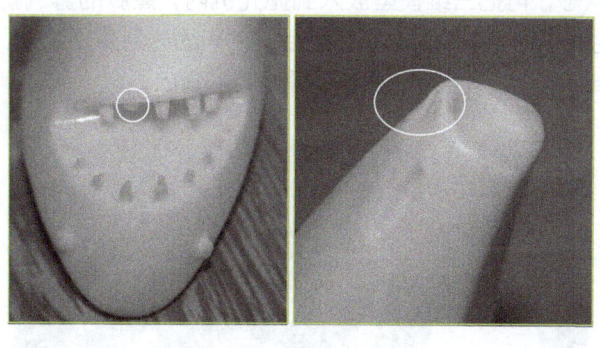

图 3-125
B 组模型的抛光缺陷

鲨鱼鳍模型的抛光，个别也有缺陷，如体积较小的鲨鱼鳍模型由于抛光过程中模型被软化，而夹子的夹持力过大，导致夹持部位变形，如图 3-126 所示。但是夹持部位是装配面，不影响模型装配后的外观。

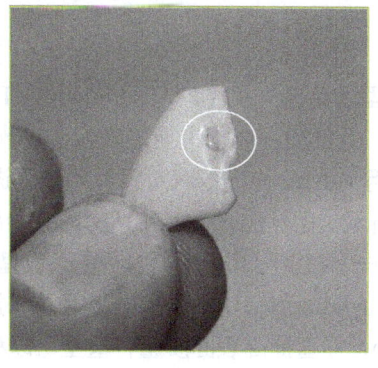

图 3-126
小模型的抛光缺陷

▶ 任务二　　　　鲨鱼模型的后处理

（4）抛光操作建议

由于测试方法和数据不够全面，本建议只作参考。A、B两组模型抛光后各有优缺点，但都未达到最佳效果。浸泡法抛光操作虽然简单，但也需有一定的操作经验，操作者可从以下方面进行尝试：首先，模型要有一定的壁厚，打印层高越小，抛光浸泡的时间要相应缩短。其二，模型表面质量要求越高，抛光浸泡的时间也要相应缩短。其三，模型抛光的工具，特别是细小模型，可以使用镊子夹持，较大的模型也可使用铁丝捆挂住，但不管使用什么工具都不要损伤模型。其四，浸泡抛光时，根据模型抛光的实际情况，边浸泡边观察抛光效果，把控好浸泡时间。

3. 知识拓展：国内外抛光设备

使用3D模型抛光机进行抛光处理，能使模型达到较理想的表面质量，可同时抛光多个模型，且操作简单、安全。

① 2014年重庆科技学院石油与天然气工程专业研二学生刘洪伟研发的3D打印抛光机登上央视《发明梦工场》栏目，在节目录制现场（如图3-127所示），经过产品介绍、样品展示、现场演示、投资人提问、场外专家点评等环节，该专利通过竞价方式以200万元达成专利权转让意向。此项目是基于热化学工艺的3D零件快速抛光设备，抛光耗材可以是乙酸、乙酯或丁酮等有机溶剂，当然最主要的是他自己研发的一种安全和环保的溶剂。只需要把这种溶剂倒入抛光机内，加热至沸腾状态，再把三维模型放入到抛光机内，蒸腾的雾气就会溶解模型表面的打印纹路和毛刺。抛光时间约为1～30min，抛光后零件表面达到高光效果。由于抛光设备和耗材的价格不贵，操作简单、安全，受到了3D打印爱好者的青睐。

图3-127
刘洪伟在央视《发明梦工场》展示抛光机

② Stratasys公司推出的大型润色抛光机（FTSS-Finishing Touch Smoothing Station），采用的方法与采用丙酮十分类似，但更加优化，也更加安全。抛光机使用的耗材是一种液态化学物质Vertrel（十氟戊烷），使用Vertrel的热蒸汽对模型的表面进行抛光处理，能接近注塑工艺产品的表面质量，如图3-128所示。但是抛光设备和耗材都十分昂贵。

③ Polymaker公司推出了一种3D打印模型后期处理设备Polysher，如图3-129所示。Polysher 3D打印抛光机，配合PolySmooth 3D打印耗材使用，能对打印件喷涂特制的酒精气溶胶，从而消除打印件表面的层状痕迹，显著提高表面质量，甚至可以和传统注塑工艺产品相媲美。

整个处理过程仅需20～40min，随后设备会进入干燥步骤，自动去除其中的酒精喷雾。配备自动升降装置，能够轻松将处理后的部件取出。Polysher如此光洁的表面处理效果，关键就在于设备能够让气溶胶均匀分布。喷雾器可以将液滴喷射物释放,形成一个非常均匀的表层,酒精渗入打印表面外层,形成一个非常光滑、明亮的表面效果,近似于电子产品的钢琴烤漆效果,如图 3-130 所示。

图 3-128
FTSS 抛光机模型抛光前后效果对比

图 3-129
3D 打印模型后期处理设备 Polysher 及配套线材

a) 处理前　　　　　b) 处理后

图 3-130
Polysher 设备抛光前后效果对比

3.2.4 黏结

黏结技术是借助胶黏剂在固体表面上所产生的黏合力，将同种或不同种材料牢固地连接在一起的方法。胶黏剂是一种靠界面作用（化学力或物理力）把各种固体材料牢固黏结在一起的物质，又叫黏结剂或胶合剂，简称为"胶"。

胶黏剂有多种分类方法，按化学成分分类是一种比较科学的分类方法，它将胶黏剂分为有机胶黏剂和无机胶黏剂。按形态分类，可分为液体胶黏剂和固体胶黏剂，按用途分类可分为结构胶黏剂、非结构胶黏剂和特种胶黏剂三大类。按应用方法分类，可分为室温固化型、热固型、热熔型、压敏型、再湿型等胶接剂。

1. 黏结原理

黏结理论主要有：机械理论、吸附理论、扩散理论、静电理论和化学理论。这些理论仅能从不同的侧面解释部分黏结现象，而不能解释一切黏结现象。热塑性塑料的溶剂黏结和热熔黏接可认为是分子扩散的结果。

2. 塑料的黏结方法

塑料的黏结方法一般分为三种：溶剂黏结法、热熔黏结法、胶接剂黏结法。

（1）溶剂黏结法

利用塑料的溶解性进行黏结。溶剂通过分离塑料的聚合链和使连接表面软化来发挥作用。在同种热塑性塑料黏结中，采用溶剂法最为普遍，效果也较为理想。

（2）热熔黏结法

热塑性塑料具有熔融性，利用这一特性可以将同种或性能相似的塑料黏结在一起。也可以将试件加热至适当温度，趁热压入热塑性塑料，冷却后即可牢固地黏结在一起。

（3）胶接剂黏结法

对于非同类塑料，不能用溶剂法或热熔法黏结，应选用胶接剂黏结法。

塑料的黏结方法应根据塑料的种类、性质以及黏结的对象而加以选择。热塑性塑料和热固性塑料基本性质不同。如有些塑料是不溶性塑料，黏结不能用溶剂胶黏法和热熔胶黏结法，而只能用胶黏剂黏结。热塑性塑料，有的易溶于溶剂的可使用溶剂黏结法，有的对热敏感的可使用熔融黏结法。胶黏剂黏结法虽然适用于热塑性塑料，但主要是用于溶剂难以溶解的结晶性塑料的黏结和热塑性塑料与其他材料的黏结。

3. 黏结技术

如果要获得良好的黏结效果，有三个前提条件：胶黏剂的选择、黏结接头的设计和黏结工艺的实施。

（1）胶黏剂的选择

在同种热塑性塑料黏结中，采用溶剂法最为普遍，效果也较为理想。ABS 和 PLA 是桌面 3D 打印机所使用的两种主流线材，这两种材料都是热塑性塑料，也就是加热会变软，冷却后会快速变硬，这也是熔融沉积（FDM）3D 打印的基本原理。ABS 常用的溶剂型胶黏剂有甲苯、丁酮、四氢呋喃、二氯甲烷等；PLA 常用的溶剂型胶黏剂有三氯甲烷（氯仿）或二氯甲烷等。大多数溶剂既有一定毒性，也易燃。工作场所要能够通风，做好安全保护措施，溶剂储存要有安全保障。

市场上有溶剂型胶水，如 ABS、PLA 专用模型胶水；还有非溶剂胶水，如 UHU 强力胶、401 胶水、502 胶水等。选择胶水时应考虑被黏物材料和性质、黏结目的和用途、经济性等。

（2）黏结接头设计

黏结接头就是通过胶黏剂把被黏物连接成为一个整体的过渡受力或不受力的黏结部位。鲨鱼模型黏结接头采用凹凸嵌接，如图 3-131 所示。

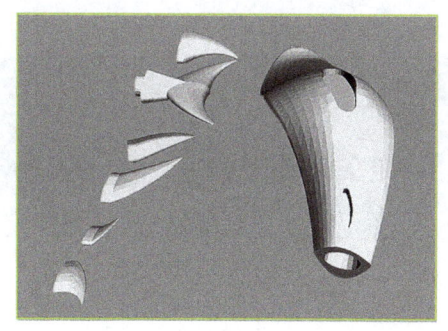

图 3-131
鲨鱼模型粘接接头

（3）黏结工艺

选定了合适的胶黏剂和制备了可靠的黏结接头，还需要合理的黏结工艺，才能实现最后的黏结目的。黏结工艺虽然比较简单，但却是黏结成败的关键。黏结工艺包括黏结件表面处理、涂胶、固化等。

表面处理，正确处理被黏材料表面是决定黏结接头强度和耐久性的主要因素。表面处理的作用有三个方面：除去污物及疏松质层、提高表面能、增加表面积。

涂胶，对于液态或糊状胶黏剂，常用的手工涂胶方式有刷胶、注胶等。刷胶是用毛刷或排笔等工具将胶液涂在被黏物表面上。刷涂法适于涂刷任何形状的表面，对于黏度大或挥发速度快的胶黏剂不能用刷涂法。注胶是将胶黏剂装入专用的容器内，再注入接缝外围。例如贮器小嘴或注射针管注胶就是常用的工具，如图 3-132 所示。

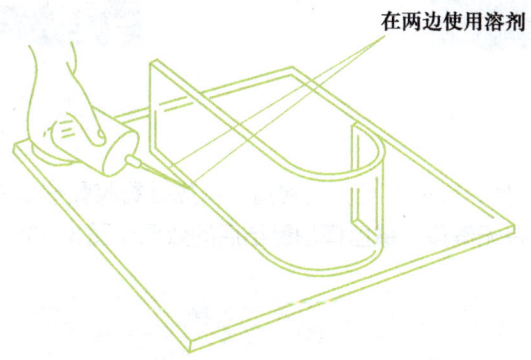

图 3-132
注胶

固化工艺对黏结质量有重大影响，固化工艺参数包括温度、压力和时间。胶黏剂固化时，需在合适的温度环境下，对胶层施加一定的压力，并有足够的固化时间，才能达到较好的黏结效果。

4. 黏结鲨鱼模型

（1）黏结前准备工作

针对 PLA 材料模型，选用溶剂型黏结剂，此产品可用于抛光和黏结，如图 3-111 所示。溶剂为无色透明液体，无毒、无刺激性气味，黏合强度高，黏合时间 15～30s。本产品易挥发和燃烧，要远离火源并妥善储存。

溶剂型液体胶可使用注胶法，工具是注射针管，如图3-133所示。在黏结前，需清洁模型黏结表面的灰尘。

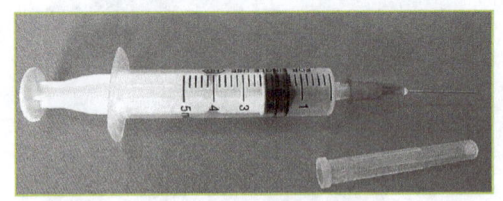

图3-133
注射针管

（2）黏结

① 把模型部件预对接好后，用注射器在接缝周围用点涂的方法注射胶水，胶水渗入到接头表面，如图3-134所示。注射量不宜过多，以免胶水溢出。如果胶水溢出，不能用手指抹去，会留下指纹痕迹。

② 注胶完后，施加约15s的黏结压力后松开，如图3-135所示，或使用合适的皮筋绑住。然后放置到通风处静置约15min完成黏结。多数有溶剂的胶黏剂都要涂2～3次，第一次涂胶尽量薄一些，待溶剂挥发尽后再涂1～2次胶。对于鲨鱼其他部件的黏结，重复以上两个步骤。

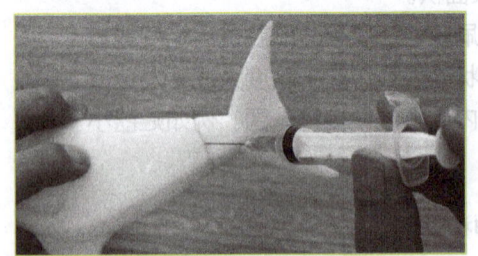

图3-134
点涂法注胶

图3-135
施加黏结压力

③ 对于固化后的黏结件，应进行全面的检查。首先是看胶黏剂是否固化完全，其次是轻敲后是否会脱开，黏结位置有无偏移。鲨鱼模型黏结后的效果如图3-136所示。

图3-136
粘接后效果图

注意事项：必须按照产品制造商的操作要求进行；做好必要的安全和防护措施，防止皮肤接触胶水。

5. 知识拓展：黏结接头的设计

黏结接头在实际工作状态中的受力情况很复杂，有四种力的作用：剪切、拉伸、裂开和剥离。如图3-137～图3-140所示。

黏结接头设计的基本原则有：① 保证在黏结面上应力分布均匀，尽量避免由于剥离负载造成应力集中。② 具有最大的黏结面积，以提高接头的承载能力。③ 将应力减少到最低程度，尽可能使接头承受拉力和剪切负载。④ 黏结接头形式要美观，表面平整，易制作。

常用接头形式有：平板接头，如图3-141所示、角接和T型接头，如图3-142所示、管材和棒材接头，如图3-143所示。

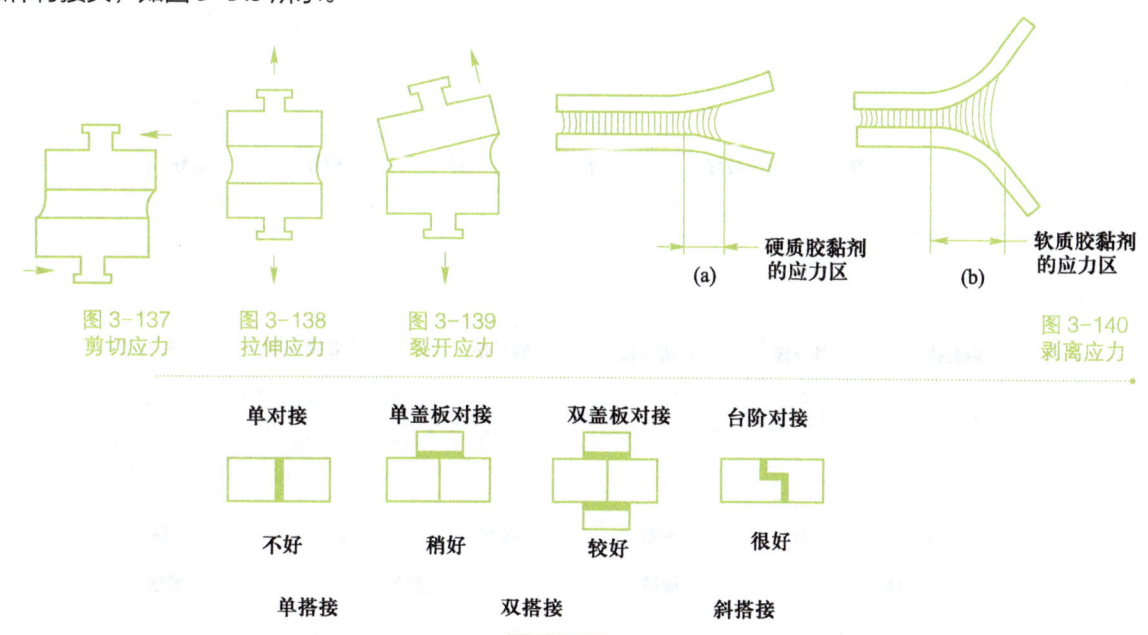

图3-137 剪切应力　　图3-138 拉伸应力　　图3-139 裂开应力　　图3-140 剥离应力

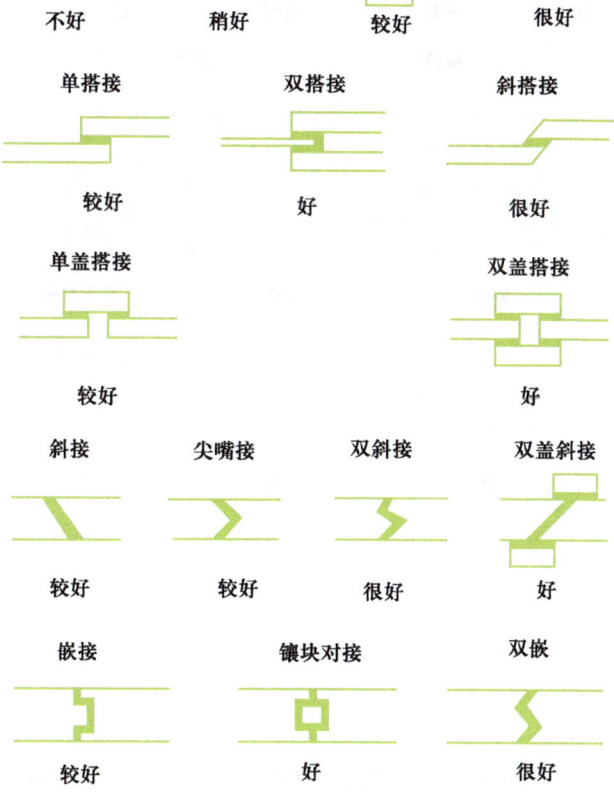

图3-141 平板接头形式及黏结效果

▶ 任务二　　鲨鱼模型的后处理

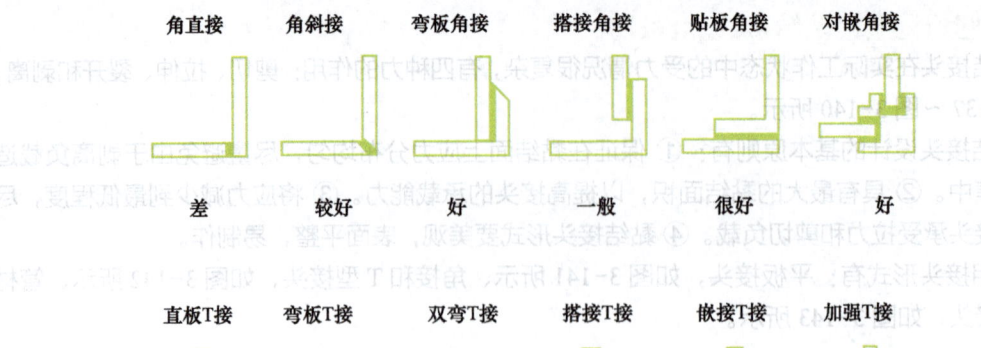

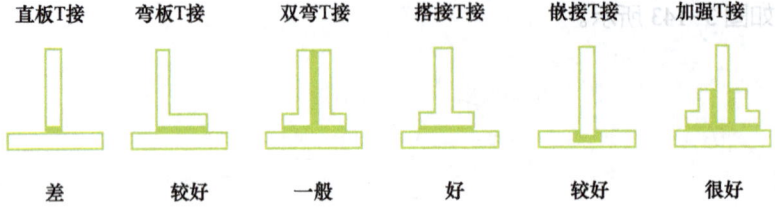

图 3-142 角接和 T 型接头形式及黏结效果

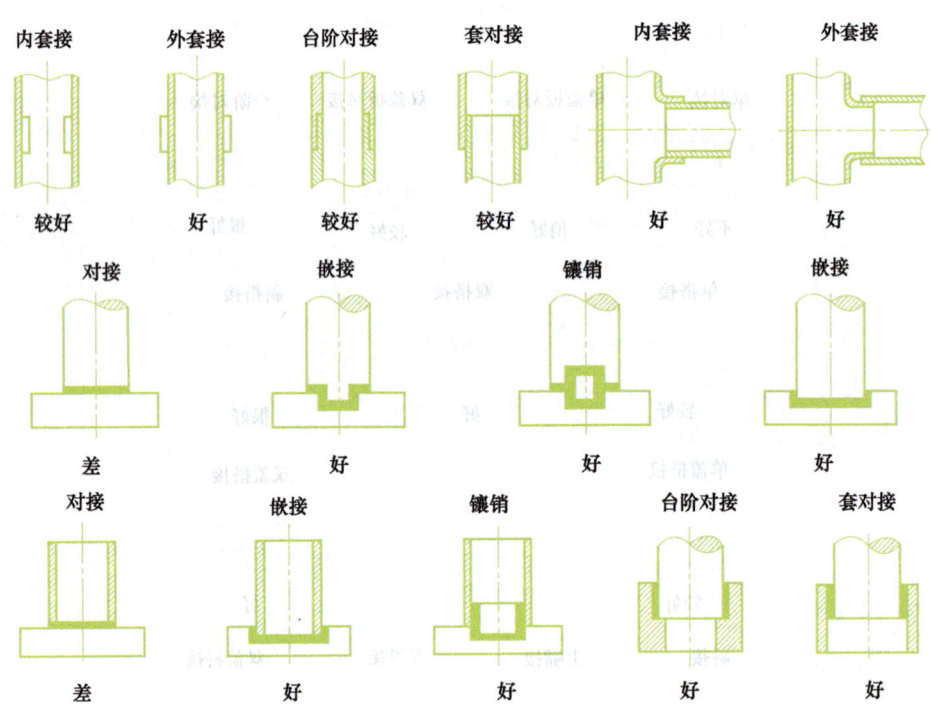

图 3-143 管材和棒材接头形式及黏结效果

3.2.5 补土

模型上的划痕、凹陷、打印纹路或黏结缝隙等缺陷，可用补土来弥补。补土在模型后处理中是非常重要的一道工艺，能修复模型缺陷，使模型符合或接近设计技术要求。

1. 补土的种类和用途

补土是英文 Putty 的音译。模型补土的材料很多种，各自的用途也不尽相同，有普通补土、塑性补土和水补土。

（1）普通补土

普通补土主要用于填补模型打磨时造成的刮痕、凹坑或填补缝隙，常用的有塑料补土。

塑料补土是一种混合了有机溶剂的补土，其包装和外观与牙膏相似，又俗称牙膏补土。特点是软、粘，与模型的结合度高，但干燥后会收缩，出现凹陷。

使用方法：将牙膏补土用刮刀直接填补在模型的缺陷处，等溶剂挥发且补土干燥后，用砂纸打磨平整即可。由于补土干燥后会收缩，补土时要厚一点，以免干燥后出现凹陷。但是太厚，内部又较难干燥，所以最佳的使用方法是分多次填补。

（2）塑性补土

塑性补土多用于造型、改造和雕刻等作业，可以用刻线针、美工刀、笔刀等工具去切削，切削要在半硬化的时候进行，不能太用力，以免变形。这种补土方式和泥塑差不多，也可以用来填补模型粘接缝隙。常用的塑性补土有 AB 补土和原子灰补土。

有模型爱好者先用 AB 补土修补模型的缺损部位，如图 3-144 和图 3-145 所示，在补土半固化可塑状态时，使用美工刀或雕刻刀进行处理，如图 3-146 所示。再用原子灰修补模型表面的凹陷，如图 3-147 所示，同样在半固化的可塑状态用刀具处理。最后补土完全固化后用粗、细砂纸分别打磨，整个模型可达到较好地表面质量，如图 3-148 所示。此方法操作复杂，效率低，仅限于小量而简单的模型补土。

图 3-144
模型缺损

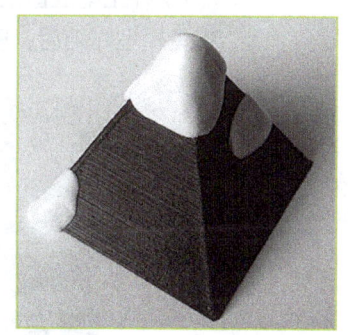

图 3-145
AB 补土

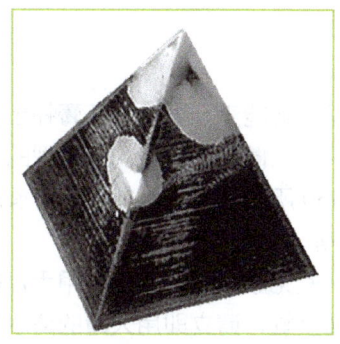

图 3-146
刀具切削

图 3-147
原子灰补土

图 3-148
补土打磨后效果图

（3）水补土

水补土可作为底漆，一般情况下需要稀释，用喷涂的方法来附着到模型表面上。水补土有修复表面缺陷、统一模型底色和增强涂料的附着力等作用。一般不用溶剂型补土材料，因为有些溶剂会造成模型溶解。水补土有统一模型底色、检查瑕疵等主要功能是其他补土方法不具备的。反之，其他补土方法的填补缝隙、塑形等功能是水补土工艺不具备的。

2. 鲨鱼模型补土

（1）补土前准备工作

鲨鱼模型黏结后，模型的黏结处有明显的缝隙，如图 3-149 所示。

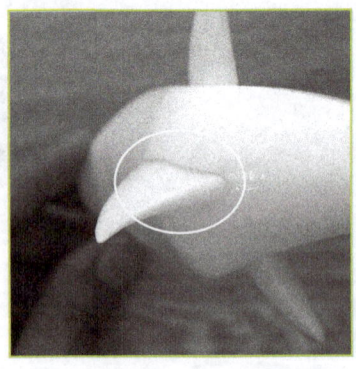 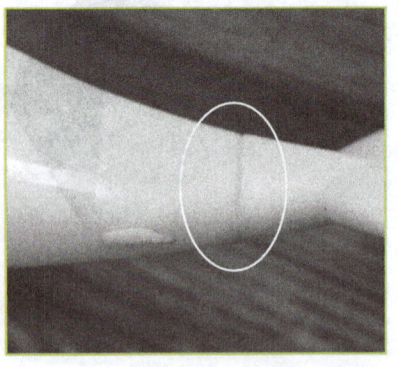

图 3-149
模型的黏结缝隙

选择牙膏补土对模型的黏结缝隙进行处理，就能满足要求。牙膏补土有快干和慢干型，快干型的光硬化填缝补土，硬化速度快，但是价格比慢干型的贵。慢干型的有白色和灰色两种，鲨鱼模型是白色，首选是白色补土，如图 3-150 所示。该牙膏补土，干燥时间长，根据补土厚度不同，干燥时间为几个小时至十几个小时不等。

使用注意事项：在通风良好的场所使用，避免吸入蒸汽、不要用手直接接触补土，应用刮刀涂抹补土；避免接触眼睛和皮肤。如果眼睛接触，请立即用大量的清水冲洗眼睛，并就医。万一皮肤接触，用肥皂和水清洗皮肤；不要在明火和近热源附近使用，使用后要洗手，避免儿童接触。

工具有模型双头补土刮刀，用于抹涂和压实补土，如图 3-151 所示。

图 3-150
白色牙膏补土

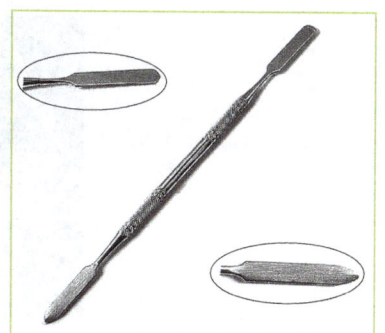

图 3-151
补土刮刀

模型补土之前，需清洁和干燥模型，筛查和明确需补土的部位，然后实施补土操作。

（2）补土

将补土直接涂抹在模型缺陷部位，如图 3-152 所示。或者先把补土黏在刮刀上，再涂抹到补土部位。对于缝隙较深的要用刮刀压实补土，防止出现缝隙或空心的情况，如图 3-153 所示。如果缝隙较小又深，可使用牙签或细小工具把补土压入到缝隙中。

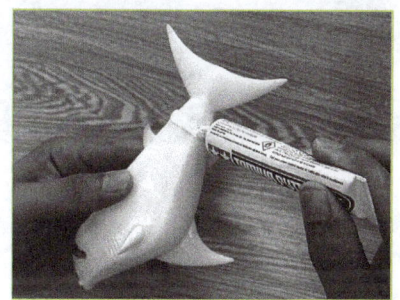

图 3-152
在缝隙处涂抹补土

图 3-153
用刮刀压实

第一次补土完后，把模型放置通风处干燥，等补土干燥之后，进行零件表面修饰和打磨。建议使用刻刀将多余部分削除，如图 3-154 所示，再分别用 800 目和 1 000 目砂纸进行打磨，如图 3-155 所示。

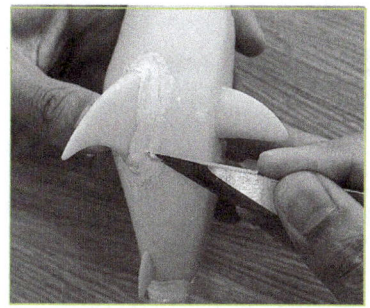

图 3-154
刻刀修饰

图 3-155
砂纸打磨

▶ 任务二　　鲨鱼模型的后处理

打磨完成后,查看模型补土效果,由于补土溶剂挥发,补土干燥后会产生凹陷,如图3-156所示。

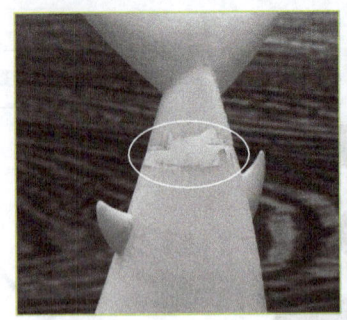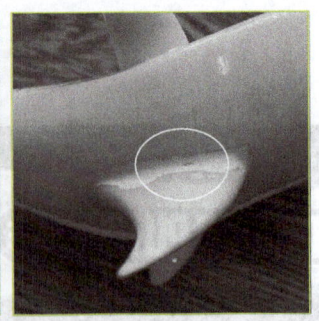

图 3-156
补土干燥后出现凹陷

针对凹陷部位,进行多次补土操作,如图3-157所示。视模型补土效果,一般重复2～3次,最后效果如图3-158所示。

图 3-157
重复补土

图 3-158
最后效果图

3.2.6 丙烯颜料上色

丙烯颜料属于人工合成的聚合颜料,发明于20世纪50年代,是由颜料粉调和丙烯酸乳胶制成的,丙烯颜料如图3-159所示。丙烯颜料具有速干、干后耐水、色彩鲜艳、附着力强、耐候性好和耐久性等特点。用丙烯颜料上色时,最好选择模型专用的丙烯颜料。

图 3-159
丙烯颜料

1. 丙烯颜料上色工具和方法

国内外有模型爱好者用丙烯颜料给模型上色。丙烯颜料可手涂上色和喷涂上色。

（1）手涂上色工具

手涂上色工具有画笔、调色盘和遮盖胶纸等。

丙烯上色的画笔可选用油画笔，根据形状与作用有圆形画笔、平头画笔、榛形画笔和扇形画笔。根据不同型号有大小之分，根据不同材质有软硬之分。选择画笔时，应根据模型的形状和上色要求来选择。

圆形画笔：可用来绘制较圆润、柔和的笔触，小号圆形画笔可用来勾线和点画，侧锋使用能出现大面积的模糊的色晕。圆形画笔如图 3-160 所示。

平头画笔：用于绘制宽阔、拖扫式的笔触。用平头侧边画出粗糙的线条，转动笔身进行拖扫式用笔，可出现粗细不均的笔触，用来刷涂模型较大表面。平头画笔如图 3-161 所示。

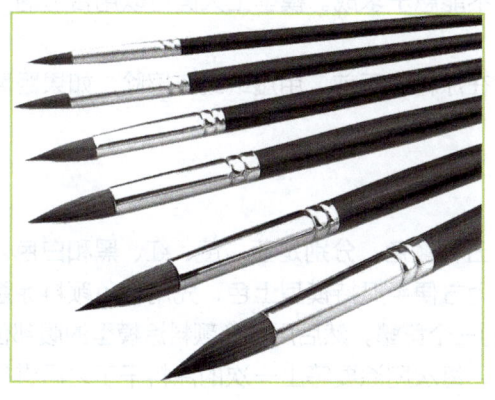

图 3-160
型号不一的圆形画笔

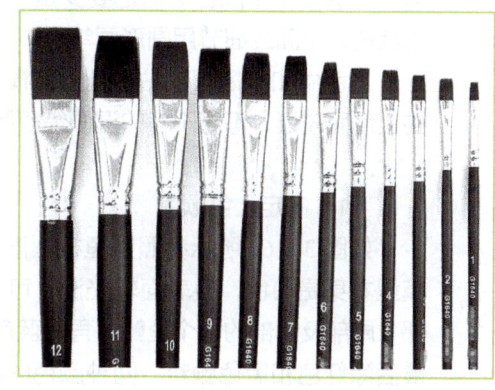

图 3-161
型号不一的平头画笔

榛形画笔：扁身圆头，又叫"猫舌笔"。兼有圆头、扁平两种画笔的特性，但难以控制。在表现曲线状的笔触时，它是一种更优雅、更流畅的画笔。榛形画笔如图 3-162 所示。

扇形画笔：属于新型特制油画笔，笔毛稀疏，呈扁平的扇状。用于湿画法中的轻扫与刷，或柔化过于分明的轮廓。扇形画笔如图 3-163 所示。

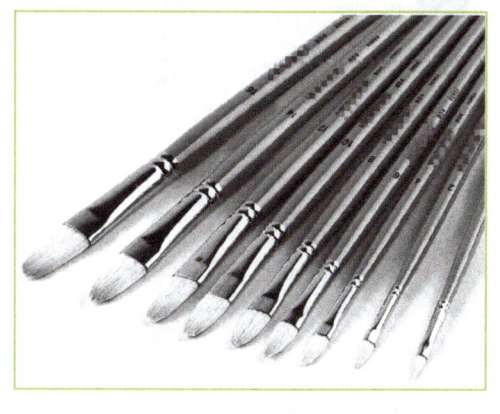

图 3-162
型号不一的榛形画笔

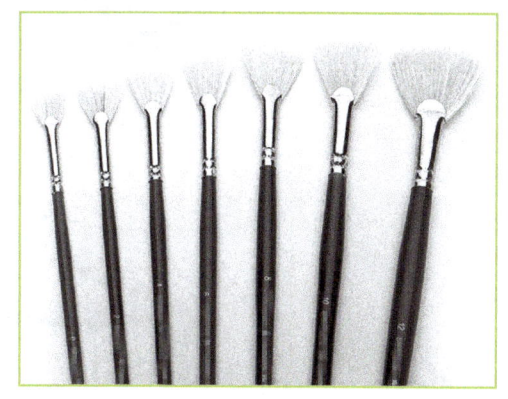

图 3-163
型号不一的扇形画笔

(2)手涂上色方法

上色前,对照模型上色图纸或三维数字渲染图,制定模型上色的顺序,为避免模型上色出现色差,同种颜色尽量一次上色完成。准备丙烯颜料、合适的画笔和调色盘等材料工具。清洁模型表面的灰尘和油污等。

颜料的稀释,可以用水或酒精(干得快),最好是丙烯颜料专用的稀释剂。颜料未稀释前浓度较大,刷涂后会留下较重的笔痕,影响上色质量;颜料稀释之后,笔痕可以得到较大改善,但是每次只能涂上一层较稀和薄的颜料。模型要达到较好的上色效果,通常颜料与稀释剂的比例为 1 : 0.8～1.5 左右,要刷涂 5～10 次左右。也可根据模型具体上色要求和效果,调整稀释比例和刷涂次数。

上色时画笔不能太干或太湿,画笔沾料不宜过多。按照模型形状,画笔向一个方向顺序涂色,运笔行程不要太长,尽量不要回笔。也可用十字交叉涂法,如一次用水平或垂直涂色,涂料干后,再用垂直或水平涂色。切记要少量多次涂刷,不能急于求成。模型上大面可以用合适的平头画笔涂色,小面或细节用圆形画笔。

上色中如果把颜料粘涂到其他模型表面,在涂料未干前,用湿纸或布擦除。如果距离未干的上色面较近,可用干净的湿画笔擦除。

2. 鲨鱼模型上色

(1)制定上色顺序

如图 3-164 所示参照鲨鱼模型渲染图,有五种颜色,分别是蓝、黄、红、黑和白色。由于模型本身是白色,且表面较光滑,可不上色。为方便手抓持模型上色,先用蓝色颜料涂鲨鱼背部、尾部及背部的两个鱼鳍,再用蓝色涂腹部的三个鱼鳍,然后用黄色颜料涂模型的腹部位置,最后涂红色和黑色颜料。同种颜色的颜料上色,每次刷涂要等上一次的涂料干了之后进行;不同颜色的颜料上色,也要等前一种颜色的涂料干后进行。

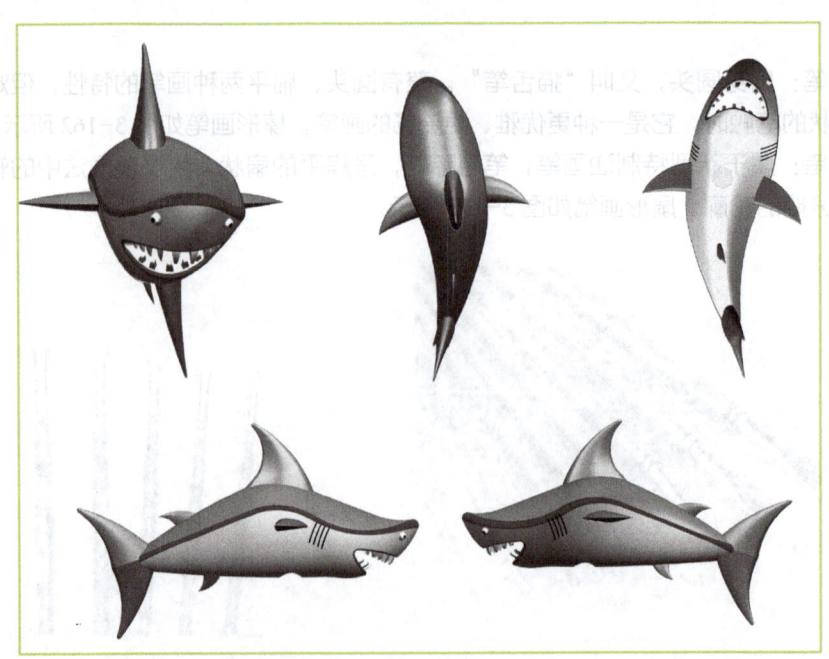

图 3-164
鲨鱼模型渲染图

（2）准备颜料和工具

准备蓝、黄、红、黑四种颜色的颜料，以及专用稀释剂 1 瓶；圆头画笔 2 支、平头画笔 4 支；调色盘 1 个；遮盖胶纸若干和剪刀 1 把，如图 3-165 所示。

（3）模型上色

步骤 1：用蓝色颜料涂鲨鱼模型的背部和尾部

① 在鲨鱼模型的背部与腹部结合处涂红色的区域、尾部与黄色交界处都粘贴遮盖胶纸，如图 3-166 所示。

② 用旧的平头画笔把蓝色颜料挑入到调色盘内，按 1∶1 的比例倒入稀释剂（以下相同），并用画笔充分搅匀，如图 3-167 所示。

③ 用平头画笔按上述的上色方法进行涂色。每一次涂色后涂料表面干燥时间为 5～10min，涂色次数为 6 次，以下相同。涂色完后的效果如图 3-168 所示。每次涂刷要观察涂料的厚度是否均匀，不能太厚。待涂料干后，再检查一遍，特别是模型的边线和棱角处容易囤积涂料，影响整体效果，如果有囤积涂料，可以用 1 000 目的砂纸打磨掉，然后根据上色次数，用小号圆笔局部上色。局部与整体无明显色差后，再进行下一次上色。

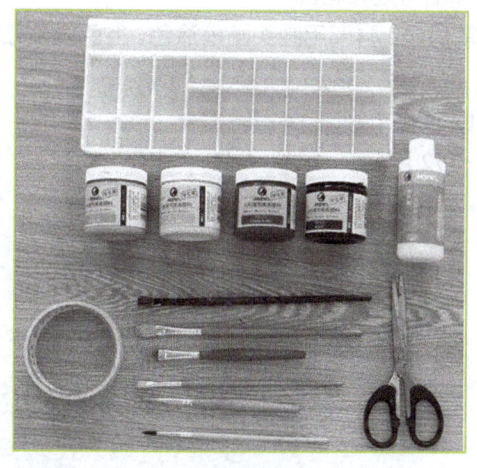

图 3-165
颜料和工具

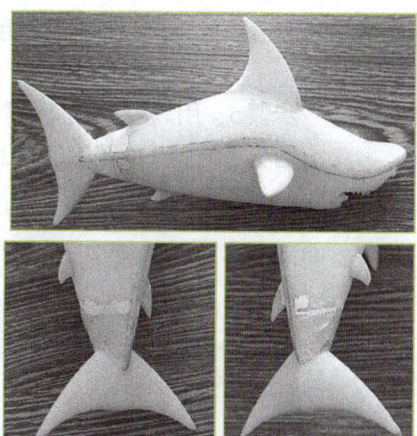

图 3-166
粘贴遮拦纸

图 3-167
倒入稀释剂并搅匀

图 3-168
背部上色效果图

步骤 2：用蓝色颜料涂鲨鱼模型腹部三个鱼鳍

由于这三处未使用遮挡，为防止涂料沾到其他部位，使用圆头画笔上色，此处上色运笔要准和稳。上色效果如图 3-169 所示。

步骤 3：用黄色颜料涂鲨鱼模型腹部

用遮盖胶纸粘贴鲨鱼模型嘴部和尾部结。大面用平头画笔，局部用圆头画笔。上色效果如图 3-170 所示。

图 3-169
鲨鱼模型腹部鱼鳍上色效果图

图 3-170
鲨鱼模型腹部上色效果图

步骤 4：用红色颜料涂鲨鱼模型腹部与背部结合处和唇部

遮盖胶纸粘贴和压实后，用小号的平头画笔涂色，唇部用圆头画笔涂色。上色效果如图 3-171 所示。

步骤 5：用黑色颜料涂鲨鱼模型瞳孔和两侧的腮

用小号的圆头画笔涂色，上色效果如图 3-172 所示。

图 3-171
上色效果图

图 3-172
上色效果图

步骤 6：检查各结合处是否有缺料、渗料等问题

① 缺料是粘贴遮盖胶纸位置不准确，导致被涂色位置遮挡，如图 3-173 所示的圈内缺料部位。缺料时可用小号圆头画笔涂上相应颜色。

② 渗料是遮盖胶纸粘贴不紧密，涂料出现渗透，污染到其他面，如图 3-174 所示。渗料修复较麻烦，可用砂纸打磨掉，然后再涂色。

修复后的鲨鱼模型的整体效果如图 3-175 所示。

（4）模型上色缺陷和解决方法

模型上色完成后，发现二个明显缺陷：一是牙膏补土部位的颜色很难被丙烯颜料遮挡，特别是模型黄色颜料处（黄色颜料遮盖力差）的补土有较明显的色差，如图 3-176 所示。二是模型化学抛光后，表面留下较多的细小凹坑，由于模型是白色且表面较光滑，不仔细察看很难发现，如图 3-177 所示。

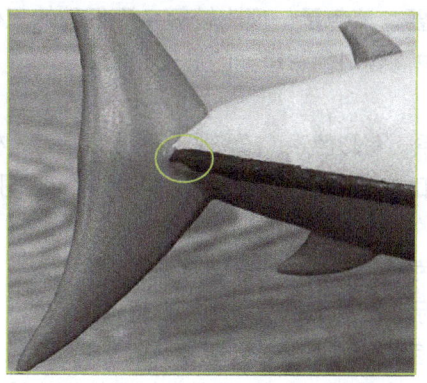
图 3-173
圈内的缺料部位

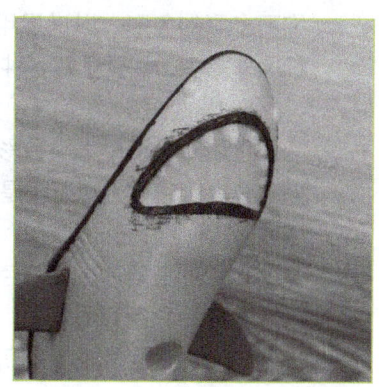
图 3-174
唇部周围的红色渗料

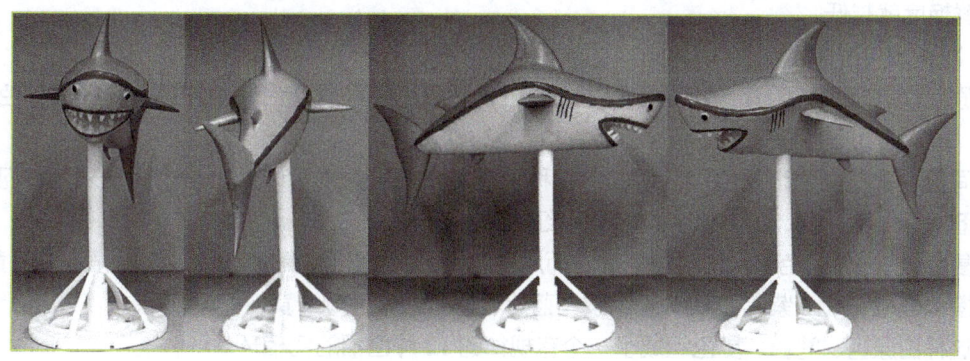
图 3-175
模型上色效果图

上色后的补救方法，就是多涂刷几次颜料，直到完全遮盖为止，但是会导致模型整体颜料厚薄不一并增加工作量，影响模型上色效果和工作进度。

上色前的操作方法，用牙膏补土完后，先用 500 号水补土填补模型上的划痕和细小凹坑，然后再用 1 000 或 1 200 号水补土，统一模型底色和增加丙烯颜料的附着力。

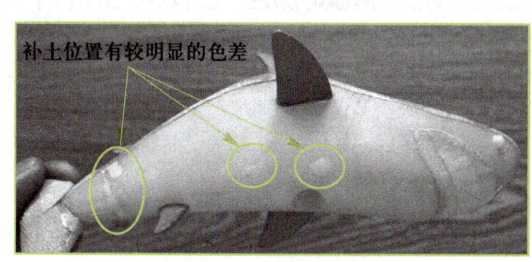
图 3-176
补土位置有较明显的色差

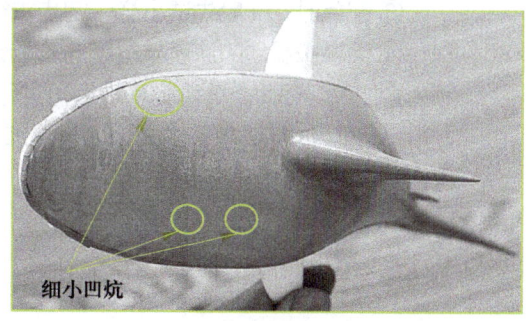
图 3-177
模型表面的细小凹坑

3. 知识拓展：丙烯颜料调色

丙烯颜料的颜色有许多种，但还远远不能满足人们的需要，利用已有的原色漆调配出更加绚丽多彩的色彩，以满足用户多方面的需要。配色是一项比较复杂而细致的工作，因为颜色的种类非常多，需要了解各种颜料的性能，也需要对色彩差异的准确判断。

（1）色彩分类

色彩可分两个大类有彩色系和无彩色系。有彩色系（简称彩色系）是指红、橙、黄、绿、青、蓝、紫等颜色；无彩色系是指白色、黑色和由白色黑色调和形成的各种深浅不同的灰色。

（2）色彩三要素

色彩的三要素，又叫色彩三属性，即色相、明度和纯度。

色相：即色彩的相貌，是区别色彩的标志。基本色相为：红、橙、黄、绿、蓝、紫。

明度：即色彩的明暗深浅程度。无彩色只有明度变化，明度最高的是白色，最底是黑色，中间依次排序得出不同深浅的灰色调；有彩色的明暗，以无彩色灰调的相应明度来表示其相应的明度值。

纯度：即色彩的鲜明度或饱和度。原色纯度最高，随着色彩调和的次数越多，色彩的饱和度和鲜艳度就越低。

（3）颜料三原色配色

原色：是指不能用其他色混合而成的颜色，而原色则可以混合其他的色彩。在伊顿色相环中红、黄、蓝为三原色。

间色：由任意两个原色混合后的色被称为间色。三原色就可以调出三个间色来。它们的配合如下：红+黄=橙、黄+蓝=绿、蓝+红=紫。

复色：由一种间色和另一种原色混合而成的色，被称为复色。复色的配合如下：黄+橙=黄橙、红+橙=红橙、红+紫=红紫、蓝+紫=蓝紫、蓝+绿=蓝绿、黄+绿=黄绿。

这样由原色、间色、复色组成了一个有规律的12种色相的色相环。

（4）配色技巧

人工配色主要凭实际经验，按需要的颜色样板来识别出存在几种单色组成，各单色的大致比例是多少，做小样调配实验，然后进行配制，但也必须按照色彩学的基本原理进行。调色过程中一般有如下技巧：

① 调色颜料的品种尽量要少，包括黑白在内，一般不超过四种色就能调配出所需要的颜色。

② 先加入主色（在配色中用量大、着色力小的颜色），再将染色力大的深色（或配色）慢慢地间断地加入，"由浅入深"，不断搅拌，随时观察颜色的变化，切忌过量。

③ 配色时，一般先试小样，初步求得应配色涂料的数量，然后再配制大样。

④ 涂料干燥后的涂膜与湿膜的颜色会存在细微的差异。湿膜时颜色一般较浅，当涂料干燥后，颜色会加深。因此，等涂膜干燥后再进行测色比较。

⑤ 调配时不要急于求成，尤其是加入着色力强的颜色时切忌过量，否则，调配出的颜色不符合要求而造成浪费。

3.2.7 包装与发货

鲨鱼模型包括鲨鱼和支架，由于该模型有较尖锐的鳍，不适合使用一般的珍珠棉或气泡膜做内包装，可选用合适厚度的珍珠棉防震板材做内包装，在防震板上做出鲨鱼模型头和尾鳍的定型孔，把鲨鱼模型嵌入到定型孔中，起到固定和保护的作用。再根据内包装尺寸制作外包装，外包装材料可使用瓦楞纸箱。内、外包装所需材料可利用废旧料或自行采购。制作内、外包装所需工具如图3-178所示。

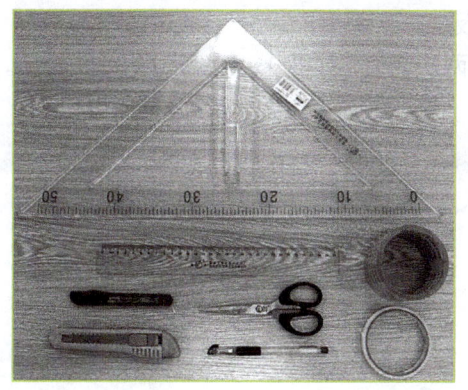

图 3-178
制作包装所需工具和胶带

1. 制作内包装

（1）开鲨鱼模型的定型孔

首先把鲨鱼和支架模型在珍珠棉防震板上放置在一个合适的位置，如图 3-179 所示。

然后在左右两个竖板上画出鲨鱼模型头部和尾鳍的形状，使用美工刀划出深度合适的形状，如图 3-180 所示，最后裁剪底板，以及在底板上开鲨鱼模型支架底面的定型孔，如图 3-181 所示。

图 3-179
模型定位

图 3-180
挖出鲨鱼定型孔

图 3-181
裁剪底板和挖出支架定型孔

任务二　　鲨鱼模型的后处理

（2）裁剪左右两块竖板

根据模型的高度，裁剪两块竖板，如图 3-182 和图 3-183 所示。

图 3-182
裁剪竖板

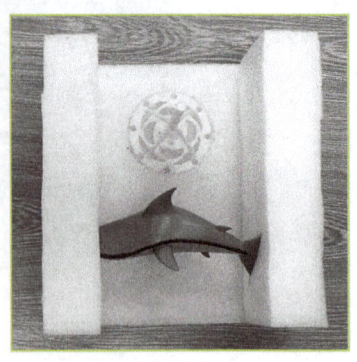

图 3-183
裁剪后展示

（3）粘贴支架和左右竖板

首先用透明胶带把支架固定在底板上，然后用双面胶粘贴在左右竖板与底板贴合的面上，再并把左右竖板粘贴在底板上，用力压紧。粘贴后的效果如图 3-184 所示。

（4）裁剪前后两块竖板

先画线、裁剪出前后两块竖板，然后在前后竖板与底板、左右竖板相贴接的面上粘贴双面胶，再把前后竖板放置到合适位置，并用力压紧。粘贴后的效果如图 3-185 所示。

（5）裁剪顶板并封盖

画线、裁剪出顶板，用透明胶前后、左右绕箱体粘一圈。在封盖之前，检查模型是否有晃动，如有晃动可加塞软物进行固定。内包装完成后的效果如图 3-186 所示。

图 3-184
粘贴后的效果

图 3-185
粘贴后的效果

图 3-186
内包装效果图

2. 制作外包装

瓦楞纸箱基本箱型可根据 GB/T 6543—2008《运输包装用单瓦楞纸箱和双瓦楞纸箱》中的第 4 节基本箱型与代号来选择。选择箱型代号为"0201"，如表 3-1 所示：

制作外包装时，测量出内包装外形的长、宽和高尺寸，如图 3-187 所示。

（1）绘图

根据内包装尺寸，利用绘图工具在纸板上绘制展开图，如图 3-188 所示。

表 3-1

箱型代号	展开图	组合图
0201	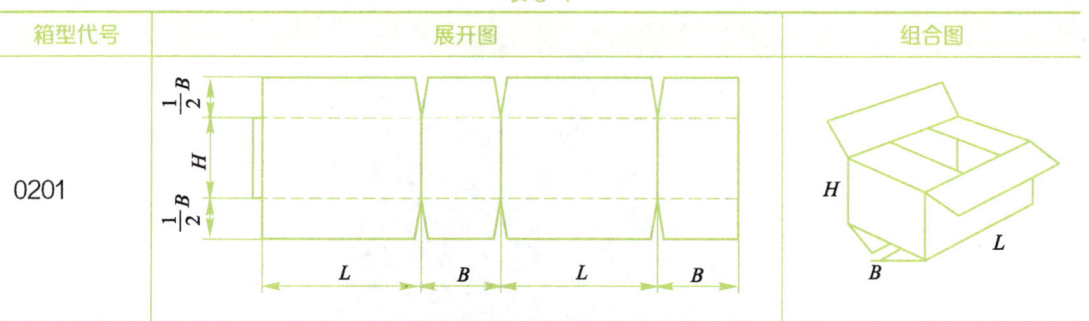	

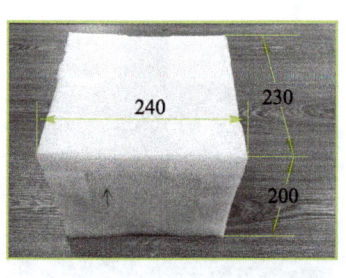

图 3-187
内包装尺寸

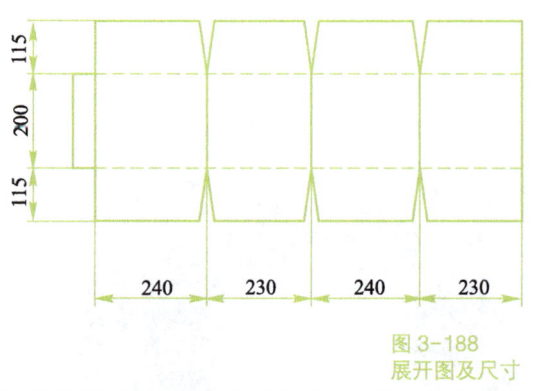

图 3-188
展开图及尺寸

（2）裁剪和折痕

利用美工刀裁剪多余的纸板，并借助工具在纸板画线处折出痕迹，方便折叠，如图 3-189 所示。

图 3-189
折痕

（3）组合

把制作好的展开图组合起来，并用透明胶粘牢。外包装制作完成，如图 3-190 所示。

3. 装箱和发货

（1）装箱

把内包装放入到纸箱内，如图 3-191 所示。用胶带粘牢，如图 3-192 所示。

（2）联系快递服务公司，按客户指定的地址和联系电话填写快递发货单，并告知客户相关信息。

图 3-190
组合

图 3-191
放入内包装

图 3-192
包装效果图

小结

鲨鱼模型后处理工艺流程包括：取件、去支撑和预拼接→打磨→化学抛光→黏结→补土→丙烯颜料上色→包装与发货。本任务在本项目任务一的基础上，增加了模型表面精细化处理工艺，如：模型表面的化学抛光和黏结后的补土。使用丙烯颜料涂色，增加了模型上色的多样性。模型包装的知识与技能，对于自主创业的学生有较大帮助。

习题

一、简答题

1. 化学溶剂抛光的原理是什么？
2. 化学溶剂抛光对模型有什么要求？
3. 塑料的黏结方法有哪几种？
4. 获得良好的黏结效果，有哪几个前提条件？

162　　项目三　　FDM 成型件后处理

5. 补土的种类有哪些？各自有什么用途？

6. 丙烯颜料有什么特点？

7. 怎样解决丙烯颜料上色遮盖力不足的问题？

二、技能操作题

打印一套模型，制定后处理工艺流程，并应用相关知识和技能对模型进行后处理操作。模型后处理要求：模型表面打磨后，要抛光、黏结、补土和丙烯颜料上色，模型后处理无明显缺陷。有兴趣的同学可以根据模型制作包装。

项目四

SLS 与 DMLS 成型件后处理

项目知识目标：

1. 了解常见增加 SLS 成型件密度和强度的后处理工艺方法。
2. 了解传统机械加工机床（如数控车床、数控铣床及加工中心）进行加工的方式。
3. 了解超声波加工在 SLS 成型件后处理中的应用方式。
4. 掌握电火花线切割机床进行加工的方法。
5. 了解常见的 SLS 复合材料、陶瓷粉末材料及木塑复合材料成型件后处理的工艺方法。
6. 掌握金属粉末成型件的后处理工艺。
7. 了解使用锯床切割零件的方法。
8. 了解热处理工艺。
9. 掌握打磨、抛光工艺及使用打磨工具处理零件的方法。

项目技能目标：

1. 能进行高温烧结、热等静压烧结等后处理方法，增加 SLS 成型件密度和强度。
2. 能使用电火花线切割机床进行加工。
3. 能根据图纸要求，选择传统机械加工机床（如数控车床、数控铣床及加工中心）进行加工。
4. 会使用打磨工具对模型进行打磨，并符合打磨要求。
5. 能对模型进行抛光。

知识导图：

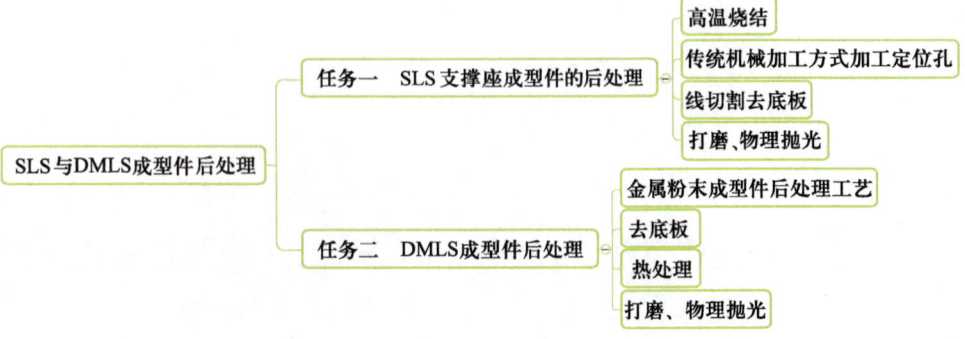

任务一
SLS 支撑座成型件的后处理

能力目标

1. 能根据加工要求选择常见增加 SLS 成型制件密度和强度的后处理工艺方法。
2. 能选择传统机械加工机床（如数控车床、数控铣床及加工中心）进行后处理加工。
3. 能叙述超声波加工在 SLS 成型件后处理中的应用方式。
4. 能使用电火花线切割机床进行加工。
5. 能叙述激光切割的基本原理。
6. 能进行打磨和物理抛光。
7. 能叙述常见的 SLS 复合材料、陶瓷粉末材料及木塑复合材料成型件后处理的工艺方法。
8. 在操作中，能遵守安全和规范操作的要求，并处理操作中存在的问题。

知识点

1. 常见增加 SLS 成型件密度和强度的后处理工艺方法。
2. 传统机械加工机床（如数控车床、数控铣床及加工中心）的加工范围。
3. 超声波加工在 SLS 成型件后处理中的应用方式。
4. 电火花线切割机床加工要点。
5. 打磨、物理抛光的工艺要点。
6. SLS 复合材料、陶瓷粉末材料及木塑复合材料成型件后处理的工艺方法。

任务引导

某企业运用 SLS 技术制作支撑座模型。因采用 SLS 成型技术制作的金属件还只是一个坯体，其机械性能和热学性能还不能满足实际应用需求，所以需通过后处理将其机械性能和热学性能进一步提高。

要求：模型材料为镍基合金。因支撑座模型孔的精度要求较高，3D 打印完成后需以底板为装夹部位，使用数控铣床、加工中心或超声波等加工方式进行钻孔。再使用电火花线切割或激光切割等特种加工方式去除底板。

任务实施

4.1.1 高温烧结

将使用 SLS 技术制作的支撑座模型放入温控炉中，如图 4-1 所示，先在一定温度下去除黏结剂，然后再升高温度进行高温烧结，如图 4-2 所示。经过这样的处理后，坯体内部孔隙减少，制件的密度和强度能得到一定程度提高。

图 4-1
温控炉

图 4-2
经过高温烧结后的支撑座模型

1. 热等静压烧结

热等静压烧结将高温和高压同时作用于坯体，能够消除坯体内部的气孔，提高制件的密度和强度，如图 4-3 所示。这种后处理方式虽然能够提高制件的密度和强度，但是也会引起制件的收缩和变形。

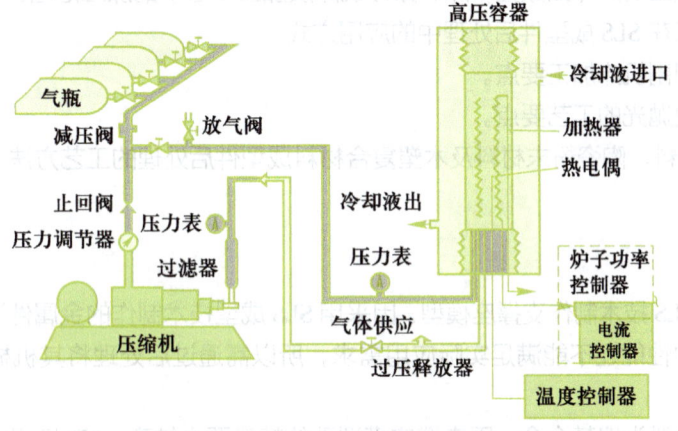

图 4-3
热等静压法示意图

2. 熔浸

熔浸是将坯体浸没在熔浸炉内的一种低熔点的液态金属中，金属液在毛细管力作用下沿着坯体内部的微小孔隙缓慢流动，最终将孔隙完全填充。经过这样的处理，零件的密度和强度都大大提高，而尺寸变化很小。熔浸炉如图 4-4 所示。

图 4-4
熔浸炉

3. 浸渍

浸渍和熔浸相似，所不同的是浸渍是将液态非金属物质浸入多孔的激光区烧结坯体的孔隙内。和熔浸相似，经过浸渍处理的制件尺寸变化很小。

4.1.2　支撑座模型定位孔的加工

采用 SLS 技术将零件制造成型后，可能需要对其一些相对较为重要的尺寸使用传统机械加工机床进行后处理，比如：数控车床、数控铣床、加工中心等机床。

图纸和支撑座模型由图 4-5 可以看出，采用 SLS 技术将零件制造成型后，支撑座的四个关键定位孔位置较为粗糙。如图 4-6 和图 4-7 所示。

图 4-5
支撑座模型半成品

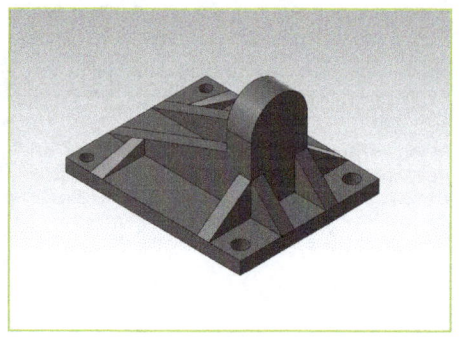

图 4-6
支撑座模型的 3D 数字模型

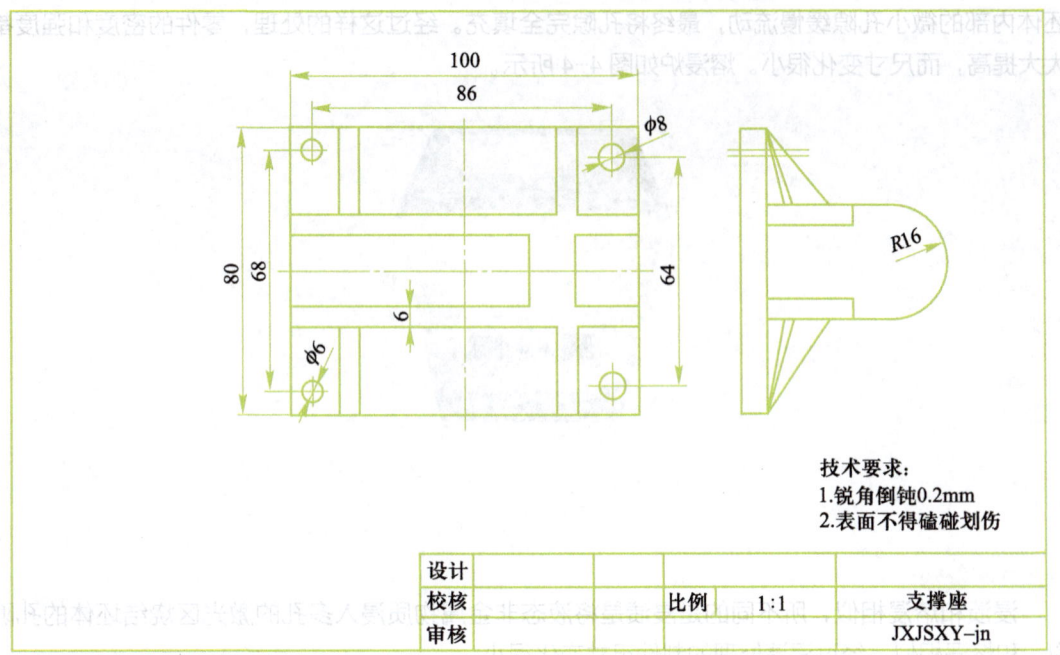

图 4-7
支撑座模型零件图

1. 对支撑座模型零件进行数控铣加工

在进行模型数控铣加工前，需要对模型的加工工艺进行分析，用 Mastercam X9 软件打开原图 3D 数据文件，如图 4-8 所示。

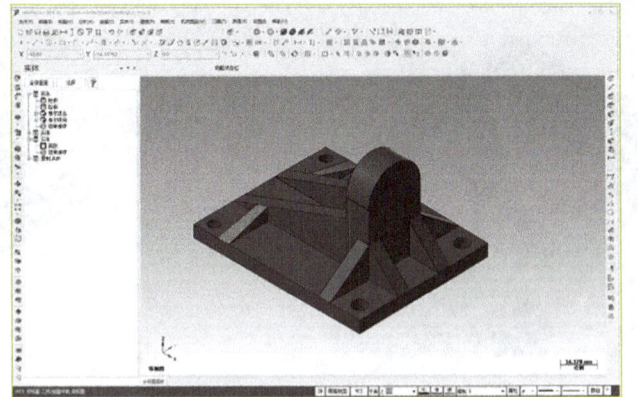

图 4-8
3D 模型数据

因要进行后处理的零件特征为孔，因此我们只需要打开图形的三维线架构即可，如图 4-9 所示。

168　　项目四　　SLS 与 DMLS 成型件后处理

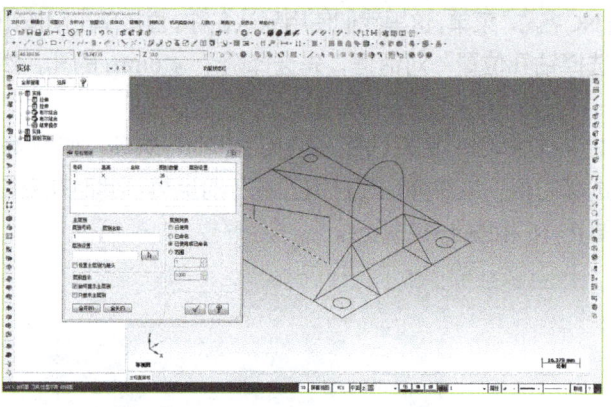

图 4-9
三维线架构

选择机床类型为铣床，其余选项保持默认即可，这时系统弹出"跟铣床相关的刀具路径"菜单，同时左侧管理器界面也将出现"机器群组"界面，如图 4-10 和图 4-11 所示。

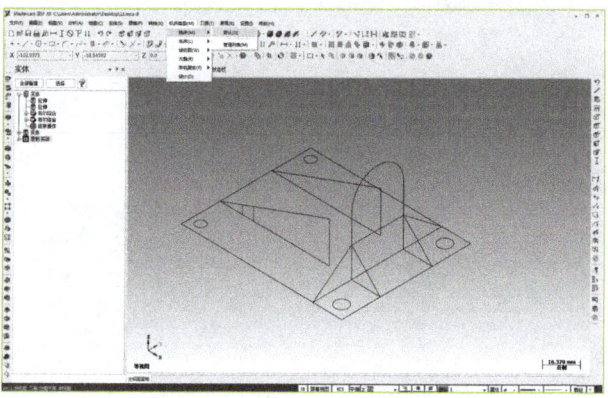

图 4-10
机床类型菜单

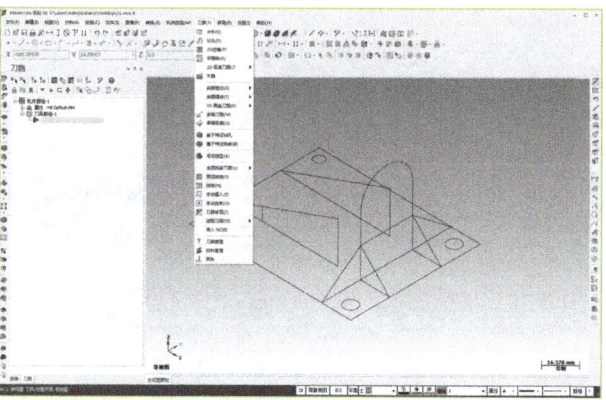

图 4-11
刀具路径菜单

在刀路菜单下面选择"钻孔"选项，如图 4-12 所示。

任务一　　SLS 支撑座成型件的后处理　169

系统弹出"输入新NC名称"菜单,这里我们使用默认名称,直接单击☑按钮即可,如图4-13所示。

　　此时系统弹出"选择钻孔位置"对话框,先选择两个 ϕ 6mm 的孔,然后单击☑对话框,如图4-14所示。

　　系统弹出"2D 刀路－钻孔"对话框选择"钻头／钻孔"选项,如图4-15所示。

　　从左侧文本框中选取刀具,系统弹出"选取刀具"对话框,此时在空白处单击右键选择"从刀库选择"选项,如图4-16和图4-17所示。

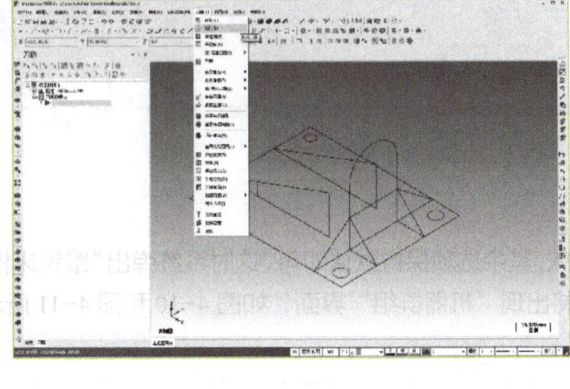

图 4-12
钻孔

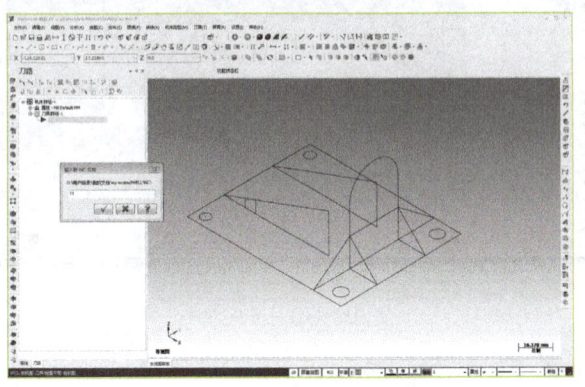

图 4-13
创建 NC

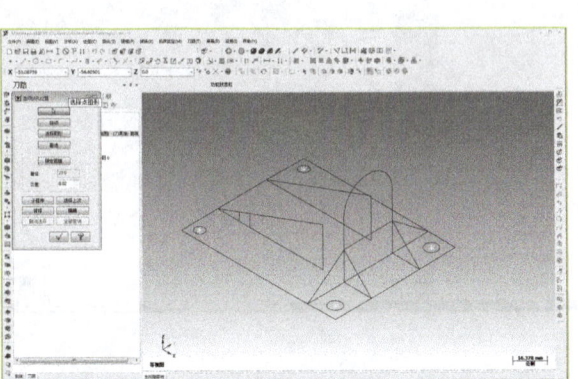

图 4-14
选择钻孔中心点

170　　项目四　　　SLS 与 DMLS 成型件后处理

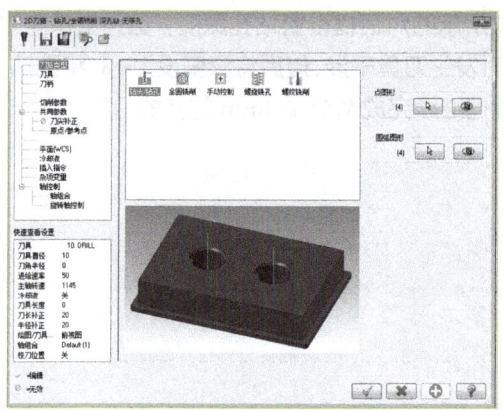

图 4-15
选择钻孔选项

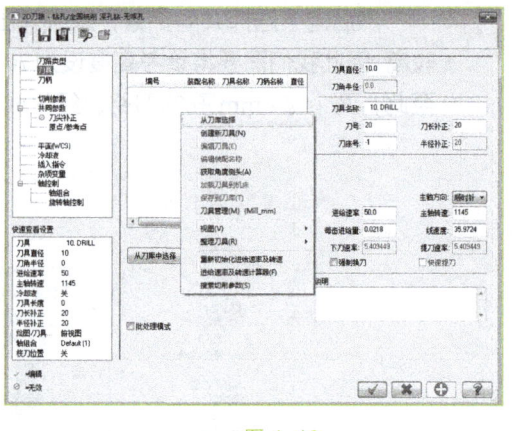

图 4-16
打开"刀具管理器"对话框

在文本框中选择我们需要的钻头，单击☑按钮，系统弹出"2D 刀路－钻孔"对话框，如图 4-18 所示。

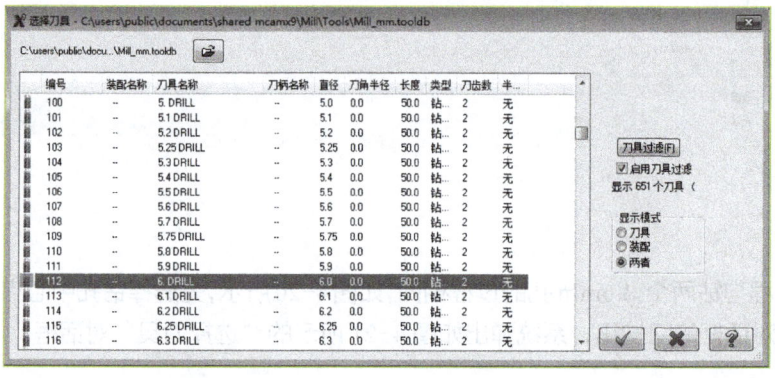

图 4-17
选择钻孔刀具

选择好后，在空白处即有了我们需要的钻头，此时将钻头的参数输入到系统。

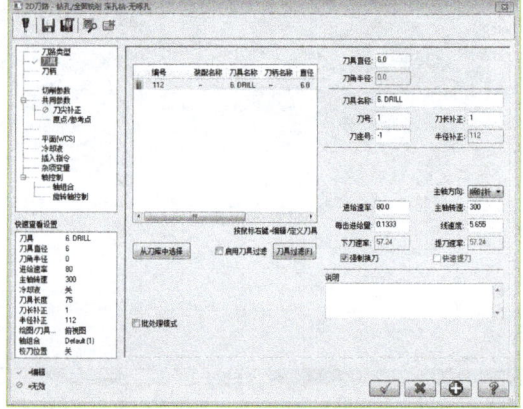

图 4-18
调入刀具

▶ 任务一　　SLS 支撑座成型件的后处理　　171

然后向下选择共同参数，系统弹出如图 4-19 所示的对话框设置钻孔深度，因为支撑座零件较高，因此我们需要将参考高度设为 70，以免加工时发生刀具干涉，最后将深度设为 -8，将孔钻穿，至此，两个 ϕ6mm 孔的刀路已经生成，接下来我们继续完成两个 ϕ8mm 的孔的刀路。

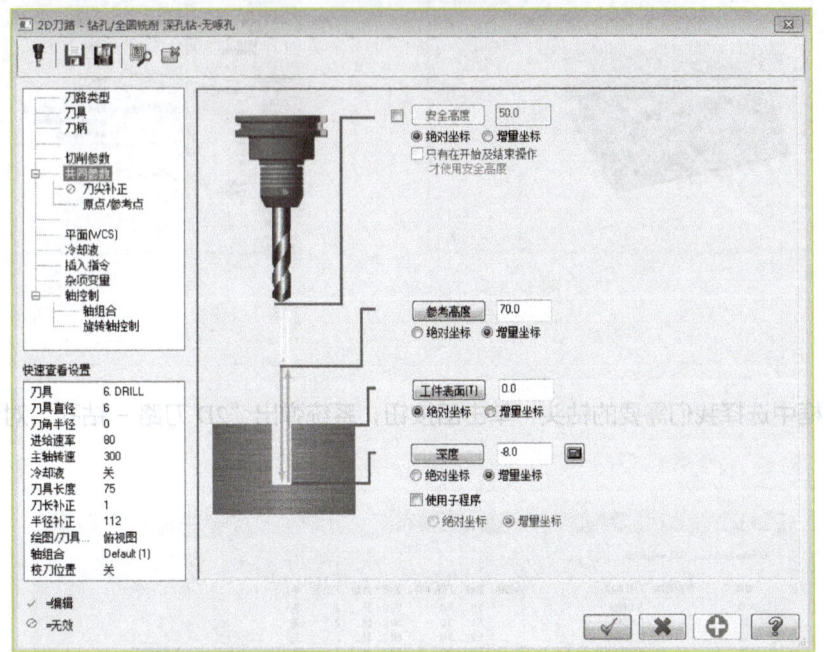

图 4-19
设置钻孔深度

此操作过程与钻两个 ϕ6mm 孔的过程相同，如图 4-20 所示，先选择钻孔中心点，然后单击"选择钻孔位置"对话框的☑按钮，系统弹出如图 4-21 所示的"选择刀具"对话框。

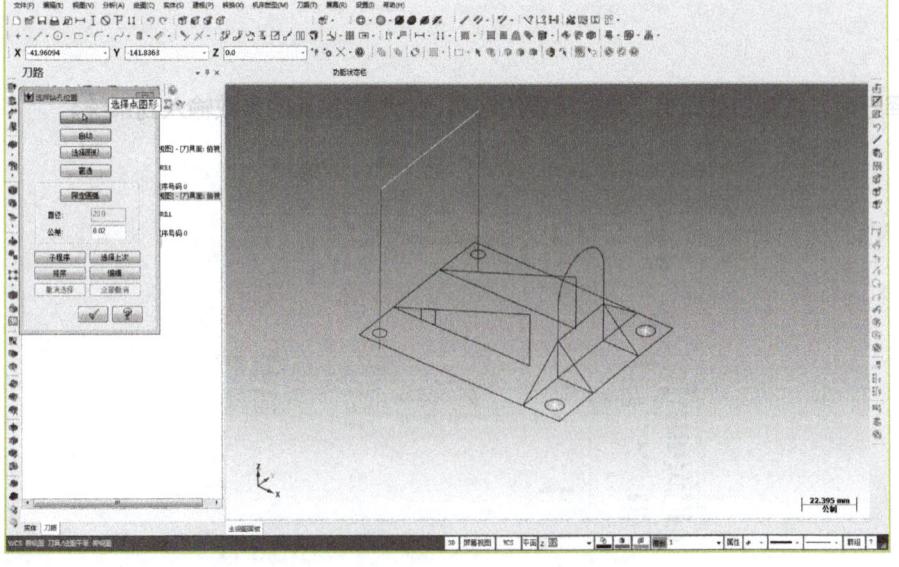

图 4-20
选择钻孔中心点

172　　项目四　　　　　　SLS 与 DMLS 成型件后处理

选择编号为 136 的钻头，单击☑按钮，系统弹出如图 4-22 所示"2D 刀路 - 钻孔"对话框。

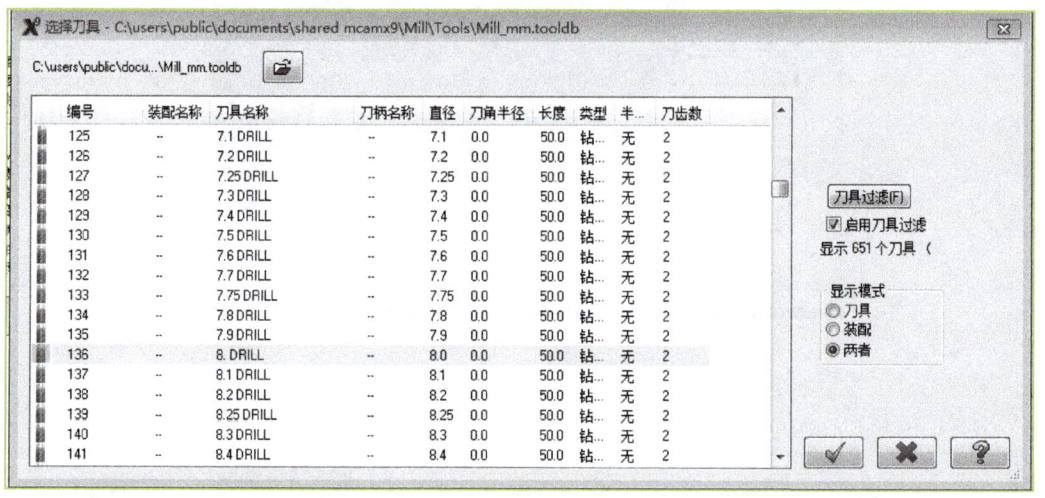

图 4-21
从刀具库选择刀具

选取刀具并设置相应参数，如图 4-23 所示。

至此四个孔的加工路径全部生成完毕，如图 4-24 所示。

接下来，让我们来利用软件模拟，看四个孔的加工是否是我们需要的路径，如图 4-25 所示。

模拟确认无误后，我们即可进行后处理，并生成加工代码，如图 4-25 ～图 4-27 所示。

当然，代码还是需要根据机床进行微调，最后生成的代码才能够在机床上运行加工，最终生成的代码文件如图 4-28 所示。

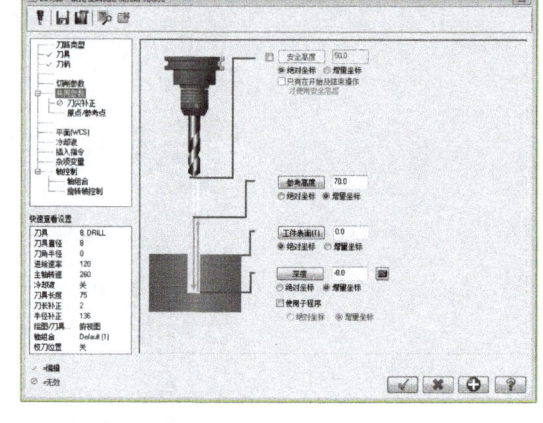

图 4-22
调入刀具

图 4-23
设置钻孔深度

▶ 任务一　　　SLS 支撑座成型件的后处理　　173

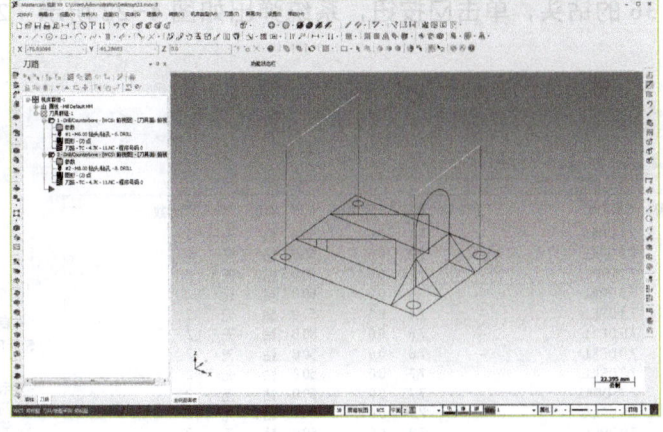

图 4-24
刀具路径生成

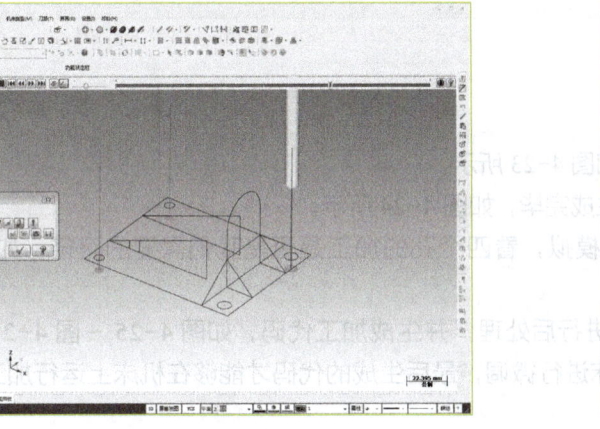

图 4-25
模拟加工

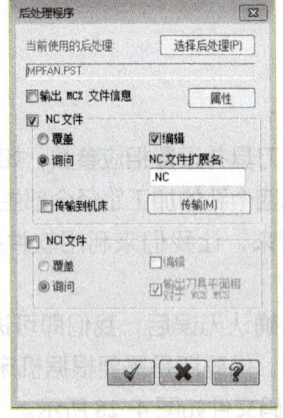

图 4-26
选择后处理

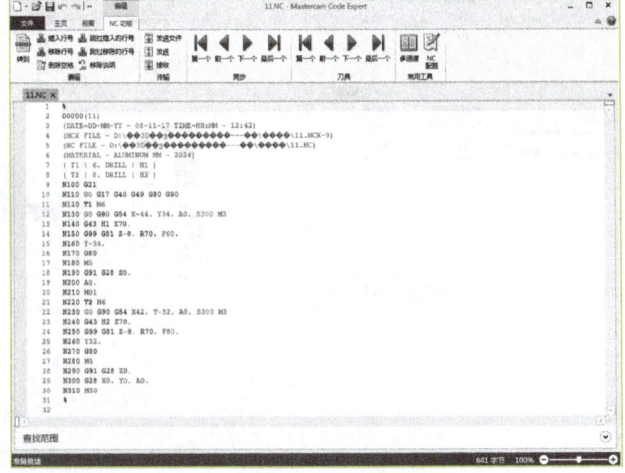

图 4-27
生成加工代码

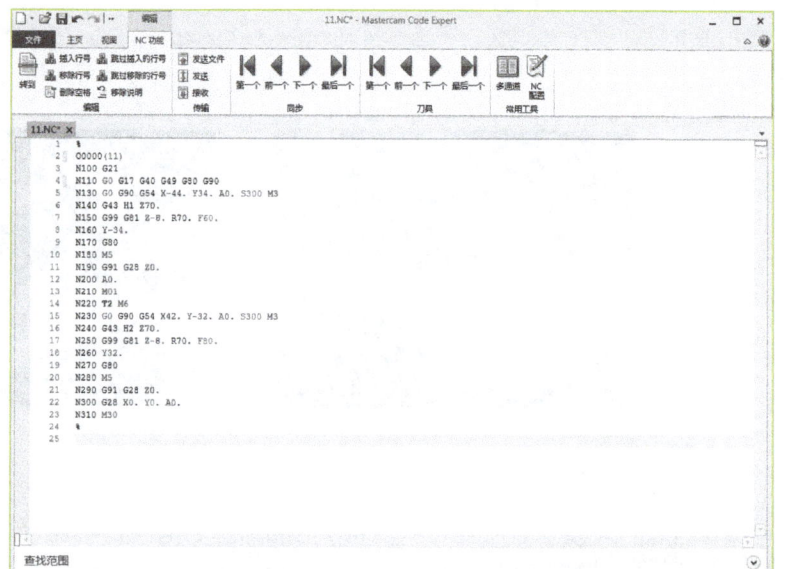

图 4-28
代码文件

2. 支撑座零件机床加工

在机床加工前，需检查机床可靠性，确认机床无故障，保证机床正常运行，方可加工。确认机床无问题后，开机回零，检查冷却液及空气压力，确认数控系统正常启动无报警，再装好工件。

将零件模型放入机床夹具，并对刀找正如图 4-29 所示。

图 4-29
模型装夹对刀

导入之前用 Mastercam 软件生成的程序代码，如图 4-30 所示。

装入刀具确认无误后，按下机床启动按钮，机床开始加工，如图 4-31 所示。

最后加工完成，打扫机床并测量零件，看是否达到图纸要求，加工好的模型如图 4-32 所示。

任务一 　　 SLS 支撑座成型件的后处理 　　 175

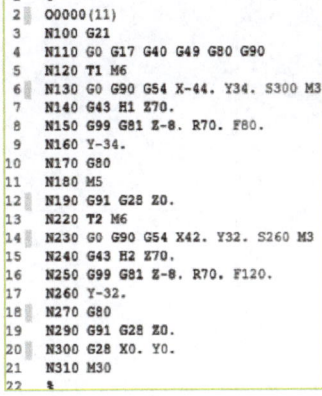

```
1   %
2   O0000(11)
3   N100 G21
4   N110 G0 G17 G40 G49 G80 G90
5   N120 T1 M6
6   N130 G0 G90 G54 X-44. Y34. S300 M3
7   N140 G43 H1 Z70.
8   N150 G99 G81 Z-8. R70. F80.
9   N160 Y-34.
10  N170 G80
11  N180 M5
12  N190 G91 G28 Z0.
13  N220 T2 M6
14  N230 G0 G90 G54 X42. Y32. S260 M3
15  N240 G43 H2 Z70.
16  N250 G99 G81 Z-8. R70. F120.
17  N260 Y-32.
18  N270 G80
19  N290 G91 G28 Z0.
20  N300 G28 X0. Y0.
21  N310 M30
22  %
```

图 4-30
导入代码

图 4-31
模型加工

图 4-32
成型模型

3. 知识链接：超声波加工

人耳能感受到的声波频率在 16 ~ 16 000Hz 范围内。当声音频率超过 16 000Hz 时，就是超声波。超声波加工的工作频率一般在 16 ~ 25kHz 范围内。利用超声波震动，不但能加工淬火钢、硬质合金等硬脆的金属材料，也适合加工像玻璃、陶瓷、宝石和金刚石等硬脆的非金属材料。

（1）超声波加工的原理

超声波加工是利用工具端面的超声频振动，或借助于悬浮液加工硬脆材料的一种工艺方法，其加工原理如图 4-33。超声波发生器产生的超声频电振荡，通过换能器转变为超声频的机械振动。变幅杆将振幅放大到 0.01 ~ 0.15mm，再传给工具，并驱动工具端面作超声振动。在加工过程中，由于工具与工件间不断注入磨料悬浮液，当工具端面以超声频冲击磨料时，磨料再冲击工件，迫使加工区域内的工件材料不断被粉碎成很细的微粒脱落下来。此外，当工具端面以很大的加速度离开工件表面时，加工间隙中的工作液可能由于负压和局部真空形成许多微空腔。当工具端面再以很大的加速度接近工件表面时，空腔闭合，从而形成可以强化加工过程的液压冲击波，这种现象称为"超声空化"。因此，超声波加工过程是磨粒在工具端面的超声振动下，以机械锤击和研抛为主，以超声空化为辅的综合作用过程。

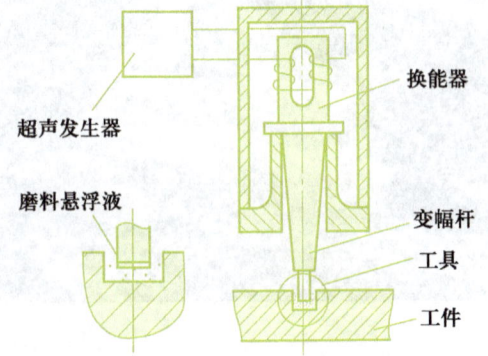

图 4-33
超声波加工原理图

（2）超声波加工的特点

① 适合加工各种硬脆材料，尤其是玻璃、陶瓷、宝石、石英、锗、硅、石墨等不导电的非

金属材料。也可加工淬火钢、硬质合金、不锈钢、钛合金等硬质或耐热导电的金属材料，但加工效率较低。

② 由于去除工件材料主要依靠磨粒瞬时局部的冲击作用，故工件表面的宏观切削力很小，切削应力、切削热更小，不会产生变形及烧伤，表面粗糙度也较低，可达 $Ra0.63 \sim 0.08\mu m$，尺寸精度可达 $\pm 0.03mm$，也适于加工薄壁、窄缝、低刚度零件。

③ 工具可用较软的材料、做成较复杂的形状，且不需要工具和工件作比较复杂的相对运动，便可加工各种复杂的型腔和型面。一般而言，超声加工机床的结构比较简单，操作、维修也比较方便。

④ 超声加工的面积不够大，而且工具头磨损较大，故生产率较低。

（3）超声波加工的基本工艺规律

加工速度及其影响因素：加工速度指单位时间内去除材料的多少，以 mm^3/min 或 g/min 为单位来表示。影响加工速度的因素主要有工具的振幅和频率、进给压力、磨料的种类和粒度、被加工材料和磨料悬浮液的浓度。

① 工具振幅和频率的影响。超声波加工中，设备的振幅和频率都在一定范围内可调，过大的振幅和过高的频率会使工具和变幅杆承受很大的内应力。因此振幅一般在 $0.01 \sim 0.1mm$ 之间，频率在 $16\,000 \sim 25\,000Hz$ 之间。在实际加工中需根据不同工具调至共振频率，以获得最大振幅，从而达到较高的加工速度。

② 进给压力的影响。加工时工具对工件应有一个适当的进给压力。压力过小时，工具端面与工件加工表面间的间隙增大，从而减少了磨料对工件的锤击力；压力增大，间隙减少，当间隙减少到一定程度则会降低磨料与工作液的循环更新速度，从而降低生产率。

③ 磨料种类和粒度的影响。超声波加工时，针对不同强度的工件材料应选择不同的磨料。一般来说，磨料强度愈高，加工速度愈快。例如，加工宝石或金刚石等超硬材料，必须选用金刚石；加工淬火钢、硬质合金，应选用碳化硼；加工玻璃、石英和硅、锗等半导体材料，选用氧化铝磨料即可。但在选择时，还要考虑加工精度、表面粗糙度和经济成本等多方面因素。

④ 被加工材料的影响。被加工材料愈硬、愈脆，则承受冲击载荷的能力愈低，愈易被去除加工，反之，韧性愈好，愈不易加工。假定玻璃的可加工性为1，则石英为0.5，硬质合金为 $0.02 \sim 0.03$，淬火钢为0.01，未淬火钢则低于0.01。可见在硬脆材料中，淬火钢在超声波加工中属难加工材料。

⑤ 磨料悬浮液浓度的影响。磨料悬浮液浓度低，加工间隙内的磨粒少，特别是在加工面积大、深度较大时可能造成加工区局部没有磨料，使加工速度大大降低。磨料浓度的增加，加工速度也增加，但浓度太高，磨粒在加工区域内的循环运动和对工件的撞击运动受到影响，又会导致加工速度降低。

（4）加工精度及其影响因素

超声波加工的精度，除了考虑机床和夹具的精度外，主要应考虑磨粒的粒度、工具的材料以及机床的加工方式等因素。

① 磨粒粒度的影响。当采用磨粒悬浮液加工时，在工具尺寸确定后，加工出孔的最小直径约等于工具直径加磨粒平均直径的2倍。采用 $240 \sim 280$# 磨粒时，孔的尺寸精度可达 $\pm 0.02mm$。

② 机床加工方式和加工工具的影响。当采用旋转的聚晶金刚石工具在水中直接加工硬脆材料，而不依靠磨料悬浮液作中介物时，由于金刚石材料的锋利和耐磨，可以使加工精度大为提高。

此外，工具的横向振动和磨损都会影响孔的尺寸精度和形状精度。

（5）超声波加工在 SLS 成型件后处理中的应用

超声波加工的生产率一般低于电火花线切割加工和激光加工，但加工精度和表面质量优于线切割加工。

① 型孔和型腔研抛加工。利用超声波对 SLS 加工后的型孔和型腔进行研抛加工，可有效提高型孔和型腔的表面粗糙度。

② 切割加工。SLS 加工后的产品如果壁厚较薄，用传统机械切割非常容易变形，加工困难。而采用超声波切割则比较有效。

③ 超声波清洗。由于超声波在液体中会产生交变冲击波和超声空化现象，这两种作用的强度达到一定值时，产生的微冲击就可以破坏工件表面的污物并使之脱落。加上超声作用无处不入，即使是小孔和窄缝中的污物也很容易被清洗干净，如图 4-34 所示。

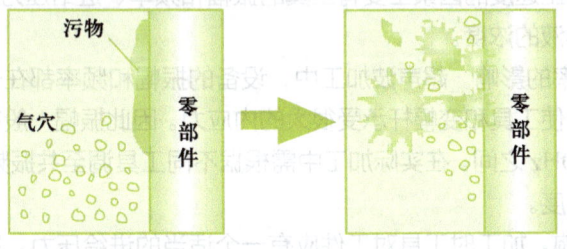

图 4-34
超声波清洗原理示意图

4.1.3　电火花线切割

因 SLS 成型法加工产品多为金属零件，有一定精度及表面粗糙度要求的零件可考虑使用电火花线切割。

1. 电火花线切割原理

电火花线切割是基于电极之间脉冲放电时的电腐蚀现象进行加工的。电火花线切割加工用一根长长的金属丝做工具电极，并以一定的速度沿电极丝轴线方向移动（低速走丝是单向移动，高速走丝是双向往返移动），它不断进入和离开切缝内的放电区。加工时，脉冲电源的正极接工件，负极接电极丝，并在电极丝与工件切缝之间喷射液体介质；另外，安装工件的工作台，则由控制装置根据预定的切割轨迹控制伺服电机驱动，从而加工出我们需要的零件。

电火花线切割由控制装置对加工轨迹（加工的形状和尺寸）进行控制。根据控制方式不同，控制装置又可分为靠模仿形、光电跟踪及数字控制三种。随着计算机技术的发展，目前电火花线切割加工绝大部分都是采用 CNC（计算机数字控制）控制装置。

电火花线切割加工所用的液体介质，低速走丝电火花线切割加工一般为去离子水，也可用煤油；而高速走丝电火花线切割加工则用皂化油的乳化液或不含油的水溶液做工作液。

低速走丝电火花线切割机电极丝的移动由电极丝运丝系统（也称走丝机构）来完成，其收线筒控制电极丝移动速度，而供丝筒控制电极丝的张力如图 4-35 所示。高速走丝电火花线切割机是靠走丝机构的储丝筒正反转来实现电极丝往返运动，如图 4-36 所示。

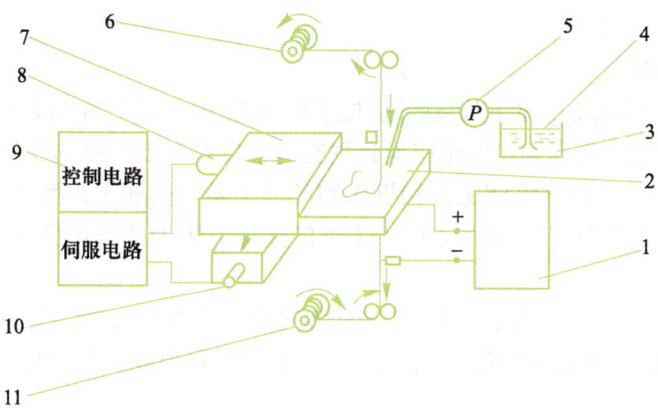

1—脉冲电源 2—工件 3—工作液箱 4—工作液 5—泵 6—新丝放丝筒
7—工作台 8—X轴电动机 9—数控装置 10—Y轴电动机 11—废丝卷筒

图 4-35
低速走丝电火花线切割加工原理图

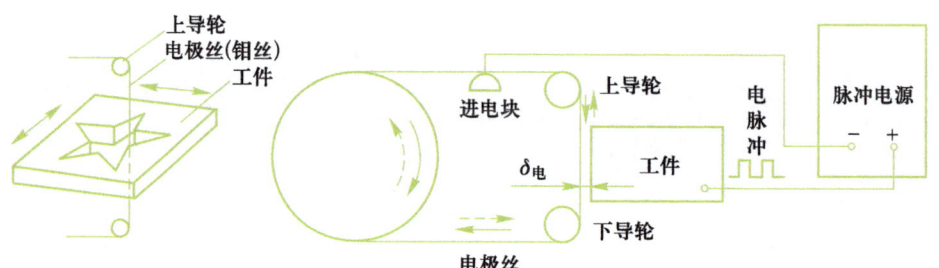

图 4-36
高速走丝电火花线切割加工原理图

2. 电火花线切割加工特点及工艺

根据电极丝运动的方式将线切割加工机床分为高速走丝线切割加工机床和低速走丝线切割加工机床，二者具有不同的特点和应用场合。高速走丝线切割加工机床因其操作简单、成本低等优点而被普遍采用。由于低速走丝线切割加工解决了自动卸除加工废料、自动搬运工件、自动穿电极丝，同时应用自适应控制技术，能够实现无人操作的加工，精度更高，但加工成本要比高速走丝线切割加工机床高得多。

（1）线切割加工的特点

① 无论被加工材料的硬度如何，只要是导体或半导体材料都能实现加工。

② 无需金属切削刀具，以 $\phi 0.03 \sim \phi 0.35mm$ 的金属丝为电极工具，工件材料的预留量少，能有效节约贵重材料。

③ 虽然加工的对象主要是平面形状，但几乎能够方便地加工任何复杂形状的型孔、微孔、窄缝等。

④ 直接采用精加工和半精加工一次加工成型，一般不需要中途转换机床。

⑤ 自动化程度高，操作方便，加工周期短，成本低。

（2）线切割加工工艺

为达到加工零件的精度及表面粗糙度，应满足线切割加工时的各种工艺要求（电参数、切割速度、工件装夹等），同时应安排好零件的工艺路线及线切割加工前的准备加工。

3. 工件的装夹与调整

（1）工件的装夹

装夹工件时，必须保证工件的切割部位位于机床工作台纵向、横向进给的允许范围之内，避免超出极限。同时应考虑切割时电极丝运动空间。夹具应尽可能选择通用（或标准）件，所选夹具应便于装夹，便于协调工件和机床的尺寸关系。在加工大型模具时，要特别注意工件的定位方式，尤其在加工快结束时，工件的变形、重力的作用会使电极丝被夹紧，影响加工。

① 悬臂式装夹。图 4-37 所示是以悬臂方式装夹工件，这种方式装夹方便，通用性强，但由于工件一端悬伸，易出现切割表面与工件上、下平面间的垂直度误差。仅用于加工要求不高或悬臂较短的情况。

② 两端支撑方式装夹。图 4-38 所示是以两端支撑方式装夹工件，这种方式装夹方便、稳定，定位精度高，但不适于装夹较大的零件。

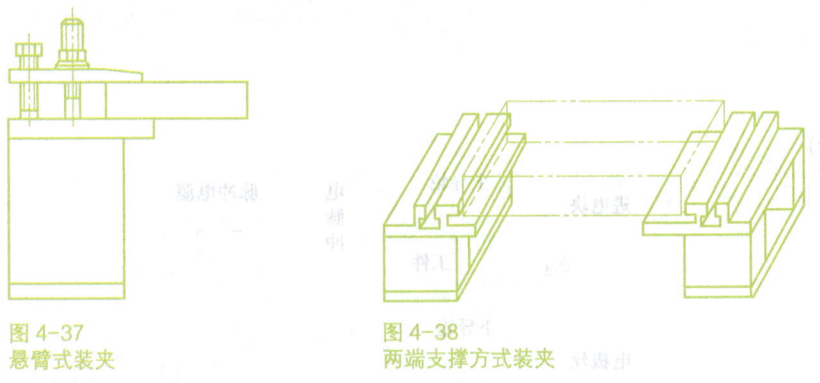

图 4-37
悬臂式装夹

图 4-38
两端支撑方式装夹

③ 桥式支撑方式装夹。这种方式是在通用夹具上放置垫铁后再装夹工件，如图 4-39 所示。这种方式装夹方便，对大、中、小型工件都能适用。

④ 板式支撑方式装夹。图 4-40 所示是以板式支撑方式装夹工件。根据常用的工件形状和尺寸，采用有通孔的支撑板装夹工件。这种方式装夹精度高，但通用性差。

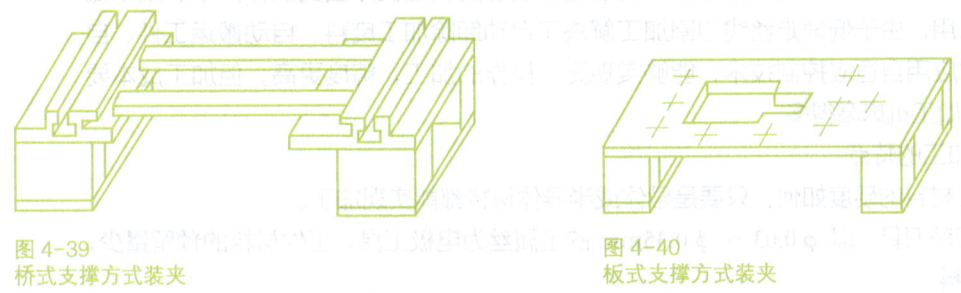

图 4-39
桥式支撑方式装夹

图 4-40
板式支撑方式装夹

⑤ 复式支撑方式装夹。复式支撑夹具是在桥式夹具的基础上，再装上专用夹具组合而成的，如图 4-41 所示。其装夹方便，特别适用于大批量零件生产。既可以节省找正和调整电极丝相对位置等辅助工时，又保证了工件加工的一致性。

在本任务中根据支撑座模型工件的尺寸大小，选择悬臂式进行装夹如图 4-42 所示、图 4-43 所示。

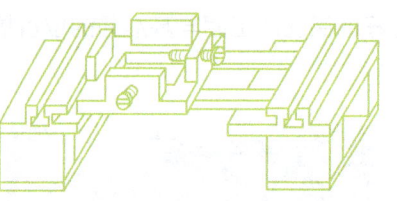

图 4-41
复式支撑方式装夹

图 4-42
悬臂式装夹正面图

图 4-43
悬臂式装夹侧面图

（2）工件的调整

装夹好的工件一般需经过适当调整，使工件的定位基准分别与工作台的 X、Y 方向保持平行，以保证加工面与基准面的位置精度。常用的方法有两种：百分表找正和划线法找正。

① 百分表找正。如图 4-44 所示，用磁力表架将百分表固定在丝架或其他位置上，百分表的测量头与工件基面接触，往复移动工作台，按百分表指示值调整工件的位置，直至百分表指针的偏摆范围达到所要求的数值。找正应在相互垂直的三个方向上进行。

② 划线法找正。工件的切割图形与定位基准之间的相互位置精度要求不高时，可采用划线法找正，如图 4-45 所示。利用固定在丝架上的划针对准工件上划出的基准线，往复移动工作台，目测划针、基准间的偏离情况，将工件调整到正确位置。

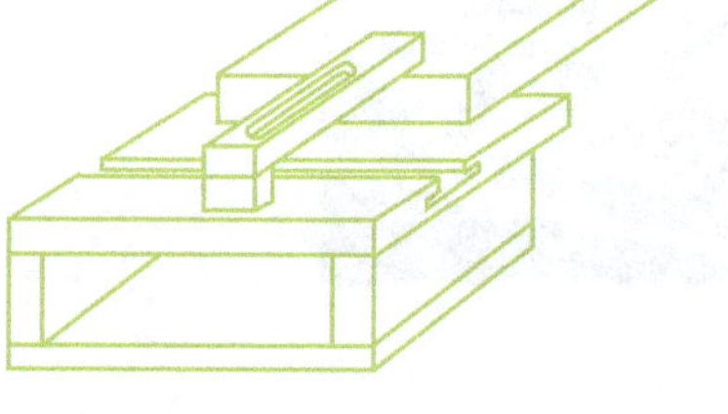

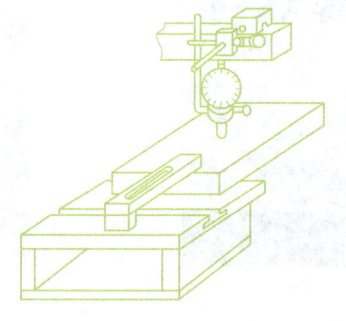

图 4-44
百分表找正

图 4-45
划线法找正

▶ 任务一　　SLS 支撑座成型件的后处理　　181

为提高找正精度，从而更好地保证加工面与基准面的位置精度，可采用百分表进行找正，如图 4-46 所示。

图 4-46
百分表找正工件

4. 试切工件

在线切割自动加工前还应进行工件试切，用以确定加工起始点，这里选择底板与 3D 打印件的接缝位置作为加工起始点，以便加工基准与编程基准重合，从而减少定位误差。在不开启工作液的状态下，启动走丝并开启脉冲电源，将电极丝移动到接缝位置，电极丝与工件接触后会产生明显火花，注意观察火花情况。正常状态下，整个接触处都会有火花。反之，如果只有上面或下面有零星火花，则说明存在问题，很可能是由于电极丝垂直度偏低造成的，需对电极丝垂直度重新校正，正常的火花画面和存在问题的火花画面分别如图 4-47 和图 4-48 所示。

图 4-47
正常的火花画面

图 4-48
存在问题的火花画面

5. 正式切割

设置好加工参数后，先开启走丝机构，再启动工作液，接通脉冲电源就可以运行程序进行加工了。用电火花线切割法去除底板后的支撑座模型如图4-49所示。

图 4-49
去除底板后的支撑座模型

6. 知识链接：线切割加工的基本规律

（1）影响切割速度的主要因素

① 峰值电流。峰值电流指加工中最大荷载时的电流值。在其他条件保持不变的情况下，提高脉冲峰值电流。可以按比例提高单个脉冲放电能量，因而可以按比例提高切割速度。

② 脉冲宽度。脉冲宽度指电压随时间有规律变化的时间宽度。在其他条件保持不变的情况下，切割速度将随着脉冲宽度的增加而增加。但当脉冲宽度增大到一定范围时，切割速度将明显偏离其正比关系，甚至还会随脉冲宽度的增加而下降。出现这种情况的原因主要是由于脉冲宽度增加时，蚀除量增加，排屑条件变差，使加工变得不稳定而影响速度。

③ 脉冲间隔。脉冲间隔指连接两个电压脉冲之间的时间。在其他条件保持不变的情况下，减小脉冲间隔会使脉冲放电频率增加，从而使切割速度随之提高。在高速走丝的条件下，因其脉冲峰值电流一般都在20A以下，一般认为脉冲间隔为脉冲宽度的 4～8 倍为宜。如果工件厚，排屑条件恶劣时，可以适当增加脉冲间隔，降低加工电流和切割速度，提高切割的稳定性。

④ 电极丝材质。在高速走丝电火花线切割时，常用钼丝和钨钼丝作电极丝，钨钼丝不仅抗拉强度高，可以制成 $\phi 0.06mm$ 以下的细丝，而且切割速度也会比钼丝切割时高。低速走丝时，一般使用黄铜丝或紫铜丝，尽管黄铜丝损耗较大，但它抗拉强度高，加工十分稳定，切割速度比用紫铜作电极丝时要高，所以绝大多数低速走丝线切割机均采用黄铜丝作电极丝材料。

⑤ 电极丝张紧力。在正常范围内，电极丝的张紧力越大，在加工时所发生振动的振幅则会越小，因而切缝变窄，且不易发生短路，加工精度高。

⑥ 走丝速度。电极丝的走丝速度快慢，不仅会影响电极丝在切缝加工区逗留时间及其所承受的放电次数。而且还会影响工作液带入切缝加工区的速度及电蚀产物的排出速度。很明显，走丝速度越快，切缝放电区温升就较小，工作液进入加工区速度则越快，电蚀产物的排除速度也越快。这就有助于提高加工稳定性，并减少产生二次放电的概率，因而有助于提高切割速度。低速走丝电火花线切割的走丝速度一般为 0.5～10m/min，高速走丝电火花线切割的走丝速度一般为 2～11m/s。

（2）影响加工表面粗糙度的主要因素

① 脉冲参数。无论是增大脉冲峰值电流还是增加脉冲宽度，都会因增大了脉冲能量而使加工表面粗糙度值增大。一般认为脉冲间隔的变化对加工表面粗糙度的影响非常小。

② 工件材料。由于工件材料的热学性质不同，在相同的脉冲能量下加工的表面粗糙度是不一样的。加工高熔点材料，其加工表面粗糙度值就要比加工熔点低的材料小。当然，切割速度也会下降。

③ 工作液。采用煤油做工作液时，切割速度低，但表面粗糙度较好；用去离子水做工作液时，切割速度较高，而加工表面粗糙度值也会相应增大。高速走丝电火花线切割加工常用皂化油乳化液做工作液，但种类型号不同，也会对切割速度和表面粗糙度产生影响。

7. 知识链接：激光加工

激光加工是 20 世纪 60 年代发展起来的一种新兴技术。它是利用光能经过透镜聚焦后达到很高的能量密度，依靠光热效应来加工各种材料。由于它利用高能光束进行加工，加工速度快，变形小，可以加工各种金属和非金属材料，在生产实践中不断显示出它的优越性，因而广泛用于切割、打孔、焊接、表面热处理以及信息存储等许多领域。

（1）激光加工的原理

激光是一种经受激辐射产生的加强光。它的光强度高，方向性、相干性和单色性好，通过光学系统可将激光束聚焦成直径为几十微米到几微米的极小光斑，从而获得极高的能量密度（$10^8 \sim 10^{10} \text{W} / \text{cm}^2$）。当激光照射到工件表面，光能被工件吸收并迅速转化为热能，光斑区域的温度可达 10^4℃ 以上，使材料熔化甚至汽化。随着激光能量的不断吸收，材料凹坑内的金属蒸气迅速膨胀，压力突然增大，熔融物爆炸式地高速喷射出来，在工件内部形成方向性很强的冲击波。因此，激光加工是工件在光热效应下产生的高温熔融和冲击波的综合作用过程。

图 4-50 是固体激光器中激光的产生和工作原理图。当激光的工作物质钇铝石榴石受到光泵（激励脉冲氙灯）的激发后，吸收具有特定波长的光，在一定条件下可导致工作物质中的亚稳态粒子数大于低能级粒子数，这种现象称为粒子数反转。此时一旦有少量激发粒子产生受激辐射跃迁，造成光放大，再通过谐振腔内的全反射镜和部分反射镜的反馈作用产生振荡，此时由谐振腔的一端输出激光。再通过透镜聚焦形成高能光束，照射在工件表面上，即可进行加工。固体激光器中常用的工作物质除了钇铝石榴石外，还有红宝石和钕玻璃等材料。

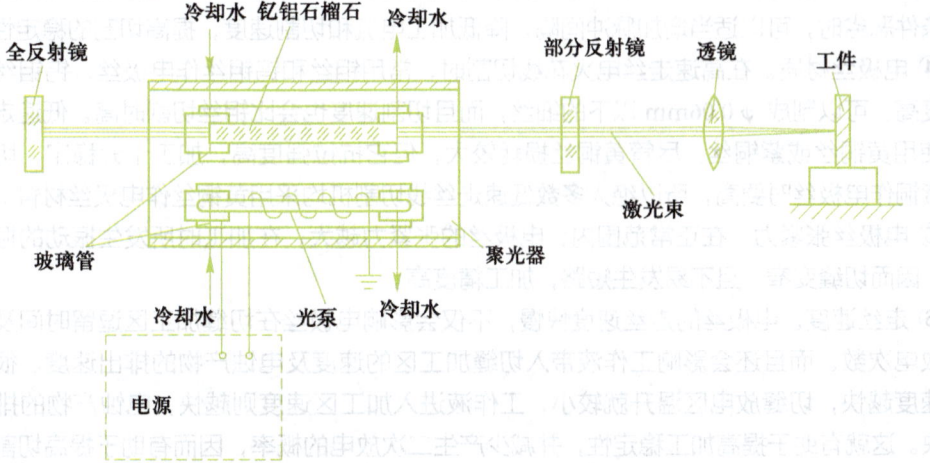

图 4-50
固体激光器中激光的产生与加工原理

（2）激光加工的特点

① 激光加工属高能束流加工，其功率密度可高达 $10^8 \sim 10^{10}$W／cm^2，几乎可以加工任何金属与非金属材料。

② 激光加工无明显机械力，也不存在工具损耗问题。加工速度快，热影响区小，易实现加工过程自动化。

③ 激光可通过玻璃等透明材料进行加工。

④ 激光可以通过聚焦，形成微米级的光斑，输出功率的大小又可以调节，因此可用于精密微细加工。

⑤ 可以达到 0.01mm 的平均加工精度和 0.001mm 的最高加工精度；表面粗糙度 Ra 值可达 $0.4 \sim 0.1\mu$m。

（3）激光切割

激光切割所需的功率密度约为 $10^5 \sim 10^7$W／cm^2。它既可以切割金属材料，也可以切割非金属材料。它还能透过玻璃切割真空管内的灯丝，这是任何机械加工所不能做到的。加工过程如图 4-51 所示。

图 4-51
激光切割

固体激光器（YAG）输出的脉冲式激光成功地用于半导体硅片的切割、化学纤维喷丝头异型孔的加工等。大功率的 CO_2 气体激光器输出的连续激光不但广泛用于切割钢板、铁板、石英和陶瓷，而且还可用于切割塑料、木材、纸张和布匹等。因此，利用 SLS 技术加工的制件均可用激光切割方式进行后处理。

4.1.4 打磨、物理抛光

打磨、抛光在机械加工过程中是很重要的一道工序，随着金属加工制品的日溢广泛应用，对产品的外观品质要求也越来越高，所以对产品表面抛光质量也要相应提高，特别是镜面和高光高亮表面的产品表面粗糙度要求更高，因而对抛光的要求也更高。抛光不仅增加工件的美观，而且能够改善材料表面的耐腐蚀性、耐磨性，还可以方便于后续的检测相关工作。

1. 打磨、物理抛光的分类

机械抛光是靠切削、材料表面塑性变形去掉被抛光后的凸部而得到平滑面的抛光方法，一般使用油石条、羊毛轮、砂纸等，以手工操作为主，特殊零件如回转体表面，可使用转台等辅助工具，表面质量要求高的可采用超精研抛的方法。超精研抛是采用特制的磨具，在含有磨料的研抛液中，紧压在工件被加工表面上，作高速旋转运动。利用该技术可以达到 Ra 为 0.008μm 的表面粗糙度，是各种抛光方法中最高的。

手工打磨、抛光即利用现有的打磨、抛光工具对金属表面进行零件表面处理。手工打磨利用相对锐利、坚硬的材料，磨削较软的材料表面，手工打磨是最原始但最能有效控制技术指标的工艺，其工艺编制简单，运用灵活，行之有效，可以在出现问题，或者预见问题时，随时调整工艺流程，使其适应新的要求。手工打磨的价值比和效率极高，当然，这需要理论和实践经验的充分结合才能达到。

2. 常用打磨、抛光工具

打磨、抛光使用材料和工具主要有：锉刀、砂纸、砂条、砂轮、研磨膏、海绵砂、抛光百叶轮、粗、细什锦锉、研磨平台等，其中砂纸等打磨工具的详细使用在本书前面章节有所叙述，故这里主要以锉刀为主要工具介绍打磨的方法。

（1）锉刀的分类

锉刀是用碳素工具钢 T12 或 T13 经热处理后，再将工作部分淬火制成的，是一种小型生产工具，如图 4-52 和图 4-53 所示。

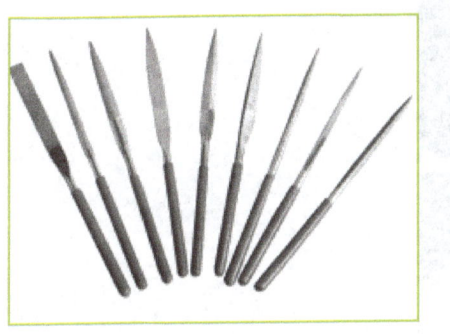

图 4-52
整型锉

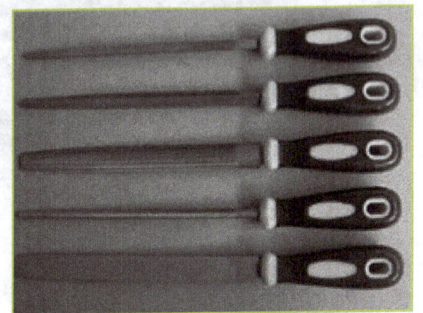

图 4-53
锉刀

① 锉刀按用途分有：普通钳工锉，用于一般的锉削加工；整形锉（什锦锉），用于锉削小而精细的金属零件，由许多各种断面形状的锉刀组成一套。

② 锉刀按剖面形状分有扁锉、平锉、方锉、半圆锉、圆锉、三角锉、菱形锉和刀形锉等。平锉用来锉平面、外圆面和凸弧面；方锉用来锉方孔、长方孔和窄平面；三角锉用来锉内角、三角孔和平面；半圆锉用来锉凹弧面和平面；圆锉用来锉圆孔、半径较小的凹弧面和椭圆面。

锉刀的断面形状应根据被锉削零件的形状来选择，使两者的形状相适应。锉削内圆弧面时，要选择半圆锉或圆锉（小直径的工件）；锉削内角表面时，要选择三角锉；锉削内直角表面时，可以选用扁锉或方锉等。选用扁锉锉削内直角表面时，要注意使锉刀没有齿的窄面（光边）靠近内直角的一个面，以免碰伤该直角表面。锉刀齿的粗细要根据加工工件的余量大小、加工精度、材料性质来选择。粗齿锉刀适用于加工大余量、尺寸精度低、形位公差大、表面粗糙度数值大、材料软的工件；反之应选择细齿锉刀。使用时，要根据工件要求的加工余量、尺寸精度和表面粗糙度的大小来选择。锉刀尺寸规格应根据被加工工件的尺寸和加工余量来选用。加工尺寸大、余量大时，要选用大尺寸规格的锉刀，反之要选用小尺寸规格的锉刀。

（2）锉刀的使用方法

控制锉刀的方法与操作姿势：

将锉刀柄的后端圆球部位顶在右手掌心，大拇指压在手柄的前端上面位置并自然伸直，其余四指紧握手柄；左手放在锉刀的前端。当使用较长锉刀、锉削余量较大时，用左手掌压在锉刀的前端上部，四指自然向下弯曲，用中指和无名指握住锉刀，配合右手引导锉刀，使其平直锉动。如图 4-54a 所示。当使用 2 号锉刀或较短锉刀、锉削余量较小时，用左手的大拇指和食指捏住锉刀的前端，将锉刀端平，进行锉削，如图 4-54b 所示。

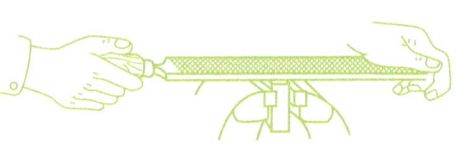 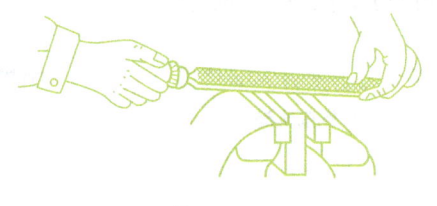

a) 长锉刀控制方法   b) 短锉刀控制方法

图 4-54
锉刀基本使用方法

锉削的用力方法：

以锉平面为例，锉削时，双手施加的压力要适当，以保证锉刀平直地锉削运动。开始时，右手施加的压力最小，左手施加的压力最大，使锉刀平稳地向前运动，如图 4-55 a 所示；随着锉刀向前运动，行程增加，左手施加压力逐渐减小，右手施加的压力增大，当锉刀行至 1/2 行程时，左、右手施加的压力基本相等，锉刀处于水平状态，如图 4-55 b 所示；当锉刀的锉削行程结束，即将返回的一瞬间，右手施加压力最大，而左手施加压力减小到最小，此时锉刀仍保持水平状态，如图 4-55 c 所示；当锉刀返回时，双手不加压力或双手将锉刀抬起，离开工件，快速返回到起始位置，准备下一次的锉削，如图 4-55 d 所示。

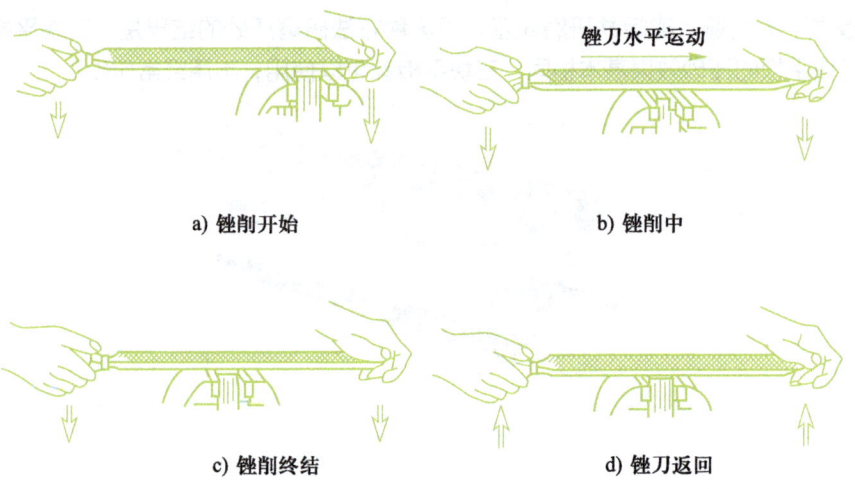

a) 锉削开始   b) 锉削中

c) 锉削终结   d) 锉刀返回

图 4-55
锉削的用力方法

平面锉削的三种常用方法：

① 顺锉法。这种锉削方法形成的锉纹均匀一致、美观，是最基本、最常用的锉削方法，常用于精锉。锉削时，锉刀运动的方向与工件夹持方向始终一致，在每锉完一次后，返回时，将锉刀横向作适当移动，再作下一次锉削（见锉削轨迹图），如图 4-56a 所示。

▶ 任务一   SLS 支撑座成型件的后处理   187

② 交叉锉法。这种锉削方法形成的锉纹交叉、锉刀与工件接触面积大，锉刀容易掌握平稳，常用于粗加工。锉削时，锉刀运动的方向与工件夹持方向约呈30°～40°夹角，如图4-56b所示。

③ 推锉法。这种锉削方法的切削量很小，锉削时锉刀容易掌握平稳，能获得比较平整、光滑的平面，适用于加工狭窄或精加工工件。锉削时，双手握在锉刀的两端，左、右手大拇指均压在锉刀的窄面上，自然伸直，其余四指向手心弯曲，握紧锉身；工作时，双手推、拉锉刀进行锉削加工，如图4-56c所示。

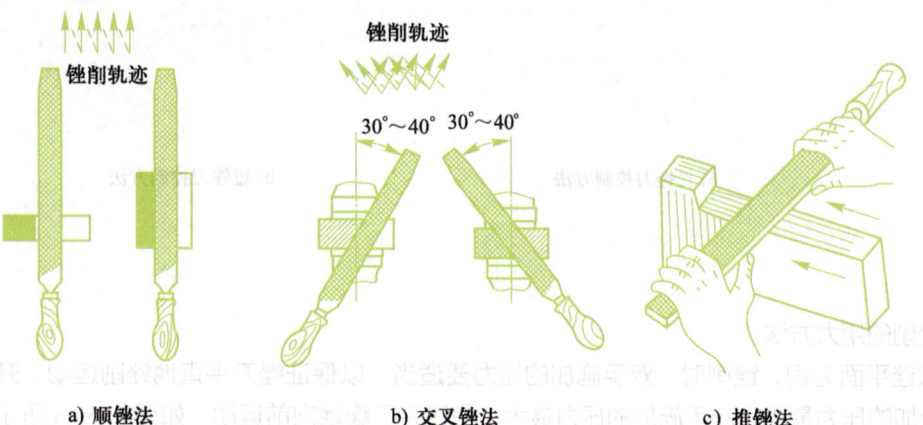

a) 顺锉法　　　　　　b) 交叉锉法　　　　　　c) 推锉法

图4-56
推锉法

（3）研磨平台的使用方法

研磨平台是在研磨加工中用到的一种嵌有金刚砂磨料的平板，如图4-57所示。

研磨方法：一种是三板互研法，所谓三板互研法是指三块平板相互之间依次互研，并且每块铸铁平板做下板两遍，实际共研磨6遍。用这种方法研磨压砂的结果是，三块平板的平面度都很好，三块平板的压砂效果基本相同，三块平板都可以使用，不用经常压砂。

图4-57
研磨平台

另一种方法是两块板互研法，也叫子母板压法，这种方法是只用两块铸铁平板一上一下互研。用这种方法研磨压砂结果是，两块平板的平面度基本吻合，上板的平面度凹，下板的平面度凸，并且下板的压砂效果要比上板的好。由于上板中间凹，不容易修理量块，一般不用上板，只用下板这一块平板。

3. 打磨、抛光工艺

打磨、抛光工艺，一般是由粗磨、半精磨、精磨、抛光四部分组成。针对不同要求的零件，每一个部分都有不同的工艺要求和目的。

（1）打磨、抛光前的准备工作

操作者应熟悉设备结构、工作原理，并经过实际操作培训。认真熟悉打磨件图样中的技术要求、相关的打磨工艺指导卡。检查电源线有无破损、正确选择砂轮和百叶片，正确选用百叶片的种类和抛光轮的目数。打磨件在翻转和搬运过程中要轻拿、轻放，避免装饰面的划伤、磕碰。认真检查来件外装饰面是否有磕碰、麻点、凹坑，其缺陷深度是否可以通过打磨的方法去除。开机前应保证设备处于良好状态，抛光轮应安装牢固，周围无障碍物，周围无易燃烧物，检查后再开机。

（2）粗磨

粗磨是借助粘有磨料的特制磨光轮的旋转（或手工砂纸），以切削金属零件表面的过程。粗磨可去掉零件表面的毛刺、锈蚀、划痕、焊瘤、焊缝、砂眼、氧化皮等宏观缺陷，以提高零件的平整度。

打磨、抛光工艺一般为粗磨到精磨的过程，在确定零件材料及物理性能后，选用相应型号的砂纸进行试磨。粗磨可根据零件表面状态和质量要求高低进行一次和几次（磨料粒度逐渐减小）粗磨。粗磨适用于加工一切金属材料和部分非金属材料，其能去除毛坯的大部分加工余量，最后所达到的效果要保持到大致的几何形状与粗糙度；粗磨效果主要取决于磨料的特性和质量。

如选用砂纸粗磨时应注意：根据零件的物理参数及打磨的技术要求而选择不同目数的砂纸，一般原则先粗后细、先大后小；零件材料较软则选用目数较大的砂纸；零件表面粗糙度较大，则选用目数较小的砂纸；零件表面黏度大的，选用目数小的大粒砂纸，以便在磨削过程中及时排削；零件材料硬度较高，则与零件材料较软的情况相反；当零件的几何形状较为复杂时，应灵活选用不同形状的磨具；不管是手持磨具还是工具夹持零件，要特别注意零件的变形量。

（3）精磨

精磨，又称细磨，它是介于粗磨与抛光两大工序之间的重要工序，它的目的是保证工件达到抛光前所需要的形状精度、尺寸精度和表面粗糙度。因此，精磨的质量对抛光的影响是非常重要的。

（4）抛光

抛光是最后一个工序过程，也是最终实现光学表面层的最后一部分，在留有适当抛光余量的前提下粗磨和精磨工序必须要为最后一步的抛光工序做好准备，使得在整个抛光过程当中，尽量去除粗磨与精磨所留下的破坏。

目前常用的抛光方法有以下几种：

① 机械抛光。机械抛光是靠切削、材料表面塑性变形去掉被抛光后的凸部而得到平滑面的抛光方法，一般使用油石条、羊毛轮、砂纸等，以手工操作为主，特殊零件如回转体表面，可使用转台等辅助工具，表面质量要求高的可采用超精研抛的方法。超精研抛是采用特制的磨具，在含有磨料的研抛液中，紧压在工件被加工表面上，作高速旋转运动。利用该技术可以达到 $Ra=0.008\mu m$ 的表面粗糙度，是各种抛光方法中最高的。光学镜片模具常采用这种方法。

② 化学抛光。化学抛光是让材料在化学介质中表面微观凸出的部分较凹下的部分优先溶解，从而得到平滑面。这种方法的主要优点是不需复杂设备，可以抛光形状复杂的工件，可以同时抛光很多工件，效率高。化学抛光的核心问题是抛光液的配制。化学抛光得到的表面粗糙度一般为 $10\mu m$ 级。

③ 电解抛光。电解抛光基本原理与化学抛光相同，即靠选择性的溶解材料表面微小凸出部分，使表面光滑。与化学抛光相比，可以消除阴极反应的影响，效果较好。电化学抛光过程

分为两步：

宏观整平：溶解产物向电解液中扩散，材料表面几何粗糙度下降，$Ra > 1\mu m$。

微观平整：阳极极化，表面粗糙度进一步下降，$Ra < 1\mu m$。

④ 超声波抛光。将工件放入磨料悬浮液并一起置于超声波场中，依靠超声波的振荡作用，使磨料在工件表面磨削抛光。超声波加工宏观力小，不会引起工件变形，但工件制作和安装较困难。超声波加工可以与化学或电化学方法结合。在溶液腐蚀、电解的基础上，再施加超声波振动搅拌溶液，使工件表面溶解产物脱离，表面附近的腐蚀或电解质均匀；超声波在液体中的空化作用还能够抑制腐蚀过程，利于表面光亮化。

⑤ 流体抛光。流体抛光是依靠高速流动的液体及其携带的磨粒冲刷工件表面达到抛光的目的。常用方法有：磨料喷射加工、液体喷射加工、流体动力研磨等。流体动力研磨是由液压驱动，使携带磨粒的液体介质高速往复流过工件表面。介质主要采用在较低压力下流过性好的特殊化合物（聚合物状物质）并掺上磨料制成，磨料可采用碳化硅粉末。

⑥ 手工抛光。手工抛光主要是人工使用电动抛光工具或者使用高目数砂纸进行抛光，如图4-58所示，在用砂纸抛光时应注意以下几点：

用砂纸抛光需要利用软的木棒或竹棒。在抛光圆面或球面时，使用软木棒可更好的配合圆面和球面的弧度。而较硬的木条像樱桃木，则更适用于平整表面的抛光。修整木条的末端使其能与钢件表面形状保持吻合，这样可以避免木条（或竹条）的锐角接触钢件表面而造成较深的划痕。

当换用不同型号的砂纸时，抛光方向应变换45°～90°，这样前一种型号砂纸抛光后留下的条纹阴影即可分辨出来。在换不同型号砂纸之前，必须用100%纯棉花蘸取酒精之类的清洁液对抛光表面进行仔细的擦拭，因为一颗很小的沙砾留在表面都会毁坏接下去的整个抛光工作。从砂纸抛光换成钻石研磨膏抛光时，这个清洁过程同样重要。在抛光继续进行之前，所有颗粒和煤油都必须被完全清洁干净。

为了避免擦伤和烧伤工件表面，在用1 200目和1 500目砂纸进行抛光时必须特别小心。因而有必要加载一个轻载荷以及采用两步抛光法对表面进行抛光。用每一种型号的砂纸进行抛光时都应沿两个不同方向进行两次抛光，两个方向之间每次转动45°～90°。

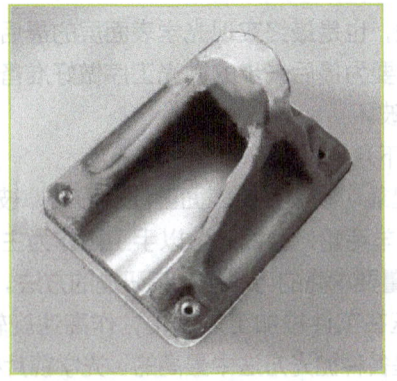

图 4-58
经过手工抛光后的支撑座模型

4. 零件测量

零件在后处理过程中及后处理结束后都必须严格按照图纸文件要求检测、测量，尤其是在后处理过程中，及时测量可以有效地控制废品。

常用的量具有高度卡尺和游标卡尺，如图 4-59 和图 4-60 所示，有条件的可以用三坐标测量仪进行测量。

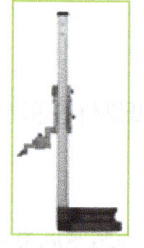

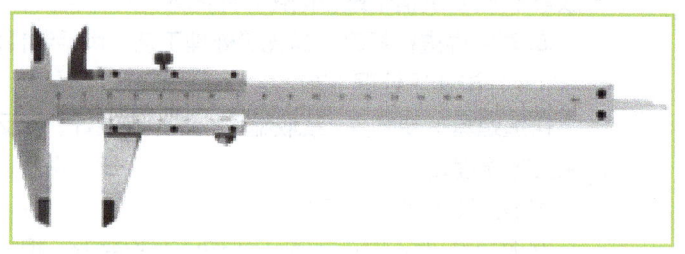

图 4-59
高度卡尺

图 4-60
游标卡尺

采用 SLS 技术打印的产品均是通过计算机软件设计完成的，这就要求后处理人员仔细参照设计图纸、技术要求和 3D 图形。比如：零件支撑和零件主体的区别，这就对进行 SLS 成型件后处理人员技能要求较高，必须熟练运用后处理工具，最后完成零件的后处理工作。

5. 打磨、物理抛光注意事项

在零件打磨、抛光后处理过程中，会产生大量的金属粉尘，因此要求操作者充分了解相关劳动保护知识。

在打磨、抛光过程中，首先要求操作者具有相关行业培训经验。在操作前，应对相关设备进行安全例行检查，确认安全后，方可进行以下操作。

在操作过程中，因工作需要，现场会产生大量金属粉尘，因此必须打开抽风设备并穿戴好相关的个人劳动保护用品。抛光时工件应拿稳，用力应适当。必要时要安装托架，以防工件脱手伤人。

最后，因 SLS 成型的金属材料开发日新月异，在新材料中会含有有毒物质，因此请注意后处理过程中的环境保护。

6. 拓展学习：SLS 复合材料成型件后处理工艺

（1）SLS 高分子材料及其复合材料

SLS 高分子原材料分为热塑性和热固性材料。目前，大多作为 SLS 粉料的是热塑性材料。热塑性塑料粉又可分为晶态和非晶态两类，使用较多的烧结原材料为非晶态高分子粉料。现在已投入使用的结晶类成型粉料一般是尼龙 (Nylon) 及共聚尼龙粉料，由于结晶性聚合物的烧结件具有较高的强度和韧性，可以直接作为功能件使用，具有较大的发展潜力。热固性塑料粉末成型机理是在激光的热作用下分子间发生交联反应使粉体颗粒彼此粘接。目前，最常用的热固性材料是酚醛树脂和环氧树脂，但一般不可以单独使用，可以作为复合材料粉末中黏结剂。

高分子粉末及其复合材料的烧结件根据用途的不同后处理工艺分为两大类：当其应用于功能测试件时，一般采用渗树脂处理来提高制件的强度；当其应用于精密铸造制造金属零件的消失模时，主要是使用铸造蜡处理，以降低制件表面粗糙度。

（2）渗树脂后处理工艺

在树脂涂料中，环氧树脂具有力学性能好，黏结性能优异，固化收缩率小，稳定性好的优点，浸渗后制件的强度高、变形度小，常被选用为后处理的基体材料。浸渗树脂的工艺流程如下：

① 将附着在烧结件表面的粉末清理干净。

② 根据材料的不同，称量环氧树脂与稀释剂以及固化剂，其比例需要通过实验测得。

③ 以手工涂刷的方式浸渗树脂。

④ 涂刷完毕，用吸水纸将制件表面多余的树脂吸净，置于室温下自然晾干，时间在 4～6h，再放置于 60℃烘箱中进行固化，时间为 5h。

⑤ 对制件进行打磨、抛光等处理工艺，满足制件的使用功能要求。

（3）渗蜡后处理工艺

铸造蜡具有硬度高、线收缩率小、稳定性好、可反复使用、并能降低制件表面粗糙度的优点。渗蜡工艺流程如下：

① 清理制件表面的浮粉。

② 防止制件长时间浸泡于蜡液中变软变形，根据制件特征合理选择蜡液温度和渗蜡时间，见表 4-1。首先将原型件放入烘箱（设定 60℃）中 30min，使制件受热均匀。再将预热好的原型件放入到一定温度的蜡池中，等到原型件表面没有气泡冒出的时候，再将原型件用托盘提出蜡池。将渗蜡后的制件放在 30℃的烘箱中冷却 30～60min 后，再放置到空气中冷却。

③ 根据铸件质量要求，对渗蜡制件进行相应的表面处理。

表 4-1　渗蜡温度与制件特征关系

厚度 /mm	厚度均匀 /℃	厚度不均匀 /℃	厚度极度不均匀 /℃
$d \leqslant 10$	65	65	65
$10 < d \leqslant 30$	65	60	60
$d > 30$	60	60	60

7. 拓展学习：SLS 陶瓷粉末材料与 SLS 木塑复合材料成型件后处理工艺

（1）SLS 陶瓷材料

目前，SLS 成型中使用的陶瓷材料主要有 Al_2O_3、SiC、Si_3N_4 及其复合材料。一般，国内生产的选择性激光烧结设备功率比较低，目前，只能用间接成型的方法，将陶瓷粉末与一定量的低熔点黏结剂混合，激光加热熔化黏结剂将陶瓷粉末颗粒黏结起来，从而制出陶瓷坯体。

（2）SLS 陶瓷粉末成型件后处理工艺

SLS 陶瓷粉末成坯体后，后处理工艺一般分三个阶段：脱脂降解黏结剂、高温烧结和熔浸或热等静压烧结。脱脂降解是去除坯体中的黏结剂。高温烧结是将去除黏结剂后的成型件放在温控炉中高温烧结，使得坯体内部的空隙率降低，密度和强度得到提高。

熔浸是将陶瓷坯体浸没在低熔点的液态物质中，或将预渗物质放置于陶瓷坯体上进行加热，在毛细管力作用下浸渗到坯体内部的孔隙，最终将其完全填充。通过对 SLS 成型件的氧化铝坯体进行氧化铝溶胶、硅胶以及铬酸的入渗处理研究，表明渗硅胶后的强度、致密度比渗铬酸溶液好，入渗后通过高温处理可得到高强度、高致密度的成型件。

热等静压烧结是通过气体介质将高温和高压同时作用于陶瓷坯体的表面，消除坯体内部的孔洞，以提高制件的密度和强度，但工艺比较复杂，设备昂贵，零件收缩较大。

（3）SLS 木塑复合材料成型件后处理工艺

木塑复合材料 (WPC) 是用塑料和木纤维（或稻壳、麦秸、玉米秆、花生壳等天然纤维）加入少量的化学添加剂和填料，经过专用配混设备加工制成的一种低成本、绿色环保、可降解、可循环使用的成型材料。热压成型件已在美国、加拿大、澳大利亚、德国、日本、韩国等国得到广泛应用。采用木塑复合材料进行 SLS 快速原型制造获得的成型件的力学强度较低，通过打磨、烘干、渗蜡等后处理之后形成的原型件已经可以达到一定的力学性能要求。研究表明，渗蜡件的拉伸强度、弯曲强度以及冲击强度都有显著地提高，成型件表面密实，孔隙率为 7% 左右，相比于未经后处理的成型件，有了明显提高。目前，SLS 木塑复合材料成型件主要用于模型测试件、工艺品以及消失模，可以用于熔模铸造，得到金属精密制件或模具。

小结

通过对 SLS 支撑座成型件的后处理，本节系统的介绍了 SLS 成型件后处理的一般工艺过程，处理 SLS 的基本工艺流程为：高温烧结→传统机械加工→去底板→打磨、物理抛光。本节的操作重点在传统机械加工及去底板两个模块，需要对操作人员具有较高的机械加工工艺知识及操作水平，由于篇幅有限，传统机械加工的工艺和操作没有详尽叙述，学习时可参考其他著作及资源，达到理论与实际的结合，精益求精。

任务二 DMLS 成型件后处理

能力目标

1. 掌握金属粉末成型件后处理工艺。
2. 了解使用锯床切割零件底板的方法。
3. 了解热处理处理工艺。
4. 掌握打磨、抛光工艺及使用打磨工具处理零件。

知识点

1. DMLS 成型件工艺特点、工艺流程、材料及分类。
2. DMLS 底板支撑的去除。
3. 热处理工艺。
4. 掌握金属锯床的操作。
5. 成型件的打磨及使用抛光工具对成型件进行处理。

任务引导

DMLS 为 SLS 的重要分支，在获得 DMLS 成型件后，只需对其进行简单的后处理即可使用。本节将介绍 DMLS 成型件在锯床上的去底板支撑操作，以及为改变成型件的使用性能的各类热

任务二　　　　　　　　DMLS 成型件后处理　　193

处理及工艺介绍，最后使用传统打磨、物理抛光工具进行表面加工，最后达到客户要求。

4.2.1 DMLS 成型件后处理工艺

DMLS（Direct Metal Laser Sintering，直接金属激光烧结）技术是由 EOS 有限公司开发的，是一种金属添加生产技术，直接由 3D CAD 文件创建。该技术采用一种 CAD 文件，并将目的物切分成 20μm 或 40μm 的薄层。然后采用一台光纤激光器，利用这些薄层制作零件。采用这种局部熔化方法，将金属粉末逐层烧结在一起，无需黏结剂。其所获得的最终结果是一个高密度的金属零件如图 4-61 所示。其是一种以激光为热源对粉末压坯进行烧结的技术。对常规烧结炉不易完成的烧结材料，此技术有独特的优点。

由于激光光束集中且穿透能力小，适于对小面积、薄片制品的烧结。易于将不同于基体成分的粉末或薄片压坯烧结在一起，利用激光可实现高熔点金属和陶瓷的黏结。与其他快速成型技术相比，激光烧结制备的部件，具有性能好、制作速度快、材料多样化，成本低等特点。欧美日等地已经逐渐认可激光烧结为下一代快速制造技术的标准。

激光烧结是一项分层加工制造技术，这项技术的前提是物件的三维数据可用。三维描述模型被转化为一整套切片，每个切片描述了确定高度的零件横截面。激光烧结原理，如图 4-62 所示，通过把这些切片一层一层的累积起来，从而得到所要求的物件。在每一层，激光能量被用于将粉末熔化。借助于扫描装置，激光能量被"打印"到粉末层上，这样就产生了一个固化的层，该层随后成为完工物件的一部分。下一层又在第一层上面继续被加工，一直到整个加工过程完成。

图 4-61
金属打印产品

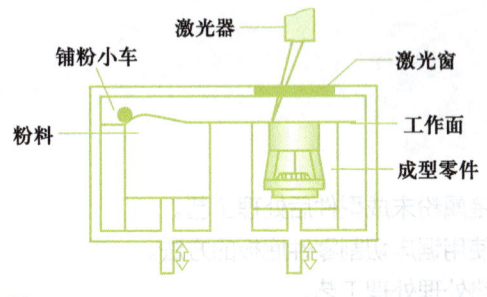

图 4-62
激光烧结原理图

DMLS 自 1991 年金属粉末直接激光烧结研究开展以来，与 SLS 技术和间接 SLS 技术相比，DMLS 技术最主要的优点是取消了昂贵且费时的预处理和后处理工艺步骤。

DMLS 技术作为 SLS 技术的一个分支，原理基本相同。但 DMLS 技术精确成型形状复杂的金属零部件有较大难度，归根结底，主要是由于金属粉末在 DMLS 中的"球化"效应和烧结变形，球化现象，是为使熔化的金属液表面与周边介质表面构成的体系具有最小自由能，在液态金属与周边介质的界面张力作用下，金属液表面形状向球形表面转变的一种现象。球化会使金属粉末熔化后无法凝固形成连续平滑的熔池，因而形成的零件疏松多孔，致使成型失败，由于单组元金属粉末在液相烧结阶段的黏度相对较高，故"球化"效应尤为严重，且球形直径往往大于粉末颗粒直径，这会导致大量孔隙存在于烧结件中，因此，单组元金属粉末的 DMLS 具有明显的工艺缺陷，往往需要后续处理，不是真正意义上的"直接烧结"。为克服单组元金属粉末 DMLS 中的"球化"现象，以及由此造成的烧结变形、密度疏松等工艺缺陷，目前一般可以通过使用熔点不同的多组元金属粉末或使用预合金粉末来实现。多组分金属粉末体系一般由高熔点金属、低熔点金属及某些添加元素混合而成，其中高熔点金属粉末作为骨架金属，能在 DMLS 中保留其固相核心；低熔点金属粉末作为黏结金属，在 DMLS 中熔化形成液相，生成的液相包覆、润湿和粘接固相金属颗粒，以此实现烧结致密化。

1. DMLS 工艺特点

① 激光扫描层与基体为冶金结合，结合强度不低于原基体材料的 95%。

② 对基材的热影响较小，引起的变形也小。

③ 材料范围广泛，如镍基、钴基、铁基合金、碳化物复合材料等，可满足工件不同用途要求，兼顾心部性能与表面特性。

④ 烧结层及其界面组织致密，晶粒细小，无孔洞，无夹杂裂纹等缺陷。

⑤ 可对局部磨损或损伤的大型设备贵重零部件、模具进行修复，延长使用寿命。

⑥ 扫描工艺可控性好，易实现自动化控制。

⑦ 对损坏零部件，可实现高质量、快速修复，减少因故障停机时间，降低设备维护成本。

⑧ 常用扫描层硬度为 HRC30 ~ 60，超高硬度要求的可达 HRC65 ~ 75，熔敷层厚度范围 0.1 ~ 10.0mm。

⑨ DMLS 固有的设计自由度，降低了对二次生产工艺的需求。例如，在一个 CAD 文件中可包含创建一个雕刻零件的文本。在需要时，可对 DMLS 激光烧结机上制作的零件进行二次加工。这些选项包括机加工、攻螺纹、焊接、喷涂、电镀、纹理加工、电火花加工和雕刻。抛光加工需要预先制定计划。

DMLS 激光烧结机生产的零件，经抛光加工后可达到镜面级粗糙度的水平如图 4-63，但考虑到在抛光过程中，需要去除一部分材料，该零件的尺寸必须在 CAD 文件中做些修正，根据所需要达到的表面粗糙度，增加 0.008 ~ 0.030in（1in=2.54cm）的抛光余量。

图 4-63
抛光后的 3D 打印零件

2. DMLS 工艺流程

DMLS 制造工艺与 SLS 工艺前期基本相同，不同的是 DMLS 零件取消了昂贵且费时的预处理和后处理工艺步骤，因此零件经生产后直接检验或经后期传统机床加工即可使用，其工艺流程如图 4-64 所示。

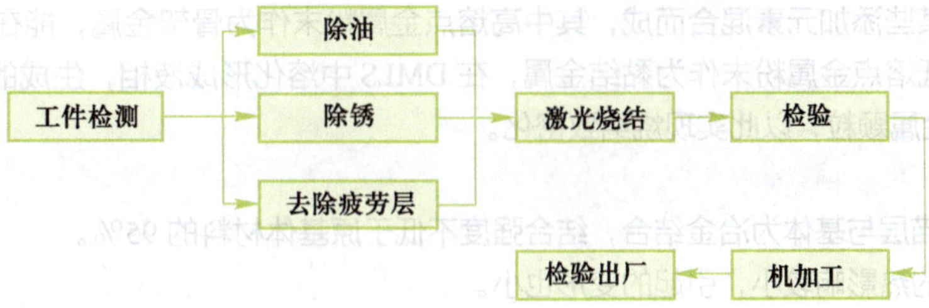

图 4-64
DMLS 工艺流程

3. DMLS 成型材料

DMLS 材料是由水或气体雾化而成的精细金属粉末锻制而成。它们与目前市场上的合金几乎完全一样。大多数 DMLS 材料都符合或超过美国材料与试验协会（American Society for Testing and Materials，ASTM）标准: DM20 青铜合金; PH1 不锈钢 15-5（符合 ASTM A564-04（XM12））、ASTM A693-06（XM12）技术规格；GP1 不锈钢 17-4（符合 AMS 5643 技术规格要求）；MP1 钴铬合金（符合 UNS R31538 标准成分）；MS1 马氏体时效钢（符合美国 18% Ni 马氏体时效钢 300 分类标准）；AlSi10Mg 铝合金；IN718 镍合金（其组成相当于 UNS N07718、AMS 5662、AMS 5664、W.Nr 2.4668 和 DIN NiCr19Fe19NbMo3）；以及 Ti64 钛 Ti64（满足 ASTM F1472 标准要求）。

① 自熔性合金粉末。自熔性合金粉末可分为镍基自熔合金、钴基自熔合金、铁基自熔合金，其主要特点是含有硼和硅，因而具有自我脱氧和造渣的性能，即所谓自熔性。其中，以镍基材料应用最多，与钴基材料相比，其价格便宜。

② 碳化物复合粉末。碳化物复合粉末系由碳化物硬质相与金属或合金作为黏结相所组成的粉末体系。这类粉末中的黏结相能在一定程度上使碳化物免受氧化和分解，特别是经预合金化的碳化物复合粉末，能获得具有硬质合金性能的涂层。

③ 自黏结复合粉末。自黏结复合粉末是指在热喷涂过程中，由于粉末产生的放热反应能使涂层与基材表面形成良好结合的一类热喷涂材料，其最大的特点是具有工作粉和打底粉的双重功能。

④ 氧化物陶瓷粉末。氧化物陶瓷粉末具有优良的抗高温氧化能力，还有隔热、耐磨、耐蚀等性能，是一类重要的热喷涂材料，也是目前极受重视的激光烧结材料。

4. DMLS 分类

激光烧结按材料的供给方式可分为两大类，即预置式激光烧结和同步式激光烧结。

预置法是指将待烧结的合金材料以一定的方法预先覆盖在材料的表面，然后采用激光束在覆盖层表面扫描，使整个合金覆盖层及一部分基材熔化，激光束离开后熔化的金属快速凝固而在基材表面形成冶金结合的烧结层。预置式激光烧结是将烧结材料事先置于基材表面的烧结部位，然后采用激光束辐照扫描熔化，烧结材料以粉、丝、板的形式加入，其中以粉末的形式最为常用。预置式激光烧结的主要工艺流程为：基材烧结表面预处理→预置烧结材料→预热→激光熔化→后热处理。

同步法是指采用专门的送料系统在激光烧结的过程中将合金材料直接送进激光作用区，在激光的作用下基材和合金材料同时熔化，然后冷却结晶形成合金烧结层。同步式激光烧结则是将烧结材料直接送入激光束中，使供料和烧结同时完成。烧结材料主要也是以粉末的形式送入，有的也采用线材或板材进行同步送料。同步式激光烧结的主要工艺流程为：基材烧结表面预处理→送料激光熔化→后热处理。

4.2.2 去底板

1. 锯床的工作原理

锯床传动系统是由泵、阀、油缸、油箱、管路等元辅件组成的液压回路，在电气控制下完成锯梁的升降，工件的夹紧。通过调速阀可实行进给速度的无级调速，达到对不同材质工件的锯切需要。电气控制系统是由电气箱、控制箱、接线盒、行程开关、电磁铁等组成的控制回路，用来控制锯条的回转、锯梁的升降、工件的夹紧等，使之按一定的工作程序来实现正常切削循环。

2. 锯床的结构

锯床主要部件有底座、床身、立柱、锯梁和传动机构、导向装置、工件夹紧、张紧装置、送料架、液压传动系统、电气控制系统、润滑及冷却系统。

（1）底座

底座为钢板焊接而成的箱形结构，床身、立柱固定其上，底座内腔有较大空间，前左侧为电气按钮控制箱，右侧为电气配电板箱，中间由钢板焊成的液压油箱，腔内装有液压泵站，液压管路，右侧为冷却切削液箱及水泵。

（2）床身

床身为铸铁件，固定在底座上，立柱由一大小圆柱组成，大圆立柱作为锯架动的导轨，是用以支撑锯梁上下升降运动，并保证精确的导向，小圆柱起辅助作用，从而保证锯条的正常切削。中间为夹料虎钳和手动送料机构，虎钳前方连接有承接成品件的工作台，左侧的夹紧装置为夹紧丝杆穿过液压夹紧油缸杆内孔，转动手轮或按动按钮，使左钳口左右运动。

3. 锯床的调整与操作

通过溢流阀将液压系统压力调到 2.5 ~ 3.5MPa（从压力表上观察）。

按工件大小调整左、右两导向臂和两夹紧钳锷之间的距离，使之尽量靠近工件，使导向距离最小，以便保证良好的导向效果。钳锷张开距离一般比工件尺寸大 5 ~ 6mm 即可，同时调整立柱上的行程碰杆位置，使锯架抬起时锯带适当离开工件一定的距离（一般为 30 ~ 40mm）。

按技术参数要求的锯带长度选择相应的带锯条。锯带齿形应根据材料、形状及材质进行选择，选择如下：

① 锯切实心料时宜采用大齿距的锯带，而切割型材及薄壁管则宜采用细齿。

② 锯切强度和硬度较高的材料时宜用细齿距，反之则采用粗齿。

③ 锯切效率要求高及锯切铝合金时，宜用粗齿。

④ 变齿距一般用在截面变化大或成束切割的工件，以减少切削时的振动与噪音，使切削更为平稳。

⑤ 锯割含硅、锰、钴、镍、铬元素较多的材料宜用细齿。

根据被切材料的材质，通过变速箱上的变速手柄选择适当的切削速度，选择原则见表 4-2。

表 4-2　锯床切削速度表　（单位：m/min）

材料种类	合金钢	不锈钢	合金工具钢	碳素钢	铜铝合金
切削速度	30 ~ 50	20 ~ 50	40 ~ 60	45 ~ 90	60 ~ 120

⑥ 根据下料长度，调整好定长装置的顶杆位置并锁紧，顶杆一般应顶在工件中心上部边缘

位置。

⑦ 将准备好的带锯条套在两锯轮上，并卡入导向轮及导向块中，然后通过测力扳手与张紧丝杆上的方头使锯带张紧，张紧力的大小一般定为 60 ~ 80N。

4.2.3 热处理

热处理是指材料在固态下，通过加热、保温和冷却的手段，以获得预期组织和性能的一种金属热加工工艺。金属热处理是机械制造中的重要工艺之一，与其他加工工艺相比，热处理一般不改变工件的形状和整体的化学成分，而是通过改变工件内部的显微组织，或改变工件表面的组织结构，赋予或改善工件的使用性能。其特点是改善工件的表面与内在性能，而这一般不是肉眼所能看到的。为使金属工件具有所需要的力学、物理和化学性能，除合理选用材料和各种成型工艺外，热处理工艺往往是必不可少的。钢铁是机械工业中应用最广的材料，钢铁显微组织可以通过热处理予以控制，所以钢铁的热处理是金属热处理的主要内容。另外，铝、铜、镁、钛等及其合金也都可以通过热处理改变其力学、物理和化学性能，以获得不同的使用性能。

1. 热处理的种类

① 正火。将钢材或钢件加热到临界点 AC3 或 ACM 以上的适当温度保持一定时间后在空气中冷却，得到珠光体类组织的热处理工艺。

② 退火。将亚共析钢工件加热至 AC3 以上 20℃ ~ 40℃，保温一段时间后，随炉缓慢冷却（或埋在砂中或石灰中冷却）至 500℃ 以下在空气中冷却的热处理工艺。

③ 固溶热处理。将合金加热至高温单相区恒温保持，使过剩相充分溶解到固溶体中，然后快速冷却，以得到过饱和固溶体的热处理工艺。

④ 时效处理。在强化相析出的温度加热并保温，使强化相沉淀析出，得以硬化，提高强度。

⑤ 淬火。将钢奥氏体化后以适当的冷却速度冷却，使工件在横截面内全部或一定的范围内发生马氏体等不稳定组织结构转变的热处理工艺。

⑥ 回火。将经过淬火的工件加热到临界点 AC1 以下的适当温度保持一定时间，随后用符合要求的方法冷却，以获得所需要的组织和性能的热处理工艺。

⑦ 钢的碳氮共渗。碳氮共渗是向钢的表层同时渗入碳和氮的过程。习惯上碳氮共渗又称为氰化，以中温气体碳氮共渗和低温气体碳氮共渗（即气体软氮化）应用较为广泛。中温气体碳氮共渗的主要目的是提高钢的硬度，耐磨性和疲劳强度。低温气体碳氮共渗以渗氮为主，其主要目的是提高钢的耐磨性和抗咬合性。

⑧ 调质处理。一般习惯将淬火加高温回火相结合的热处理称为调质处理。调质处理广泛应用于各种重要的结构零件，特别是那些在交变负荷下工作的连杆、螺栓、齿轮及轴类等。调质处理后得到回火索氏体组织，它的机械性能均比相同硬度的正火索氏体组织更优。它的硬度取决于高温回火温度并与钢的回火稳定性并且跟工件截面尺寸有关，一般在 HB200 ~ 350 之间。

2. 热处理工艺

热处理工艺一般包括加热、保温、冷却三个过程，有时只有加热和冷却两个过程。这些过程互相衔接，不可间断。

加热是热处理的重要工序之一。加热温度是热处理工艺的重要工艺参数之一，选择和控制加热温度，是保证热处理质量的主要问题。加热温度随被处理的金属材料和热处理的目的不同而异，但一般都是加热到相变温度以上，以获得高温组织。另外组织转变需要一定的时间，因此当金属工件表面达到要求的加热温度时，还须在此温度保持一定时间，使内外温度一致且显微组织转变完全，这段时间称为保温时间。采用高能密度加热和表面热处理时，加热速度极快，一般就没有保温时间，而化学热处理的保温时间往往较长。

冷却也是热处理工艺过程中不可缺少的步骤，冷却方法因工艺不同而不同，主要是控制冷却速度。一般退火的冷却速度最慢，正火的冷却速度较快，淬火的冷却速度更快。但还因钢种不同而有不同的要求，例如空硬钢就可以用正火一样的冷却速度进行淬硬。

金属热处理工艺大体可分为整体热处理、表面热处理和化学热处理三大类。根据加热介质、加热温度和冷却方法的不同，每一大类又可区分为若干不同的热处理工艺。同一种金属采用不同的热处理工艺，可获得不同的组织，从而具有不同的性能。钢铁是工业上应用最广的金属，而且钢铁显微组织也最为复杂，因此钢铁热处理工艺种类繁多。

整体热处理是对工件整体加热，然后以适当的速度冷却，获得需要的金相组织，以改变其整体力学性能的金属热处理工艺。钢铁整体热处理大致有退火、正火、淬火和回火四种基本工艺。

习题

一、判断题

1. 热等静压烧结将高温和高压同时作用于坯体，能够消除坯体内部的气孔，提高制件的密度和强度，并且不会引起制件的变形。（　　）

2. 使用直接法进行金属粉末材料 SLS 成型加工时，金属粉末一般为单一金属粉末，如铁、锌、锡等金属。（　　）

3. 无论被加工材料的硬度如何，只要是导体或半导体材料，电火花线切割都能进行加工。（　　）

4. 激光切割既可以切割金属材料，也可以切割非金属材料，但不能透过玻璃切割真空管内的灯丝。（　　）

5. SLS 高分子原材料分为热塑性和热固性材料。（　　）

二、简答题

1. 熔浸和浸渍有何区别？

2. 什么是高温焙烧？

3. 影响电火花线切割加工表面粗糙度的主要因素有哪些？

4. 超声波加工在 SLS 成型件后处理中有哪些具体应用？

5. SLS 陶瓷粉末成坯体后，后处理工艺一般分为哪三个阶段？

参考文献

[1] 李盛彪,黄世强,王石泉.胶粘剂选用与粘接技术[M].北京：化学工业出版社，2002.

[2] 宋闯，贾乔.3D打印建模·打印·上色实现与技巧—3ds Max篇[M].北京：机械工业出版社，2015.

[3] 王广春、赵国群.快速成型与快速模具制造技术及其应用.3版[M].北京：机械工业出版社，2016.

[4] 王永信.快速成型及真空注型技术与应用[M].西安：西安交通大学出版社，2014.

[5] 王广春.3D打印技术及其应用实例[M].北京：机械工业出版社，2016.

[6] 莫健华.液态树脂光固化3D打印技术[M].西安：西安电子科技大学出版社，2016：46-54.

[7] 原红玲.快速制造技术及应用[M].北京：航空工业出版社，2015.

[8] 张以忱.真空镀膜设备[M].北京：冶金工业出版社，2009.

[9] Mike Shellabear Joseph Weilhammer.金属激光烧结技术DMLS在模具上的应用[J].李明韧，译.现代制造技术：2012，16.

[10] 麦休·阿舍.帮助你提高手涂完成模型制作的技巧[J].模型世界，2010，（04）：48-51.

[11] 王伟，王璞璇，郭艳玲.选择性激光烧结后处理工艺技术研究现状[J].森林工程，2014，30（2）：101-104.

[12] 刘晓青，张晨亮.三维立体零件的线切割加工[J].现代制造技术与装备，2014（3）：94-95.

[13] 李景顺 . SLA 模型后处理研究 [J] . 机械工人：冷加工，2004，3（3）：39-41.

[14] 曾锋 . 基于 FDM 的产品原型制作及后处理技术 [J] . 机电工程技术，2012，41（8）：99-102.

[15] 张迪湦，杨建明，黄大志，陈劲松，汤阳 . 3DP 法三维打印技术的发展与研究现状 [J] . 制造技术与机床，2017（3）：38-42.

[16] 吴芬，邹义冬，林文松 . 选择性激光烧结技术的应用及其烧结件后处理研究进展 [J] . 人工晶体学报：2016，45（11）：2666-2673.

[17] 王永，白培康，张树海 . 不锈钢金属粉选择性激光烧结成型研究进展 [J] . 新技术新工艺，2007（12）71-73.

[18] Jason T.Ray, Calculating the Cost of Additive Manufacturing [J] . Co-Founder&CEO at paperless PARTS，2016（12）.

[19] 黄秋实，国外金属零部件增材制造技术发展概述 [J] . 国防制造技术，2012（5）：26-29.

[20] Ron Clemons, Identify Best 3D-Printing Process for Your Application [J] . Stratasys Direct Manufacturing，2016（4）.

[21] 姜乐涛 . 覆膜钼粉激光烧结成型及后处理工艺技术研究 [D] . 太原：中北大学，2005.

[22] 程巧军 . 面向 FDM 技术支撑工艺研究 [D] . 济南：山东大学，2016.

[23] 运输包装用单瓦楞纸箱和双瓦楞纸箱：GB/T 6543-2008. [S] . 北京：中国标准出版社，2008.

郑重声明

高等教育出版社依法对本书享有专有出版权。任何未经许可的复制、销售行为均违反《中华人民共和国著作权法》，其行为人将承担相应的民事责任和行政责任；构成犯罪的，将被依法追究刑事责任。为了维护市场秩序，保护读者的合法权益，避免读者误用盗版书造成不良后果，我社将配合行政执法部门和司法机关对违法犯罪的单位和个人进行严厉打击。社会各界人士如发现上述侵权行为，希望及时举报，我社将奖励举报有功人员。

反盗版举报电话　（010）58581999　58582371

反盗版举报邮箱　dd@hep.com.cn

通信地址　北京市西城区德外大街4号

　　　　　高等教育出版社知识产权与法律事务部

邮政编码　100120

读者意见反馈

为收集对教材的意见建议，进一步完善教材编写并做好服务工作，读者可将对本教材的意见建议通过如下渠道反馈至我社。

咨询电话　400-810-0598

反馈邮箱　gjdzfwb@pub.hep.cn

通信地址　北京市朝阳区惠新东街4号富盛大厦1座

　　　　　高等教育出版社总编辑办公室

邮政编码　100029

授课教师如需获得本书配套教辅资源，请登录"高等教育出版社产品信息检索系统"（https://xuanshu.hep.com.cn/）搜索下载，首次使用本系统的用户，请先进行注册并完成教师资格认证。